普通高等院校机械基础课教材

U0169412

工程流体力学基础

主　编　陈大达　　王斌武

副主编　苏文博　　翁钲翔　　陶广福

西南交通大学出版社
·成 都·

图书在版编目（CIP）数据

工程流体力学基础／陈大达，王斌武主编. —成都：
西南交通大学出版社，2020.1
ISBN 978-7-5643-7359-7

Ⅰ．①工… Ⅱ．①陈… ②王… Ⅲ．①工程力学 – 流
体力学 – 高等学校 – 教材 Ⅳ．①TB126

中国版本图书馆 CIP 数据核字（2020）第 013379 号

Gongcheng Liuti Lixue Jichu
工程流体力学基础

主 编／陈大达 王斌武

责任编辑／刘昕
封面设计／何东琳设计工作室

西南交通大学出版社出版发行
（四川省成都市金牛区二环路北一段 111 号西南交通大学创新大厦 21 楼 610031）
发行部电话：028-87600564 028-87600533
网址：http://www.xnjdcbs.com
印刷：成都中永印务有限责任公司

成品尺寸 185 mm × 260 mm
印张 16.25 字数 395 千
版次 2020 年 1 月第 1 版 印次 2020 年 1 月第 1 次

书号 ISBN 978-7-5643-7359-7
定价 48.00 元

前 言 ‖

  流体力学是一门研究流体静止与运动的学科，它的应用范围非常广泛，例如在农业水利、交通运输、机械制造、能源环控、气象预测乃至日常生活的各方面，都与流体力学息息相关。20 世纪开始陆续产生的许多高新技术，例如航空航天、高速列车、心肺机、自助呼吸器以及人工心脏都以流体力学与其他工程力学为基础并与相关专业学科结合来实现。

  编者从事流体力学的研究与教学工作多年，深感国内外有关流体力学的专著和教科书虽多，其中不乏经典和优秀者，但对于初学者研究流体力学的基础书籍并不多见，有些教材内容过于深奥难懂、缺乏系统性以及未能适当与工程实例、日常生活应用相结合，使得部分学生觉得苦涩难懂，并且还导致不少学生只会盲目使用公式，缺乏对基本观念和流体流动现象的理解。

  本书结合教育部首批新工科研究与实践项目、广西本科高校特色专业及实验实训教学基地（中心）建设项目和桂林航天工业学院教育教学改革研究项目等的开展，在广泛借鉴国内外教材编写方法和思路的基础上，利用系统创新理论与项目管理的模块化和简明式方法，将基本概念、基础理论与流体力学在工程技术和日常生活中的应用相结合，采用由浅至深、先易后难的内容编写方式，试图提供一本讲解简练、内容丰富、特色鲜明、方便学习的教材，以适合机械、航空航天、能源环控和水利建筑等不同专业的教师、学生和科学技术人员阅读和参考，同时希望未来能够更进一步将其发展成为反转式课程，藉以强化教学成效和增进学生对教材的吸收性。

  本书由桂林航天工业学院教师编写，由陈大达、王斌武任主编，苏文博、翁钲翔、陶广福任副主编。全书由陈大达、王斌武统稿，高琼瑞女士协助整理，并给了很多支持。

  由于编者水平有限，疏漏和不妥之处在所难免，不足之处恳请读者批评指正。

编 者

2020 年 1 月于桂林航天工业学院

目 录 ‖

第三部分　工程应用篇

第一部分　基础理论篇

第1章　流体力学的基本概念

本章为流体力学课程的基础单元，学习的目的主要是希望通过学习对流体力学的定义与研究方法有初步的了解，并对其研究分类与流体性质有完整的认知，以便在后续阶段能够更高效和更有系统地学习，从而进一步培养系统性创新能力。

1.1　流体的定义

众所周知，物体存在着固体、液体和气体等状态，处于液体和气体两种状态的物质称为流体。也就是说流体是液体和气体的总称，液体的典型代表是水，气体的典型代表是空气。从力学观点来看，流体和固体的主要差别在于它们对剪应力所产生的抵抗能力不同。固体受到剪应力能够产生一定的变形来抵抗剪应力，但是流体不能。流体受到剪应力作用时，不论剪应力多小，都会发生连续性的永久变形，且剪应力撤消后也不会恢复原状。所以流体（Fluid）被定义为一种只要受到剪应力（Shear stress）就发生连续性与永久性变形的物体，而连续变形的过程称为流动（Flow）。研究流体流动时，流体内部的性质变化、流动的基本规律以及流体和作用物体间彼此相互影响的一门工程科学，即被称为流体力学（Fluid mechanics）。

1.2　流体分子间距离的特性

一般而言，固体内部的分子与分子之间距离小于流体情况，因此固体内分子与分子之间的内力会大于流体内分子间的内力。在此依据流体的定义与物体分子间距离表现的特性做一个简单的归纳与比较，让学生对固体与流体之间的差异能够有更进一步的认识，如表1-1所示。

表 1-1　固体与流体分子距离特性的比较

	固　体	液　体	气　体
分子间的距离	小	中	大
分子间的内力	强	中	弱
外在形状的改变	体积与形状均不易改变	体积不易改变，形状容易改变	体积与形状均容易改变
承受剪应力的反应	产生弹性或非弹性的剪应变	产生连续且永久性变形，也就是会产生流动	产生连续且永久性变形，也就是会产生流动

1.3　流体力学的定义与分类

流体力学就是研究流体流动时，流体内部的性质变化、运动的基本规律以及流体和作用物体彼此之间相互影响的一门学科。广义而言，但凡一切应用在工程上的学科都属于力学的研究范畴。根据物体受到剪应力产生的反应来分类，力学可分成固体力学与流体力学两大类型。根据固体受到作用力时是否变形，可以将固体力学分成刚体力学与材料力学两种类型。而根据流体的可压缩性，也就是流体流动时密度变化是否可以忽略不计，也可以将流体力学分成可压缩流体力学与不可压缩流体力学两种类型。力学的分类如图 1-1 所示。

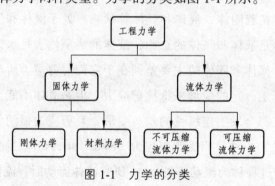

图 1-1　力学的分类

1.4　流体力学的应用领域

如前所述，流体力学研究流体流动时，内部的性质变化、运动的基本规律以及流体和作用物体的相互影响，所以流体力学几乎应用于所有工程。由于灌溉、排水、水库防洪、造船以及各种工业中管道流体输运的需要，工程流体力学，特别是水力学得到高度发展。迅速发展的空气动力学使得航空飞行器与车辆的研制技术突飞猛进，而其与工程热力学、热传学以及燃烧学的相互结合可以应用于改善电动机与发动机的效率、冷冻空调与机械散热等方面。除此之外，机械工业中的润滑、冷却、液压传动以及液压和气动控制问题的解决，也必须应用流体力学的理论。而在冶金工业中，也会遇到像气体在炉内的流动、液态金属在炉内或铸模内的流动、通风以及冷却等流体力学问题。水力发电与风力发电等绿色节能技术的研发则可以应用于环境工程的保护与维持，而大气的预测与天灾的防护则需要大气物理与流体力学的理论结合。随着生物医学技术的普及，药剂的注射及其在血液中的浓度和流动必然应用到流体力学的理论。人工心脏、心肺机、自助呼吸器等的设计都要依据流体力学的基本原理。因此流体力学在工程与科学的应用上可以说是非常普遍的，其应用大概包括了水力与土木工程、交通运输工程、能源工程、环境工程、气象工程、生物医学工程、冶金工业与流体机械工程等领域，如图1-2所示。

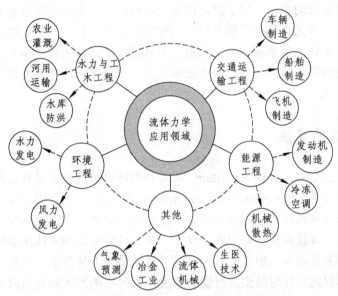

图 1-2　流体力学的应用范畴示意图

1.5　研究流体力学问题的方法

由于流体的运动在一定的空间内进行，其运动的空间被称为流场（Fluid flow field），用来表示流体流场状态的物理特性就称为流场的性质（Property），例如压力、密度和温度等都是流体流场的性质。用来描述流体运动情况的物理量，例如流场的速度、加速度、动量与动能等，统称为流体的运动参数（Kinematic parameter）。流体的性质与运动参数又称为流体的流动参数（Flow parameter），用来描述流体流动时的流场状态与运动情况。通常在研究流体力学问题时，主要是研究流体在静止或运动时流场的性质或运动参数的变化以及流体运动的基本规律。一般而言，研究流体力学问题的方法大概可以分成理论解析法、实验观测法以及数值计算法。这些方法的特点各不相同，但是又相互联系。

1.5.1　理论解析法

所谓理论解析法（Theoretical analytic method）是基于人工应用基本概念、定律和数学工具来计算简单的流体流动问题，其优点在于理论结果方便分析隐含的物理观念与影响变量的函数关系，但是缺点是对于复杂或包含不规则形状的流体流动问题，无法严密求解，需要透过必要的实验研究来加以验证或修正。在早期计算机不够普及与计算能力有限的情况下，多使用理论解析法配合物理条件的简化来解决简单的流体问题。

1.5.2 实验观测法

所谓实验观测法（Experimental observation method）是基于实验的方法来观察或测量流体流动性质或运动参数的变化，以了解流体流动的特性，其中主要手段是利用风洞或水洞进行模型或原型实验。其优点是可提供大量的实验资料，使得研究能从定性或定量的资料中发现与分析流动中的（新）现象或（新）原理，尤其是实验结果可作为检验其他两种研究方法所得结论是否正确的依据。但是其缺点是成本过高，实验测量往往需要消耗大量的人力、物力、财力。

1.5.3 数值计算法

所谓数值计算法（Numerical algorithm）就是利用计算机的快速运算与存储能力强大的特点，结合计算流体力学（Computational fluid dynamics，CFD）的数值方法来求解流体流动的问题，由于近年来计算机技术的迅速发展，计算能力日渐强大，因此其被广泛地用于解决复杂的流体流动问题。其优点在于研究费用较少，可以计算复杂的流体流动问题，计算结果也与真实现象之间的偏差较小。但是它的缺点是计算结果为大量数据，不易掌握物理现象。此外数值模拟或仿真程式设计时的错误可能会造成计算时产生严重的数值误差。所以利用数值计算法得到的计算结果也必须通过必要的实验来加以验证或修正。

1.5.4 综合讨论

为方便学习，这里将简述三种流体力学问题研究方法的特点归纳，如表 1-2 所示。

表 1-2　流体力学问题研究方法的优缺点比较

	理论解析法	实验观测法	数值计算法
研究方式	手工计算	实际观察或测量	计算机运算
主要优点	（1）有明确方程式。 （2）计算容易。 （3）物理观念与影响变量的函数关系清楚，可用来协助解释物理现象	（1）眼见为实，具有说服力。 （2）不需要代入假设。 （3）可以探讨真实现象	（1）可以计算复杂问题。 （2）不需要使用太多假设。 （3）计算机模拟所得的结果与真实现象之间的偏差较少
主要缺点	（1）只能求解简单问题。 （2）过多假设容易产生严重的误差使得解析结果可能会和真实现象不同	（1）需要实验设备。 （2）必须校正实验精度。 （3）成本过高	（1）需要计算机。 （2）必须修正模拟误差。 （3）不易掌握物理现象

综上所述，使用理论解析法指导实验研究和数值计算，使它们开展的工作富有成效，少出差错；实验研究用来比较理论分析和数值计算的结果，并检验它们的可用性与正确性，用

作提供理论建模和研究流动规律的依据；数值计算可以弥补理论分析和实验研究的不足，对复杂的流体力学问题进行既快又好的计算分析。这三种方法的结合应用，必将进一步促进流体力学的快速发展。

1.6 流体性质与速度的描述

流体力学主要是研究流体在静止或流动时性质变化以及流体流动时对流场内的物体造成的影响，因此在式学习流体力学前必须对流体的性质与速度有一定的认识，才能对后续的学习内容有清楚而完整的认识。一般而言在研究流体力学问题时，主要是探讨气体的压力、温度、密度、速度与黏性。

1.6.1 压　力

所谓压力（Pressure）是指物体在单位面积上承受正向力的大小，用字母 P 表示。

1.定　义

如图 1-3 所示，物体承受的压力是单位面积上受到的正向力（垂直力），也就是 $P = \lim\limits_{\Delta A \to 0} \dfrac{\Delta F_N}{\Delta A}$ 。式中，P 是压力，F_N 是垂直（正向）力，A 是面积。

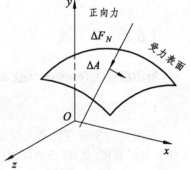

图 1-3　压力的定义

压力的单位可以分为标准单位和非标准单位，标准单位是 N/m^2 或 Pa，又称为帕斯卡（Pascal），非标准单位则是 psi（pound/inch^2）或 lb/ft^2（pound/foot^2）。一般而言，在地表的平均大气压力相当于 76 cm 水银柱的压力，其值约为 $1.013\,25 \times 10^5$ Pa 或 $1.013\,25 \times 10^5$ N/m^2，也就是俗称的 1 个标准大气压力。

2.压力的种类

常用的压力可分为绝对压力与相对压力两种，所谓绝对压力（Absolute pressure）是以压力的绝对零值（绝对真空）为基准测量出的压力，用 P_{abs} 表示；而相对压力（Relative pressure）是以当地的大气压力为基准测量出的压力，又称为表压（Gage pressure），用 P_{gage} 或 P_g 表示。绝对压力、大气压力与相对压力之间的关系如图 1-4 所示。

绝对压力与相对压力（表压）之间的转换关系为

$$P_{绝对压力} = P_{大气压力} + P_{相对压力（表压）}$$

虽然在航空界对于压力的表示有两种表示方式，但是在流体力学或空气动力学公式中使用的压力值，都是绝对压力。所以学生在利用理论解析法与数值计算法研究流体力学或空气动力学的相关问题时，必须先将相对压力（表压）换算成绝对压力。

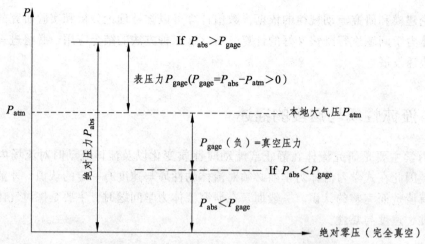

图 1-4　绝对压力与相对压力（表压）之间关系

【例 1-1】

如果大气压力 P_{atm} 为 98 kPa，而压力表读数为 2.25 kPa，试求绝对压力 P_{abs}。

【解答】

因为 $P_{abs}=P_{atm}+P_g$，所以绝对压力 $P_{abs}=98+2.25=100.25$（kPa）。

1.6.2　温　度

所谓温度（Temperature）是用来表示物体冷热程度的性质参数，用 T 表示。

1. 定义与类型

在流体力学或空气动力学的问题研究中经常使用的温度包括摄氏温度（℃）、华氏温度（℉）、开氏温度（K）以及朗氏温度（°R）这四种。其中前两种为相对温度（Relative temperature），后两种为绝对温度（Absolute temperature）。在流体力学或空气动力学的公式计算中，采用的温度值，必须是绝对温度。所以摄氏温度或华氏温度在代入流体力学或空气动力学的计算公式中，首先必须先转换成开氏温度或朗氏温度，然后再将开氏温度与朗氏温度分别代入标准单位或非标准单位的计算公式中。

2. 转换公式

摄氏温度（℃）、华氏温度（℉）、开氏温度（K）以及朗氏温度（°R）四种类型的温度可以彼此之间进行转换。

（1）摄氏温度（℃）与华氏温度（℉）的换算。

$$A \ \text{°F} = (9/5 \times B + 32) \ \text{℃} \tag{1-1}$$

（2）摄氏温度（℃）与开氏温度（K）的换算。

$$A \ \text{K} = (B + 273.15) \ \text{℃} \tag{1-2}$$

（3）华氏温度（°F）与朗氏温度（°R）的换算。

$$A\ °R = (B + 459.67)\ °F \qquad （1-3）$$

【例 1-2】

若大气温度为 25 ℃，试转换为华氏温度（°F）、开氏温度（K）以及朗氏温度（°R）。

【解答】

（1）按照公式（1-1），所以 $\dfrac{9}{5} \times 25 + 32 = 77$ (°F)

（2）按照公式（1-2），所以 $25 + 273.15 = 298.15$ (K)

（3）按照公式（1-3），所以 $77 + 459.67 = 606.67$ (°R)

1.6.3　密　度

所谓流体的密度是指每单位体积内包含流体的质量，用 ρ 表示。其公式定义为

$$\rho = \lim_{\Delta V \to 0} \frac{\Delta m}{\Delta V}$$

式中，ρ 是流体的密度，m 是流体的质量，而 V 是流体占据的体积。对于空间各点密度相同的流体而言，流体密度的计算公式可简化为 $\rho = \dfrac{m}{V}$。水的密度可视为 $1\,000\ \text{kg/m}^3$，在地表上的平均大气密度约为 $1.225\ \text{kg/m}^3$。通常在研究流体力学问题时，可将流体的密度视为常数，但是大气密度的值会随着高度的上升而变小，这是因为随着高度的上升，空气会越来越稀薄的缘故。除此之外，根据实验与研究发现，气体的密度会随着气体所处环境的压力、温度与速度的不同而有所改变。

1.6.4　比容、比重力与比重

在研究流体力学问题时，有很多时候是用其他形式来表示流体的密度，学生必须掌握其与流体密度的转换关系，才能进一步研究流体力学。

1. 比　容

所谓比容（Specific volume）是指单位质量中流体占据的体积，用符号 ν 表示。其公式定义为

$$\nu = \frac{V}{m}$$

式中，ν 是流体的比容，V 是流体占据的体积，而 m 是流体的质量。显然，流体的比容 ν 为流体的密度 ρ 的倒数，并可表示为 $\nu = \dfrac{1}{\rho}$。

2．比重力

比重力（Specific weight）是指单位体积中流体所受的重力，用符号 γ 表示。其公式定义为

$$\gamma = \rho g$$

式中，γ 是流体的比重量，ρ 是流体的密度，而 g 为重力加速度，通常水在一个大气压、4 ℃的情况下，比重力为 9 810 N/m³。

3．比　重

比重（Specific gravity）是指流体的密度与水在 4 ℃时密度的比值，用符号 S 表示。其公式定义为

$$S = \frac{\rho}{\rho_{water4\,℃}} = \frac{\gamma}{\gamma_{water4\,℃}}$$

式中，S 是流体的比重，ρ 与 $\rho_{water4\,℃}$ 分别是流体的密度以及在一个大气压与 4 ℃的情况下水的密度，γ 与 $\gamma_{water4\,℃}$ 分别是流体的比重力以及在一个大气压与 4 ℃的情况下水的比重力。根据实验与研究的结果，如果液体的比重 S 小于 1.0，也就是 $S < 1.0$，则液体会漂浮在水上，这也是油为什么会漂浮在水上的原理。

4．彼此的关系与转换

（1）流体质量与流体密度之间的关系。根据流体密度 ρ 的计算公式 $\rho = \frac{m}{V}$，可以得出流体质量与流体密度之间的转换公式为

$$m = \rho \times V$$

式中，m 是流体的质量，ρ 是流体的密度，V 是流体占据的体积，也就是流体的质量等于流体密度与流体体积的乘积。

（2）流体比容与流体密度之间的关系。根据流体比容 v 与流体密度 ρ 的定义公式 $v = \frac{V}{m}$ 与 $\rho = \frac{m}{V}$，可以推出流体比容 v 与流体密度 ρ 转换公式为

$$v = \frac{1}{\rho}$$

也就是流体比容 v 为流体密度 ρ 的倒数。

（3）流体比重力与流体密度之间的关系。根据流体比重力 γ 的定义公式 $\gamma = \rho g$，可以推得

$$\rho = \gamma / g$$

也就是流体的密度 ρ 等于流体比重力 γ 除以重力加速度 g。

（4）流体比重与流体密度之间的关系。根据流体比重 S 的定义，可以推得

$$\rho = S \times \rho_{water4\,℃}$$

也就是流体的密度 ρ 等于流体比重 S 与水的密度 $\rho_{water4\,℃}$ 乘积。

【例 1-3】

如果液体的体积为 3 m³，质量为 2 850 kg，试求（1）密度 ρ；（2）比重力 γ；（3）比重 S，并判定该液体置于水中是否会浮在水面。

【解答】

（1）根据流体密度 ρ 的定义，所以 $\rho = \dfrac{m}{V} = \dfrac{2\ 850\ \text{kg}}{3\ \text{m}^3} = 950\ \text{kg/m}^3$。

根据流体比重力 γ 的定义，所以 $\gamma = \rho g = 950\ \text{kg/m}^3 \times 9.81\ \text{m/s}^2 = 9\ 319.5\ \text{N/m}^3$。

根据流体比重 S 的定义，所以 $S = \dfrac{\rho}{\rho_{Water;4\ ^\circ C}} = \dfrac{950\ \text{kg/m}^3}{1\ 000\ \text{kg/m}^3} = 0.95$。

（2）因为液体的比重 < 1.0，所以该液体如果置于水中时将会浮在水面上。

1.6.5　速　度

速度（Velocity）是用来衡量物体运动或流体流动快慢程度的参数，在航空航天领域多用马赫数来表示物体运动或气体流动的速度，例如在研究飞机飞行问题时就经常以马赫数的形式来表示飞机的飞行速度。马赫数（Mach number）是物体的运动速度或气体流动的速度对声（音）速的比值，用符号 Ma 表示。其公式定义为

$$Ma = \frac{V}{a}$$

式中，Ma 是马赫数，V 是物体的运动速度或是气体流动的速度，a 为声速。实验证明液体的密度受温度或压力的影响并不显著，因此通常会把液体的密度视为常数。而对于低速流动的气体而言，也就是气体的流动速度低于 0.3 马赫（Ma）时，通常可以将气体的密度变化忽略不计，但是对于高速流动的气体，也就是气体的流动速度高于 0.3 马赫（Ma）时，则必须考虑气体的密度变化。除此之外，如果气体流场的局部流速高于声速时，也就是气体流场的局部马赫数大于或等于 1.0 时，还必须探讨激波对气体性质造成的影响。通常在地表上大气的平均声速值约为 340 m/s，在离地 10 km 高度也就是大型民航客机的平均巡航高度时，大气的平均声速值约为 300 m/s，由此可知对流层内大气的声速值会随着离地表高度的增加而逐渐减少。

【例 1-4】

如果一架飞机的飞行速度为 150 m/s，声速为 300 m/s，请问飞机的飞行马赫数是多少？

【解答】

根据马赫数的定义，飞机的飞行马赫数为 $Ma = \dfrac{150\ \text{m/s}}{300\ \text{m/s}} = 0.5$。

1.6.6　质量流率与体积流率

在研究流体力学问题时，通常会使用质量流率来计算流经管道截面面积密度与速度的变化情形，并进而求出流体流场的压力变化。对于液体或低速流动的气体，通常会使用体积流率来计算流经管道截面面积速度的变化情形，从而求出流体流场的压力变化。

1．质量流率的概念

质量流率（Mass flow rate）是指流体在单位时间内流经管道截面面积的质量，用符号 $\dot{m}$ 表示。其计算公式为 $\dot{m} = \rho A V$ ，式中，$\dot{m}$ 指流体的质量流率，ρ 指流体的密度，A 指流体流经管道的截面面积，V 指流体的平均流速。常有人将质量流率简称为质流率。

2．体积流率的概念

体积流率（Volume flow rate）是指流体在单位时间内流经管道截面面积的体积，用符号 $\dot{Q}$ 表示。其计算公式为 $\dot{Q} = AV$ ，式中，$\dot{Q}$ 指流体的体积流率，A 指流体流经管道的截面面积以及 V 指流体的平均流速。常有人将体积流率简称为体流率。

3．两者之间的关系

对于液体与流动速度低于 0.3 马赫（Ma）的低速气体，由于流体的密度变化可以忽略不计，也就是将流体的密度视为常数，因此流经同一管道截面面积的质量流率与体积流率之间的关系可以用 $\dot{m} = \rho AV = \rho \dot{Q}$ 的关系式来表示，也就是在流体的密度变化可以忽略不计的情况下，质量流率 $\dot{m}$ 等于流体密度 ρ 与体积流率 $\dot{Q}$ 两者的乘积。

1.6.7　黏　性

由于流体分子与分子之间彼此具有吸引力，流体在流动或物体在流场运动时，流体会产生一个阻滞流体流动或物体在流体中运动的力，这一特有属性，称为流体的黏性，它是流体的固有特性。

1．流体的黏滞系数

在研究流体力学问题时，如果要讨论流体黏性，就必须讨论流体的黏滞系数，而流体的黏滞系数可以分成流体的动力黏滞系数与流体的运动黏滞系数。

（1）动力黏滞系数。根据牛顿黏性定律 $\tau = \mu \dfrac{du}{dy}$ ，式中，τ 为流体承受的剪应力，$\dfrac{du}{dy}$ 为流体的速度梯度，而 μ 即为流体的动力黏滞系数（Dynamic viscosity coefficient），又称为流体的动力黏度（Dynamic viscosity），简称为黏度。流体动力黏滞系数的单位为 Pa·s，由于黏度单位也常用泊（poise）为单位，用缩写符号 P 表示，且习惯用百分之一的量度，又由于 1 poise $= 10^{-1}$ Pa·s，所以 1 cP（centi Poise）$= 10^{-3}$ Pa·s。

（2）运动黏滞系数。因为流体的黏性对流体流动或物体在流场内运动的影响通常与流体的密度 ρ 有关，所以在研究流体力学问题时常需引入运动黏滞系数的概念。流体的运动黏滞

系数可用公式 $\nu = \dfrac{\mu}{\rho}$ 表示。式中，μ 为流体的动力黏滞系数，ρ 为流体密度，ν 即为流体的运动黏滞系数（Kinematic viscosity coefficient），简称为流体的运动黏度（kinematic viscosity），其单位用 $1\ m^2/s$ 或 cSt（centi Stoke）表示，而 $1\ cSt = 1\ mm^2/s$。

2．牛顿流体的概念

如果必须讨论流体的黏性问题时，通常会将黏性流体视为牛顿流体。所谓牛顿流体（Newtonian fluid）是指在定温以及定压的情况下，剪应力与流体的速度梯度成正比的流体，也即满足前面说明的牛顿黏性定律（Newton law of viscosity）$\tau = \mu \dfrac{du}{dy}$ 的流体。除非特别说明或有特殊需求，大家通常都会将流体视为牛顿流体来处理黏性流动问题。

3．无滑流现象

流体具有黏性，因此其流经物体表面时，流体分子与物体接触表面会因为彼此的相互作用，在接触的物体表面达到动量平衡，物体表面接触的流体速度会和接触物体表面的速度相同，这一现象即称为无滑流条件（No-slipping condition）。同理，接触物体表面能达到能量的平衡，因而和物体表面接触的流体温度会和接触物体表面的温度相同，这一现象即称为无温度跳动条件（No temperature jump condition）。在流体力学的问题研究中，无滑流条件与无温度跳动条件主要作为决定黏性流体在接触物体表面时速度与温度的判定原则。

【例 1-5】

请问飞机在静止时会有黏性作用的产生吗？

【解答】

所谓流体的黏性是指流体在流动或是物体在流场运动时，流体会产生一个阻滞流体流动或物体在流体中运动的力，静止的飞机因为没有运动，所以黏性作用不会产生。

【例 1-6】

假设流体流场的速度分布如图 1-5 所示，试求与固定平板接触的流体速度 $u(0)$。

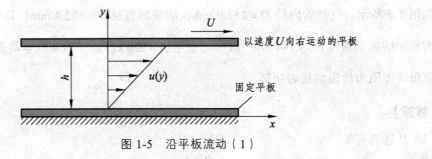

图 1-5　沿平板流动（1）

【解答】

根据无滑流现象，因为和物体表面接触的流体速度会和接触物体表面的速度相同，所以与固定平板接触的流体速度 $u(0)=0$。

【例 1-7】

假设流体流场的速度分布如图 1-6 所示且两平行平板相距非常近，试求流体流场的速度分布 $u(y)$。

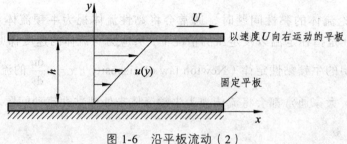

图 1-6　沿平板流动（2）

【解答】

（1）根据无滑流现象，因为和物体表面接触的流体速度会和接触物体表面的速度相同，所以流体速度 $u(0)$ 与 $u(h)$ 分别为 $u(0)=0$ 与 $u(h)=U$。

（2）当两平行平板相距非常近时，可以假设黏性流体在两平行平板之间的速度呈线性分布，也就是假设流体流场的速度梯度 $\dfrac{du}{dy}$ 为一常数。因此可设流体流场的速度分布公式为 $u(y)=ay+b$，式中 a 与 b 为常数值。

（3）因为 $u(0)=0$，所以可以推得 b 值为 0。

（4）因为 b 值为 0，且 $u(h)=U$，所以 $u(h)=ah+b=ah=U$，可以推得 $a=\dfrac{U}{h}$。

（5）将 $a=\dfrac{U}{h}$ 与 $b=0$ 代入流体流场的速度分布公式 $u(y)=ay+b$ 中可得在两平行平板之间的速度分布为 $u(y)=\dfrac{U}{h}y$。

【例 1-8】

如图 1-7 所示，气缸的内径 $D=152.6\ \text{mm}$，活塞的直径 $d=152.4\ \text{mm}$、长 $L=304.8\ \text{mm}$，已知润滑油的运动黏度 $\nu=9.144\times10^{-5}\ \text{m}^2/\text{s}$，密度 $\rho=920\ \text{kg}/\text{m}^3$，活塞的运动速度 $U=6\ \text{m/s}$，试求克服摩擦阻力所需消耗的功率。

【解答】

（1）从题目可知，

① 气缸壁与活塞之间的间隙 δ 为 $\delta=\dfrac{D-d}{2}$。

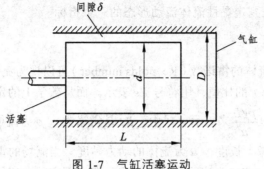

图 1-7　气缸活塞运动

② 活塞的表面面积 $A = \pi d L$。

③ 由于附着在气缸上的润滑油速度为零，附着在活塞上的润滑油速度为 $U = 6\ \text{m/s}$，而气缸壁的间隙 δ 很小，所以可假设油层内的速度呈线性分布，可推得 $\dfrac{\text{d}u}{\text{d}y} = \dfrac{U}{\delta}$。

（2）因为作用在活塞上的摩擦阻力 $F_{\text{Df}} = \tau A = \mu \dfrac{\text{d}u}{\text{d}y} A = \mu \dfrac{U}{\delta} A = \rho v \dfrac{U}{\delta} A$，因此可求得其值

为 $F_{\text{Df}} = \rho v \dfrac{U}{\delta} A = 920 \times 9.144 \times 10^{-5} \times \dfrac{6 \times \pi \times 152.4 \times 10^{-3} \times 304.8 \times 10^{-3}}{(152.6 - 152.4) \times 10^{-3} / 2} = 736.6\ (\text{N})$。

（3）因为克服摩擦阻力所需消耗的功率 $P = F_{\text{Df}} \times U$ 因此可求得其值为 $P = F_{\text{Df}} \times U = 736.6 \times 6 = 4\ 420\ (\text{W}) = 4.42\ (\text{kW})$。

【例 1-9】

如图 1-8 所示，有一滑动轴承，轴的直径 $d = 120\ \text{mm}$，轴承长度 $L = 200\ \text{mm}$，间隙 $\delta = 1\ \text{mm}$，其中充满黏度 $\mu = 0.54\ \text{Pa·s}$ 的润滑油，轴承以转速 $n = 200\ \text{r/min}$ 运转，试求轴承转动时摩擦力与转动时所需功率 P。

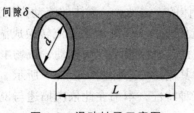

图 1-8　滑动轴承示意图

【解答】

（1）由题可知，轴承转动 $U = \dfrac{\pi d n}{60}$，滑动轴承内油层的速度分布 $\dfrac{\text{d}u}{\text{d}y} = \dfrac{U}{\delta}$。

（2）轴承转动时摩擦力 $F_{\text{Df}} = \mu \dfrac{U}{\delta} A = 5.118\ (\text{N})$，而所需的功率 $P = F_{\text{Df}} \times U = 6.43\ (\text{W})$。

1.6.8　雷诺数

研究黏性流体力学问题时，可以依据雷诺数 Re 将流体流动分成层流流场与湍流流场，

因此流体的雷诺数 Re 是判定黏性流体流动形态的一个指标。

1. 雷诺数的意义

从物理观点来看，流体的雷诺数（Reynolds number）可以视为流体惯性力（Inertial force）与黏滞力（Viscous force）的比值，用符号 Re 表示。而从数学上的定义来看，流体的雷诺数 Re 可以用计算公式 $Re = \dfrac{\rho VL}{\mu}$ 来表示。式中，Re 是雷诺数，ρ 为流体的密度，V 为流体流动的速度，L 为特征（参考）长度，μ 为流体的动力黏度。当流场的雷诺数较小时，黏滞力对流场的影响大于惯性力，流场中流速的扰动会因黏滞力而衰减，流体质点作有规则的运动，流体流场为层流；反之，如果流场的雷诺数较大时，惯性力对流场的影响大于黏滞力，流体质点的运动呈现不规则扰动，流体流场为湍流。由此可知雷诺数的大小决定了黏性流体的流动形态。

2. 层流与湍流的特性与区分

实验与研究的结果都已经证实，如果流体流场的雷诺数大于某一数值，流体流场会由层流开始过渡转换成湍流，该雷诺数值称为临界雷诺数（Critical Reynolds number），在层流流场与湍流流场中，流体流动的形态与特性截然不同，描述如下。

（1）层流的特性。

在流体的流动速度很慢的情况下，流体的雷诺数很小，流体质点沿着与管轴平行的方向作平滑、直线与分层运动，因此流体的流动称为层流（Laminar flow）。流体在层流流场中运动时，流体质点与质点彼此之间不会混杂以及干扰，也就是说流体的质点会做有规则的运动。流体的流速在管中心处最大，而在接触壁面处最小。在层流流场中管内流体的平均流速与最大流速之比等于 0.5。层流流体在圆形直管内流速分布如图 1-9（a）所示。

（2）湍流的特性。

当流体的流速很慢时，流体的雷诺数小，流体的流动为层流，而随着流体逐渐增加流速，流体的雷诺数逐渐地变大，流体流场会逐渐地由层流转换成湍流（Turbulent flow）。当流体的流动变成湍流时，流体质点的运动呈现不规则扰动，流场中会出现许多小旋涡，因此湍流又被称为乱流、扰流或紊流，其流体形态如图 1-9（b）所示。研究指出：湍流的特性大抵包括无序性、耗能性与扩散性三种特性，本书在此依次描述与说明。

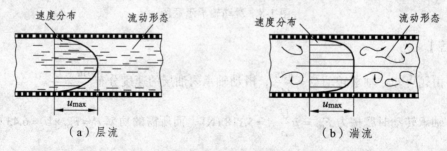

（a）层流 　　　　　　　　　　　　（b）湍流

图 1-9　层流与湍流的流动特性示意图

① 无序性。当流体流动转换为湍流时，流体的质点做不规则的运动，除了沿主要方向的流动外，还有附加的横向运动，导致流体在流动过程中流体质点间的混杂。

② 耗能性。当流体流动转换为湍流时，除了湍流扰动造成的横向运动会产生附加的剪应力外，还有因为流场中的旋涡引起能量损耗。湍流的摩擦阻力与压差阻力一般会比层流的大，所以在飞行器或船舶设计中，应该尽量使流体边界层的流动保持层流状态。

③ 扩散性。湍流流场因为流场扰动与旋涡的缘故，分子的扩散、传质、传热与动量传递等扩散性能一般会比层流来得大。

由于湍流流体的不规则性，使得其理论研究极为困难，虽然近年来随着科技的进步，高速摄影等测量技术的使用与计算机测量数据处理的简易化，使得研究者对湍流机理、起源及其内部结构有了更深层的认识，但是对湍流流动的研究实际来说，至今还没有一个较为成熟的理论，许多基本问题还不能完满地用湍流理论来解决，目前的研究主要还是利用半经验公式结合实验进行探讨。

【例 1-10】

实验证明：湍流的摩擦阻力与压差阻力一般会比层流来得大，请问其原因何在？

【解答】

因为流体流动从层流转换为湍流时，除了湍流扰动造成的横向运动会产生附加的剪应力外，还有流场中的旋涡会引起能量损耗，所以一般而言，湍流的摩擦阻力与压差阻力一般会比层流来得大。在飞行器或船舶设计中，应该尽量使流体边界层的流动保持层流状态。

（3）流动状态判别的准则。

雷诺在 1883 年时根据实验提出了层流与湍流这两种流动状态判定准则，其实验装置如图 1-10 所示。

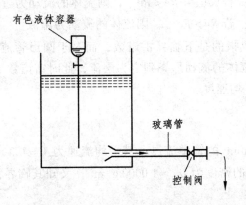

图 1-10 雷诺实验装置

雷诺发现在流体流动速度很慢的情况下，流体的雷诺数很小，有色液体呈一条直线平稳地流过整根玻璃管而与管内的水不混合，这说明管内流体质点是作有规则地平行流动，质点之间互不干扰，这种流动形态称为层流，其流动状态如图 1-11（a）所示。在有色液体流动不变的情况下，调整控制阀以增大水流速度，从而增加雷诺数，当流体的雷诺数增大到一定数值时，有色液体流经玻璃管的流线会出现不规则的波浪形，此时流体流动称为转捩流或过渡流（Transition flow），其流动状态如图 1-11（b）所示。如果继续增大流速使流体的雷诺数增加，当流体的雷诺数达到一个临界值时，整个玻璃管内的水呈现均匀的颜色，这说明流体质点除了沿管道向前运动外，还存在不规则的径向运动，质点间相互碰撞相互混杂，此时流体的流动称为湍流，其流动状态如图 1-11（c）所示。

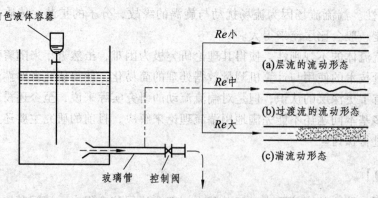

图 1-11　层流、过渡流与湍流的流动形态示意图

由此可知雷诺数的大小决定了黏性流体的流动特性，对于一般的管流，如果流体的雷诺数约低于 2 300，流体的流动为层流。这个临界的雷诺数 Re 称为下临界雷诺数（Lower critical Reynolds number），用符号 $Re_{c下}$ 表示。如果流体的雷诺数约高于 13 800，流体的流动将完全转换成湍流，这个临界的雷诺数 Re 称为上临界雷诺数（Upper critical Reynolds number），用符号 $Re_{c上}$ 表示，而流体的雷诺数如果在下临界雷诺数与上临界雷诺数之间，流体的流动为转捩流或过渡流。黏性流体的流动形态判定的准则列举如下。

① 层流流场的判定：若 $0 < Re < Re_{c下}$，则流体的流动为层流。

② 过渡流场的判定：若 $Re_{c下} < Re < Re_{c上}$，则流体的流动为过渡流。

③ 湍流流场的判定：若 $Re > Re_{c上}$，则流体的流动为湍流。

通常说的临界雷诺数指的是下临界雷诺数，而对于圆形管流，如果流体的雷诺数低于 2 300，可以直接将管内流体的流动形态判定为层流，此时雷诺数 Re 计算公式中使用的特征速度是圆管横截面上的平均速度。

【例 1-11】

假设水在内径 $d = 8\ mm$ 的管中流过，其平均流速为 $V = 0.3\ m/s$，已知水的动力黏度为 $\mu_水 = 0.001\ 5\ kg/m \cdot s$ 与水的密度为 $\rho_水 = 1\ 000\ kg/m^3$，又知其临界雷诺数 $Re_{c水} = 2\ 300$，试判断水在圆管内的流动形态。

【解答】

（1）由题干可知，圆管的特征长度 L 为圆管的内径 $d = 80\ mm$，水在圆管内的临界雷诺数 $Re_{c水} = 2\ 300$。

（2）雷诺数的计算公式为 $Re = \dfrac{\rho VL}{\mu}$，所以水在圆管内流动的雷诺数 $Re = \dfrac{\rho VL}{\mu}$

$\dfrac{1\ 000 \times 0.3 \times 0.08}{0.001\ 5} = 1\ 600$。

（3）流体流动形态依据雷诺数 Re 的判定准则，如果 $Re < Re_c$，流动形态为层流，因为水在圆管内流动的雷诺数小于临界雷诺数，所以水在圆管内流动形态为层流。

1.7 流体的特性

研究流体力学问题时，首先必须了解流体的固有特（属）性，才能掌握问题的核心并进行研究。一般常探讨的流体特性大体有连续性、压缩性与黏滞性。

1.7.1 连续性

众所周知，任何流体都是由无数分子组成的，流体分子与分子之间存在着空隙，也就是说从微观角度来看：流体并不是连续分布的物质。但是通常在研究流体力学问题时并不讨论个别分子的微观运动，而是研究流体的宏观运动。也就是通常所说的流体力学指的是宏观流体力学（Macroscopic fluid mechanics），而非微观流体力学（Micro fluid mechanics），在宏观流体力学中，研究流体的密度、压力与温度等性质与速度时都将流体视为连续介质，这就是流体连续性的假设。

1．流体连续性的假设

如前所述，研究流体力学问题时，通常并不讨论个别分子的微观行为，而是以宏观的观点去研究流体运动。因为在工程中研究的物体具有一定的体积，其特征尺寸远大于流体分子与分子之间的距离，因此讨论流体分子与分子之间的空隙并无意义且实际应用性不大。也就是说在研究流体的宏观运动时，可以不去考虑流体分子与分子之间的空隙，而把流体视为由无数连续分布的流体微团组成的介质，这就是流体连续介质（Continuous medium）或连续体（Continuum）的假设。因为流体的连续性是假设流体是连续而没有间隙的介质，因此可以利用微积分方法来处理流体静止或流动时的性质变化。

2．不适用情况

将流体作为连续介质来处理流体静止或流动时的性质变化，对于大部分工程技术问题都是准确的。但是流体连续性的假设是在气体分子与分子之间的运动距离远远小于物体特征尺寸的基础上建立的，所以火箭在高空（高度超过地面 40 km 距离）非常稀薄的大气中飞行以及高真空技术的研究必须舍弃宏观连续介质的研究方法，取而代之以微观的分子动力学研究方法。这个领域的流体力学问题属于稀薄空气动力学范畴，并不在本书探讨范围之内，因此本书不做过多讨论，感兴趣的学生，可以参考相关书籍做进一步学习。

1.7.2 压缩性

流体的密度会受压力、温度与速度的影响，所谓流体的压缩性（Compressibility）是指流体受影响时密度变化的程度，实验与研究都已经证实，对于液体或低速流动的气体，也就是对于流速低于 0.3 马赫的气体，流体的密度变化通常可以忽略不计，即不考虑流体的压缩性。但是如果气体的流速大于 0.3 马赫（ Ma ）时，由于速度的变化对气体的压力和密度的影响较大，就必须考虑气体的压缩性。除非特别说明，在探讨气体的压缩性时，通常会将气体视为理想气体（Ideal gas），也就是气体的行为可以使用理想气体方程式 $P = \rho RT$ 来描述。本书将在后续章节的内容中详细描述。

1.7.3 黏滞性

由于流体分子与分子之间具有相互吸引力的缘故，在流体流动或者物体在流场内运动时，会产生一个阻滞流体流动或物体运动的力，称之为流体的黏性，它是流体的固有特性。在研究黏性流体力学时，流体的黏性通常用动力黏度，又简称为黏度来表示，并将黏性流体视为牛顿流体。研究指出，流体黏性主要受流体分子与分子之间的吸引力（流体的内聚力）与流体分子的运动力等因素的影响，其中流体的内聚力为影响液体黏性的主要因素，而流体分子的运动力为影响气体黏性的主要因素，且液体的黏性远大于气体。又有实验证明，温度的变化对流体黏度的影响甚剧，液体的黏度会随着温度的上升而减小，气体的黏度会随着温度的上升而增大，这也就是说，温度对这两类流体黏度影响的趋势正好相反。液体的温度上升会造成液体分子与分子之间内聚力的降低从而导致液体的黏度减小，而气体的温度的上升会造成气体分子的运动力变强从而导致气体的黏度增大。压力的改变一般对流体的黏度影响极小，通常可以忽略不计。

1.8 流体流动问题的分类

对于工程问题的研究都是从简到繁、从易到难，流体力学问题的研究也是如此。所以在研究流体力学问题的过程中，通常会从实际出发，在允许的精确度范围内，尽量抓住主要的影响因素并忽略次要的影响因素，以求将问题简化以节省研究问题的时间与成本，这就需要将流体流动的问题加以分类。因为不同的流动类型有着不同的研究方法，其问题的分类如图1-12 所示。

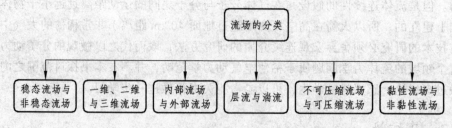

图 1-12　流体流动问题分类的示意图

在研究流体力学问题时，大抵可以将流体流动问题分成稳态流场与非稳态流场（定常流场与非定常流场）、一维与多维流场、内部流场与外部流场、层流流场与湍流流场、不可压缩流场与可压缩流场以及黏性流场与非黏性流场等类型。

1.8.1 稳态流场与非稳态流场

由于流体连续性假设的缘故，通常在研究流体力学问题时都会把流体的压力、温度与密度等流体性质以及流体的流速表示位置和时间的函数。例如对于一个直角坐标系而言，流体流场的压力、密度、温度与速度可以表示成 $P = P(x, y, z, t)$；$\rho = \rho(x, y, z, t)$；$T = T(x, y, z, t)$；$V = V(x, y, z, t)$ 的函数形式。式中，P、ρ、T 与 V 分别是流体流场的压力、密度、温度与速度；x，y，z 是流体质点在直角坐标的空间变量，而 t 则是时间变量。所谓稳态流场（Steady flow field）的假设是指流体流动性质与流速随着时间产生的变化量非常小，以致于可以将其因为时间而产生的变化量忽略不计，这种流体流场又称为定常流场。当流体的流动为稳态流动或定常流动时，可以将流体流场的压力、密度、温度与速度分别表示为 $P = P(x, y, z)$；$\rho = \rho(x, y, z)$；$T = T(x, y, z)$；$V = V(x, y, z)$。值得特别注意的必须是流体流场中所有的性质及速度的值都不会随着时间变化而改变，那么这种流体流场才能叫作稳态流场或定常流场。只要在流体流场中，有任何一个流体的性质以及流体速度的值随着时间变化而改变，那么这种流体流场就不是稳态流场，而是非稳态流场（Unsteady flow field）或称为非定常流场。在工程技术的问题研究中，对于稳定的流体流动问题通常会将流体的流动形态假设为稳态流场，以降低研究流体流动问题时的难度。

1.8.2 维数化简的观念

流体的流动性质与气体的流速会因为空间坐标与时间的不同而有所变化。如果流体在流动时，其在某方向的性质与流速变化非常小，可以将该方向的变化量忽略不计，这就是维数化简的观念。如果流体在流动的过程中，流体的流动性质与流速必须要使用三个空间坐标的函数来表示，则这样的流动就称为三维流动（Three-dimensional flow）；如果流体的流动性质与流速可以使用两个空间坐标的函数来表示，这样的流动就称为二维流动（Two-dimensional flow）；如果流体的流动性质和流速仅随着单一空间坐标而改变，也就是流体的流动性质和流速可以仅使用一个空间坐标的函数来表示，则这样的流动就称为一维流动（One-dimensional flow）；如果流体的流动性质和流速并不会随着位置与时间的变化而改变，这种流动称为均匀流动（Uniform flow）。在研究流体力学问题的过程中，流体的流动性质与速度会因为流体连续性的假设而表示为位置和时间的函数，所以流体流场是否为稳态流场与维数化简的观念，通常是合并考虑的，流体的流场区分成三维稳态流场、二维稳态流场、一维稳态流场、三维非稳态流场、二维非稳态流场、一维非稳态流场以及均匀流场等形态。流体的流场是稳态流场还是非稳态流场以及维数的选择往往与研究问题的精确度以及研究的物理现象有关，例如研究气体在发动机喷管内的流动时，如果不需要精确地设计发动机尾喷管的情况，往往可以近似地认为在发动机尾喷管内气体的流动参数只沿着喷管轴线方向，也就是如图 1-13（a）所示 x 轴方向变化，而将其他方向的变化忽略，这样，原本实际问题的三维流动就简化成了一维流动。如果发动机处于稳定的工作状态，气流在这样简化的流动模块中就是稳态一维流场，而在发动机启动或停车时，由于发动机的工作状态并不稳定，此时喷管内就是一维非稳态流场。又比如均匀气体流过机翼的情况，如果机翼的翼展比翼弦大得多（可看作是无限翼展），且机翼的翼型剖面形状不变，机翼两端的影响可以忽略，也就是将流动参数沿着翼展方向（z 方向上）的变化忽略不计，只有在 x 轴与 y 轴的方向才有变化，此时气体的流场是二维流场，如图 1-13（b）所示。如果机翼的翼展为有限翼展则必须考虑两翼翼端气流的影响，此时流场的流动参数随着 x 轴、y 轴与 z 轴的位置而变化，因此气体的流场是三维流场，如图 1-13（c）所示。

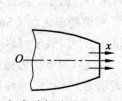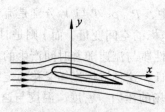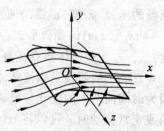

（a）发动机喷管的一维流场　　　（b）无限翼展的二维流场　　　（c）有限翼展的三维流场

图 1-13　维数化简观念的示意图

【例 1-12】

对于一个直角坐标系而言，如果流体的压力 P、密度 ρ、温度 T、速度 V 均可以分别表示为 $P = P(x, y)$、$\rho = \rho(x, y)$、$T = T(x, y)$ 以及 $V = V(x, y)$ 的函数形式，请问此种流场的形态为哪种？

【解答】

因为流体流场中所有的性质或速度的值都不会随着时间变化而改变，且流体性质与速度仅表示为两个空间坐标的函数形式，所以此种流场的形态为二维稳态流场。

【例 1-13】

如果流体的压力 P、密度 ρ、温度 T、速度 V 均可以满足 $\dfrac{\partial}{\partial t} = 0$ 的条件，请问此种流场的形态为哪种？

【解答】

因为流体流场中所有的性质或速度的值都不会随着时间变化而改变，所以此种流场的形式为稳态流场。

1.8.3　内部流场与外部流场

在研究流体力学问题时，可以依据流体流场的位置，分成内部流场与外部流场两种类型。如图 1-14 所示，将飞机模型放在风洞中测试，观察的重点如果是空气流动在风洞内部的性质变化，则这种流场就叫作内部流场（Internal flow field）。

又比如飞机在空气中飞行，观察的重点是飞机表面外部气流的性质变化时，则将这种流体流场称为外部流场（External flow field），如图 1-15 所示。

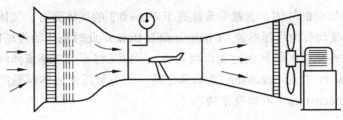

图 1-14　飞机模型在风洞测试示意图

图 1-15　飞机飞行空气流动示意图

通常将流体在管内流动与发动机内部的空气性质变化归属于内部流场问题研究范畴，而将飞机飞行时空气的性质变化、飞行力学与飞行控制等问题归属于外部流场研究。

1.8.4　层流与湍流

如前所述，可以依据流体的雷诺数（Re）将流体流动形态分成层流流场与湍流流场。流体层流流动时，流体作平滑、直线与分层运动，流体质点与质点之间不会混杂和干扰，也就是说流体质点会做规则性运动。而流体湍流流动时，流体流动具有无序性、耗能性与扩散性，所以流体质点的运动呈现不规则扰动，流场中会出现许多小旋涡，两种流场的流动形态如图 1-16 所示。

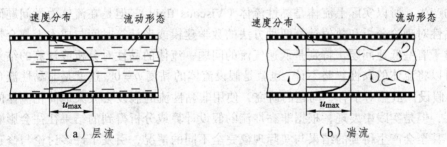

（a）层流　　　　　　　　　　　　　　（b）湍流

图 1-16　层流与湍流的流动特性

1.8.5　可压缩流与不可压缩流

根据流体流动的速度，将流体流动的形态分成可压缩流与不可压缩流两种。对于液体或低速流动的气体，密度变化通常可以忽略不计，也就是将流体流速造成的压缩性影响予以忽略，这就是"不可压缩流（Incompressible flow）"的假设，此时即为不可压缩流场。例如飞机在低速飞行，也就是速度低于 0.3 马赫（Ma）时，飞机表面的空气流速非常小，以致于可以将空气的压缩性对飞行造成的影响忽略不计，从而使问题的研究简化。实验与研究的结果发现，对于高速流动的气体，也就是流速高于 $Ma = 0.3$ 的气体而言，气体的密度变化必须考虑，这种流体的流动称为可压缩流（Compressible flow），此时流体的流场即为可压缩流场。由于气体的压缩性是依据气体的流速加以判定的，所以又将不可压缩流体问题归属于低速流体力学（Low velocity fluid mechanics）研究范畴，而将可压缩流体问题归于高速流体力学（High-speed fluid mechanics）的研究范畴。

【例 1-14】

何谓不可压缩流的假设？

【解答】

如果流体是液体或低速流动的气体，也就是流速低于 $Ma = 0.3$ 的气体，通常将流体的密度变化忽略不计，即流体密度 $\rho = \text{constant}$，这就是不可压缩流的假设。

【例 1-15】

可压缩流与不可压缩流的判定准则为何？

【解答】

可压缩流与不可压缩流的判定准则：如果气体的流速 $Ma < 0.3$，则可判定该气体的流动形态为不可压缩流。反之，可判定该气体的流动形态为可压缩流。

1.8.6 黏性流与非黏性流

流体的黏性是流体的固有特性，任何流体流动或物体在流体流场运动时都不可能没有黏滞效应的产生，所以实际上流体是黏性流体（Viscous fluid）。但是在流体力学问题研究时，流体的黏性对理论分析和数值计算两种方法的数学建模或者计算时间与成本上都会带来极大困难。对于有些低速问题，特别是低速气流的问题，流体的黏性对分析或计算的结果影响甚微以致可以将流体的黏性忽略不计，也就是假设流体的黏度 $\mu = 0$，这就是非黏性流（Inviscid flow）的假设。虽然对于有些问题的研究，使用非黏性流的假设会大大地简化流体问题研究的复杂度，但是实践中发现，根据非黏性流的假设计算或分析得到的结果往往会影响问题的精确度，甚至会产生得到的结果与实际现象完全不同的情况，引发了许多讨论与修正。所以非黏性流的假设通常只能够使用在工程精确度要求不高，又不会影响问题基本结论的理论计算和研究分析的情况，将在后续的内容中加以详细说明，这里不多加描述。

【例 1-16】

何谓非黏性流的假设？

【解答】

在研究低速流体流动的问题时，常将流体流场的黏性造成的影响忽略不计，也就是假设流体的黏度 $\mu = 0$，这就是非黏性流的假设。

1.9　迹线、烟线与流线

为了更加明确地描述流体运动，这里引入迹线、烟线和流线的概念，如图 1-17 所示。

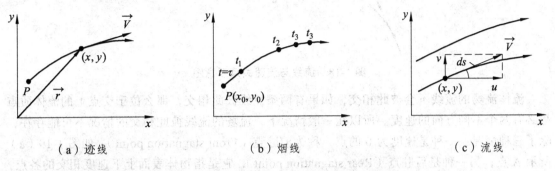

（a）迹线　　　　　　　　（b）烟线　　　　　　　　（c）流线

图 1-17　迹线、烟线与流线的概念示意图

1.9.1　迹　线

所谓迹线（Path line）是某一特定流体质点的运动轨迹，如图 1-17（a）所示。因为流场中有无穷多个流体质点而且每一个流体质点在运动的时候都有一条运动轨迹，所以流场中的迹线会有无穷多条。考虑流体质点是以局部速度随着流体运动，所以迹线必须满足方程式 $\dfrac{d\vec{r}}{dt} = \vec{V}(x, y, z, t)$。

1.9.2　烟　线

所谓烟线（Streakline）是指由先后连续地经过同一个固定点的流体质点所形成的曲线，如图 1-17（b）所示。例如喷气飞机在天空留下的飞行云，就是在同一时刻，流经喷嘴的空气流动分子形成的，归属于烟线。因为烟线是在某一瞬间将所有曾经通过空间中某一特定位置的流体质点于目前所处的位置连接成的轨迹，所以可以利用通过（x_0, y_0）点的迹线方程式 $\dfrac{d\vec{r}}{dt} = \vec{V}(x, y, z, t)$ 并配合当 $t = \tau$ 时，$x = x_0$，$y = y_0$ 的初始条件求出烟线方程式。

1.9.3　流　线

所谓流线（Stream line）是指在给定时刻与流体质点运动速度向（矢）量相切的各点所形成的曲线，如图 1-17（c）所示。由于在流线上每一点的速度向（矢）量都在该点与流线相切，因此使用流线可以清楚地表达流体流动速度的方向，如图 1-18 所示。对于三维流场流线而言，流线必须满足方程式 $\dfrac{dx}{u} = \dfrac{dy}{v} = \dfrac{dz}{w}$；至于二维流场的流线必须满足 $\dfrac{dx}{u} = \dfrac{dy}{v}$ 的关系式。

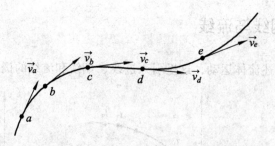

图 1-18　流线与流速关系示意图

流体流场的流线不会彼此相交，如果有两条流线彼此相交，那么位于交点上的流体质点势必有两个不同方向的速度。所以在一般情况下，流场的流线彼此相交的情况不可能存在，除了三种情况：一种是速度为 0 的点，称为前驻点（Front stagnation point），如图 1-19（a）所示 A 点；另一种是后驻点（Rear stagnation point），它是指物体表面上下速度相交的各点，如图 1-19（a）所示 B 点；还有一种是速度为无限大的奇异点（Singular point），如图 1-19（b）所示 O 点。

（a）驻点　　　　　　　　　　（b）奇异点

图 1-19　驻点与奇异点

流体的流线不仅可以清楚地表述流体流动的方向，而且在流体流场内，流线的疏密还反映了流速的大小。流线疏的地方流速小，流线密的地方流速大。因此使用流线可以明确地表示流体的运动情况。需要特别注意，流线是与时间相互对应的，不同的时刻可以有不同流线。

1.9.4　三者重合的时机

对于一个非稳态的流场，流体速度会随着时间的变化而改变，不同时刻的流线是不同的，因此流线和个别流体质点的运动轨迹（迹线）会有所差异。而在非稳态的流场中，个别流体质点的运动轨迹（迹线）也不会和流场的烟线相同。一般来说，对于非稳态的流场，流线、烟线与迹线三者并不重合。但是如果流场是稳态的话，由于速度不会随着时间变化，流线、烟线与迹线三者合而为一。

1.9.5　学习建议

本章节描述有关流线、迹线与烟线的概念中，学习重点主要在于三者的定义。附后有关稳态流场与非稳态流场的判定以及流线、迹线与烟线方程式的计算等四个例题的练习虽然有助于对流体力学与空气动力学理论的认知，但根据实际教学经验，如果学生对流体运动参数的向（矢）量描述方式没有一定程度的认识，不仅不能获得预期效果，反而会因为耗费过多的时间去研究例题，从而丧失学习的兴趣。所以在此建议应先行掌握流线、迹线与烟线三者的定义与概念，然后学习第 6 章"流体流动参数的描述"的内容后，再来练习附后的四个例题，如此将能够事半功倍。

【例 1-17】

如果一个已知的二维流场在 x 轴与 y 轴方向上的速度分量分别为 $u = x(1+2t)$、$v = y$，其中 x, y 并非是 t 的函数，请问此流场是否为稳态，为什么？

【解答】

因为 $\dfrac{\partial \vec{V}}{\partial t} = \dfrac{\partial u}{\partial t}\vec{i} + \dfrac{\partial v}{\partial t}\vec{j} \neq 0$，所以此流场不是稳态，为非稳态流场。

【例 1-18】

如果一个已知的二维流场在 x 轴与 y 轴方向上的速度分量分别为 $u = x$、$v = y$，其中 x, y 并非是 t 的函数，请问此流场是否为稳态，为什么？

【解答】

虽然 $\dfrac{\partial \vec{V}}{\partial t} = \dfrac{\partial u}{\partial t}\vec{i} + \dfrac{\partial v}{\partial t}\vec{j} = 0$，但是如果一个流场是稳态，则必须满足流体的流动性质（压力、密度、温度）和流速对时间 t 的偏微分都等于 0，所以该流场不一定是稳态。

【例 1-19】

如图 1-20 所示，如果一个已知的二维流场在 x 轴与 y 轴方向上的速度分量分别为 $u = x(1+2t)$、$v = y$，请求出

（1）在 $t = 0$ 时通过位置（1,1）的流线（Stream line）方程式。

（2）在 $t = 0$ 自位置（1,1）释出流体质点的迹线（Path line）方程式。

（3）在 $t = 0$ 时通过位置（1,1）的烟线（Streakline）方程式。

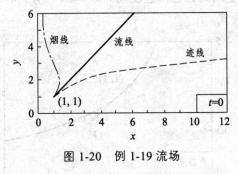

图 1-20　例 1-19 流场

【解答】

（1）流线方程式的求解过程。

① 因为二维流场的流线必须满足 $\dfrac{dx}{u}=\dfrac{dy}{v}$ 的关系式，所以可以推得 $\dfrac{dy}{dx}=\dfrac{v}{u}=$ $\dfrac{y}{x(1+2t)}\Rightarrow\dfrac{dy}{y}=\dfrac{dx}{x(1+2t)}\Rightarrow\ln y=\ln x/(1+2t)+C$。

② 因为当 $t=0$ 时 $x=1$，$y=1$，代入步骤①导出的关系式中，因此可以推得 $C=0$，且 $y=x^{1/(1+2t)}$。

③ 将 $t=0$ 代入步骤②导出的关系式中消去时间 t，因此可以获得当 $t=0$ 时的流线方程式为 $x=y$。

（2）迹线方程式的求解过程。

① 因为二维流场的迹线必须满足 $\dfrac{dx}{dt}=u=x(1+2t)$ 与 $\dfrac{dy}{dt}=v=y$ 两个条件，将两方程式积分推得 $x=C_1\exp[t(1+t)]$ 与 $y=C_2\exp(t)$。

② 将 $t=0$ 时通过位置（1，1）的条件代入 $x=C_1\exp[t(1+t)]$ 与 $y=C_2\exp(t)$ 中可以得到 $C_1=1$ 且 $C_2=1$。

③ 由步骤②导出的关系式消去时间 t，由此可以得到在 $t=0$ 自位置（1，1）释出流体质点的迹线方程式为 $x=y^{1+\ln(y)}$。

（3）烟线方程式的求解过程。

① 因为用来求解烟线的方程式是 $\dfrac{dx_i}{dt}=u=x(1+2t)$ 与 $\dfrac{dy_i}{dt}=v=y$ 两个方程式，将两个方程式积分，得到 $x_i=C_1\exp[t(1+t)]$ 与 $y_i=C_2\exp(t)$ 两个关系式。

② 将初始条件（Initial condition）代入步骤①导出的关系式中，当 $t=\tau$ 时，$x_i=y_i=1$，因此可以得到 $C_1=\exp-[\tau(1+\tau)]$ 与 $C_2=\exp(-\tau)$。

③ 将时间 $t=0$ 代入步骤①与②导出的关系式中消去时间 t，由此可以得到 $t=0$ 时通过位置（1，1）点的烟线方程式是 $x_i=y_i^{1-\ln(y)}$。

（4）综合讨论。

从上面的推导可以证实：如果流体流场是非稳态，流线、烟线与迹线三者不会彼此重合。

【例 1-20】

如图 1-21 所示，二维空间的稳态流速度场为 $V=axi-ayj$，a 为常数，试求通过（1，1）点的流线、迹线与烟线方程式。

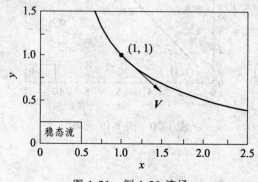

图 1-21　例 1-20 流场

【解答】

（1）流线方程式的求解过程。

① 从题目可知，该稳态流场在 x 轴与 y 轴方向上的速度分量分别为 $u=ax, v=-ay$。

② 因为二维流场流线必须满足 $\dfrac{\mathrm{d}x}{u}=\dfrac{\mathrm{d}y}{v}$ 的关系式，可以推得 $\dfrac{\mathrm{d}y}{\mathrm{d}x}=\dfrac{v}{u}=-\dfrac{ax}{ay}\Rightarrow \ln y=-\ln x+C_1$ 或 $xy=C_2$。

③ 因为流体质点通过点（1,1），代入步骤②导出的关系式中可以推得 $C_2=1$，因此可以获得通过（1,1）点的流线方程式为 $xy=1$。

（2）迹线方程式的求解过程。

① 从题目可知，该稳态流场在 x 轴与 y 轴方向上的速度分量分别为 $u=ax, v=-ay$。

② 因为二维流场的迹线必须满足 $u=\mathrm{d}x/\mathrm{d}t=ax$ 与 $v=\mathrm{d}y/\mathrm{d}t=-ay$ 两个条件，将这两个方程式消去 $\mathrm{d}t$ 及常数 a 可以推得 $\dfrac{\mathrm{d}x}{x}=\dfrac{\mathrm{d}y}{y}$。

③ 将步骤②导出 $\dfrac{\mathrm{d}x}{x}=\dfrac{\mathrm{d}y}{y}$ 关系式的两边加以积分，可以得到 $\ln y=-\ln x+C_3$ 或者是 $xy=C_4$。

④ 因为流体质点通过点（1,1），代入步骤③导出的关系式中，可得 $C_4=1$ 且迹线方程式为 $xy=1$。

（3）烟线方程式的求解过程。

① 从题目可知，该稳态流场在 x 轴与 y 轴方向上的速度分量分别为 $u=ax, v=-ay$。

② 因为用来求解烟线的方程式是 $\mathrm{d}x_i/\mathrm{d}t=u=ax$ 与 $\mathrm{d}y_i/\mathrm{d}t=v=-ay$，将这两个方程式消去 $\mathrm{d}t$ 及常数 a 可以推得 $\dfrac{\mathrm{d}x_i}{x}=\dfrac{\mathrm{d}y_i}{y}$。

③ 将步骤②导出 $\dfrac{\mathrm{d}x_i}{x}=\dfrac{\mathrm{d}y_i}{y}$ 关系式的两边加以积分，可以得到 $\ln y_i=-\ln x_i+C_5$ 或者 $x_iy_i=C_6$。

④ 因为流体质点都通过点（1,1），可得 $C_6=1$，由此可以得到烟线方程式是 $x_iy_i=1$。

（4）综合讨论。

从前面的推导上可以证实：如果流体流场是稳态，流线、烟线与迹线三者会彼此重合。

1.10　沸点温度

物体普遍存在着固体、液体和气体三种状态，而在不同的饱和情况下，固体与液体、液体与气体以及气体与固体之间会达到共存状态。所谓饱和蒸气状态（Saturated vapor state）是指在某一固定压力与温度下，液体与气体共存的状态，此时的压力与温度就分别叫作饱和蒸气压力（Saturated vapor pressure）与饱和蒸气温度（Saturated vapor temperature）。而沸点是指在某一固定压力下（通常指当地大气压力），如果液体加热至某一个固定的温度值时，开始蒸发成气体，这一个临界温度值即称为沸点（Boiling point）。实验研究证明液体沸点温度的大小会随外界的大气压力值的变化而改变，外界的大气压力值高则沸点温度高，外界的大气压力值低则沸点温度低。这也就是在高山上食物不容易煮熟，而使用压力锅能加速食物煮熟的原因。

1.11 空蚀现象

船舶涡轮在水面下转动，液体在高速流动时压力会降低，当液体的压力低于饱和蒸气压力，液体会沸腾并产生气泡，随着压力的变化，气泡的大小也会随之改变。气泡在反复膨胀与收缩的过程中，甚至会造成破裂，这种现象称为空蚀现象（Cavitation）。由于空蚀现象会引起噪声、振动以及造成船舶涡轮叶片金属疲劳损坏、表面腐蚀与转动效率的下降，所以为防止产生空蚀现象，在设计船舶涡轮叶片时必须让叶片的形状最佳化使得液体的压力在饱和蒸气压力以上；同时让叶片与流体的接触面积最大化使得叶片能够传输必要的功率。在慢速的流体机械时代，空蚀现象并非是一个严重的问题，但自从高速流体机械发展后空蚀现象的研究就显得特别重要。

1.12 常见单位转换

研究流体力学时，必须使公式中各个物理量均为同一种单位体系，这样计算才有意义。一般常用的单位大抵有标准制与英制两种，这里将常用物理量的单位与单位转换方式归纳如表 1-3 所示。

表 1-3 常用物理量单位与单位转换表

项　次	物理量	标准制	英　制	转　换	其　他
一	质　量	公斤（kg） 1 kg = 1 000 g	斯拉格（slug）	1 slug = 14.59 kg 1 kg = 0.068 54 slug	
二	长　度	公里&公尺 1 km = 1 000 m 1 m = 100 cm	英里&英尺 1 mile = 5 280 ft 1 ft = 12 in	1 m = 3.281 ft 1 ft = 0.304 8 m	海里或英里（NM）是一种用于航海或航空的长度单位 1 NM = 1 852 m
三	速　度	m/s & km/h 1 km/h = 0.277 8 m/s	ft/s & mile/h（Mph） 1 Mph = 1.467 ft/s	1 m/s = 3.281 ft/s 1 ft/s = 0.304 8 m/s	节（kt）是一个专用于航海的速率单位，后延伸至航空方面。 1 kt = 1 NM/h = 0.514 4 m/s = 1.852 km/h = 1.150 78 Mph

项 次	物理量	标准制	英 制	转 换	其 他
四	密 度	kg/m^3	slug/ft^3	1 Slug/ft^3 = 515.2 kg/m^3 1 kg/m^3 = 0.001 941 Slug/ft^3	
五	温 度	摄氏（℃） 开氏（K） K = A + 273.15	华氏（℃） 朗氏（°R） °R = °F + 459.67	°F = (9/5 × B + 32) ℃	
六	体 积	公升（L） 1 L = 1 000 cm^3 = 0.001 m^3	加仑（gal）	1 gal = 3.785 4 L	
七	力	牛顿（N）	磅（lbf）	1 lbf = 4.448 2 N 1 N = 0.224 8 lbf	
八	压 力	帕斯卡（Pa）N/m^2	lbf/ft^2	1 lbf/ft^2 = 47.88 Pa 1 Pa = 0.020 89 lbf/ft^2	
九	功 能 量	焦耳（J）N.m 1 BTU = 778.2 lbf·ft	BTU	1 BTU = 1 055 J 1 J = 0.000 948 6 BTU	

课后练习

（1）流体的定义是什么？

（2）流体力学研究的内容是什么？

（3）研究流体力学问题的主要方法是什么？

（4）在研究流体力学问题的方法中，理论解析法的优缺点有哪些？

（5）在研究流体力学问题的方法中，数值计算法的优缺点有哪些？

（6）绝对压力与相对压力（表压）之间的关系是什么？

（7）已知某种气体的相对压力（表压）为 70 kPa，本地大气压力为 101 kPa，绝对压力是什么？

（8）已知某种物质的密度 ρ = 2.94 g/cm^3，试求它的比容、比重与比重力。

（9）流体流场的定义是什么？

（10）描述流体的主要物理量有哪些？

（11）摄氏温度（℃）与华氏温度（°F）两种温度间的关系是什么？

（12）摄氏温度与朗氏温度（°R）间的关系是什么？

（13）如果气体的温度是 27 ℃，开氏温度（K）是多少？

（14）绝对温度（开氏温度）0 时，摄氏温度是多少？

（15）如图 1-22 所示，一平板距离另一固定平板 0.5 mm，两板间充满流体，上板在每平方米有 2 N 的力作用下以 0.25 m/s 的速度移动，该流体的黏度是多少？

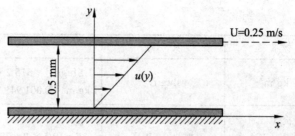

图 1-22 平板间运动

（16）离地 40 km 以上的高空，流体连续性的假设是否适用？

（17）稳态流场假设的定义是什么？

（18）对于一个直角坐标系，如果流体的压力 P、密度 ρ、温度 T 与速度 V 均可以分别表示为 $P = P(x, y, z)$、$\rho = \rho(x, y, z)$、$T = T(x, y, z)$ 以及 $V = V(x, y, z)$ 的函数形态，问此种形态是稳态流场还是非稳态流场？

（19）已知某种液体在圆管内流动的雷诺数 $Re = 1\,000$，又知其临界雷诺数 $Re_{c水} = 2\,300$，试判断此液体在圆管内流动状态是层流还是湍流？

（20）如果一架飞机的飞行速度为 0.2 马赫（Ma），问空气流场为不可压缩流场还是可压缩流场？

（21）如果一架飞机的飞行速度为 180 m/s，声速为 300 m/s，问空气流场为不可压缩流场还是可压缩流场？

（22）雷诺数的数学定义是什么？

（23）临界雷诺数的意义是什么？

（24）流线、烟线与迹线什么时候相等？

（25）如图 1-23 所示，问在前驻点 A 点的速度是什么？

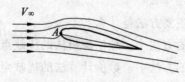

图 1-23 翼型绕流

（26）一般情况下，流体流场的流线是否会彼此相交？是否有例外的情况？

（27）何谓空蚀现象（Cavitation），其在机械操作上可能产生什么危害？

（28）请叙述以下名词的定义。

① 流体（Fluid）。

② 黏度（Viscosity）。

③ 非黏滞性流体（Inviscid fluid）。

④ 牛顿流体（Newtontan fluid）。

⑤ 连续体（Continuum）。

⑥ 不可压缩流体（Incompressible fluid）。

⑦ 稳定流（Steady flow）。

⑧ 均匀流（Uniform flow）。

⑨ 饱和蒸气状态（Saturated vapor state）。

⑩ 沸点温度（Boiling point temperature）。

（29）以物体受到剪应力（Shear stress）产生的反应来扼要描述固体和流体之间的差异。

（30）如果一个已知的二维流场在 x 轴与 y 轴方向之速度分量分别为 $u = x(1+2t)$，$v = y$，请求 $t = 0$ 时通过位置（1,1）流线方程式。

（31）如果一个已知的三维流场在 x 轴、y 轴与 z 轴方向上的速度分量分别为 $u = x+t$，$v = -y-t$ 以及 $w = z$，请问此流场是否为稳态流场，其原因是什么？

（32）如果一个已知的三维流场在 x 轴、y 轴与 z 轴方向上的速度分量分别为 $u = x$，$v = -y$ 以及 $w = z$，请问此流场是否为稳态流场，其原因是什么？

（33）如果一个二维空间的稳定流速度场为 $\vec{V} = ax\vec{i} - ay\vec{j}$，$a$ 为常数，试求通过（1,1）点的流线方程式。

第 2 章　流体静力学

静止流体力学的主要研究内容是探讨流体在静止时性质的变化情况，在工程领域，静止流体力学讨论的内容通常有静压理论、压力测量、毛细现象、液气压系统的原理、水闸和挡水墙以及其他水工设施的设计、浮力原理、物体的表面张力与虹吸现象。

2.1　连续性的考虑

流体是液体和气体的总称，与固体不同之处在于流体没有确定的几何形状，具备容易流动或不能抗拒剪应力变形的特性，称为易流性。研究流体力学的问题时，通常会将流体视为连续介质（Continuous medium）或者是连续体（Continuum），也就是将流体视为一个连续而没有间隙，充满了占据空间的介质，这种假设能够在研究时将流体的性质与流速表示为位置和时间的函数，并且可以用微积分方法来处理流体在静止或流动时的性质变化，大幅地降低问题研究的难度。

2.2　静压理论

流体处于静止状态时的压力，称为流体的静压，用符号 P 表示，单位为 Pa（或 N/m^2）。静压理论主要是探讨静止状态时压力变化的基本规则，其在航空工程与流体机械工程中应用甚广。

2.2.1　流体静压作用的方向

流体具有不能抵抗剪应力的特性，所以在受到剪应力就会产生连续的变形，就会产生流动。流体在静止时受到的剪应力 τ 必定为 0，而其静压作用的方向必定与作用面垂直，并指向作用面的内法线方向，如图 2-1 所示。

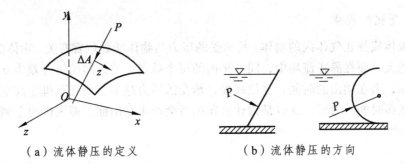

（a）流体静压的定义　　　　　　　（b）流体静压的方向

图 2-1　流体静压定义与其作用方向的示意图

2.2.2　静压的计算

实验表明在静止流场中，液体和气体承受的相对压力，仅与液体或气体的密度和高度有关，而与其他因素无关，这个结论即称为静压理论（Static pressure theory）。根据静压理论与连续介质的假设，可以将液体和气体在静止状态时压力变化的规律用计算式 $\dfrac{\partial P}{\partial z}=-\rho g$ 来表示，式中，P 是指液体或气体在静止时承受的压力，z 是指在直角坐标系的垂直方向的空间变量，并以向上的方向为正，ρ 是指液体或气体的密度，而 g 是重力加速度，其值约为 $9.81\ \mathrm{m/s^2}$，静止压力随着高度变化如图 2-2 所示。

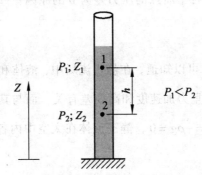

图 2-2　静止压力随着高度变化

2.2.3　静压理论表示的物理意义

根据静压理论的计算公式 $\dfrac{\partial P}{\partial z}=-\rho g$，将静压理论计算公式的两边积分可以得到 $P_2-P_1=-\rho g(z_2-z_1)$，因为 h 是液体或气体在静止时流场内质点 1 与质点 2 的差，因此可得 $P_2-P_1=\rho gh$，从而推得 $P_2=P_1+\rho gh$。式中，P_2、P_1、ρ、g 与 h 分别表示流体在静止状态下流场内部流体质点 2 与质点 1 受到的压力、流体的密度、重力加速度和两个质点之间的高度差。

1．影响静压的因素

从推导 $P_2=P_1+\rho gh$ 的结果可知，在静止流场中，液体和气体内各个质点承受的压力差，仅与液体或气体的密度和高度有关，与其他因素无关。

2．静压变化的规律

在静止液体或静止气体内的物体，其承受的压力与物体所处位置有关。物体沉浸得越深，承受的压力越大。而在静止流场中，同一平面的每个质点，彼此间的压力差为 0。

由此可知，人在爬山的时候，越往高处，承受的压力越小，而且飞机在高空飞行时承受的压力比在地面时的压力低。这也是为什么爬山者会产生高山症，而飞机的空调必须增压的原因。

【例 2-1】

如图 2-3 所示，一个玻璃杯，直径为 7.2 cm，倒入 8 cm 高的水，试计算水的表面与杯底间的压力差。

【解答】

因为水的密度 $\rho = 1\,000 \text{ kg/m}^3$；水深为 8 cm = 0.08 m，所以以水的表面与杯底间的压力差为 $\Delta P = \rho g h = (1\,000 \text{ kg/m}^3) \times (9.81 \text{ m/s}^2) \times (0.08 \text{ m}) = 785 \text{ N/m}^2$。

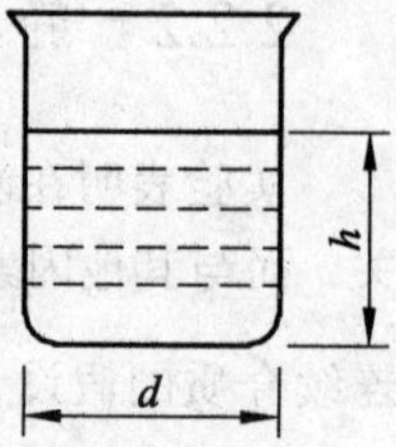

图 2-3　水杯

【例 2-2】

试论述静态流体在太空中各个质点的压力差为 0 的原因？

【解答】

根据静压理论 $\dfrac{\partial P}{\partial z} = -\rho g$，可以知道，在静止流场中，液体和气体内各个质点承受的压力差，仅与液体或气体的密度、重力加速度和高度差有关，而与其他因素无关。由于在太空中的重力加速度 $g = 0$，因此 $\dfrac{\partial P}{\partial z} = -\rho g = 0$，静态流体在太空中内各个质点的压力差为 0。

【例 2-3】

如图 2-4 所示，容器中有两层彼此之间互不掺混的液体，密度分别为 ρ_1 和 ρ_2，试计算图中 A，B 两点处的压力。

【解答】

根据静压理论与静压计算公式，可以得到 A 点压力为 $P_A = P_0 + \rho_1 g h_A$，而 B 点压力为 $P_B = P_0 + \rho_1 g h_1 + \rho_2 g (h_B - h_1)$。

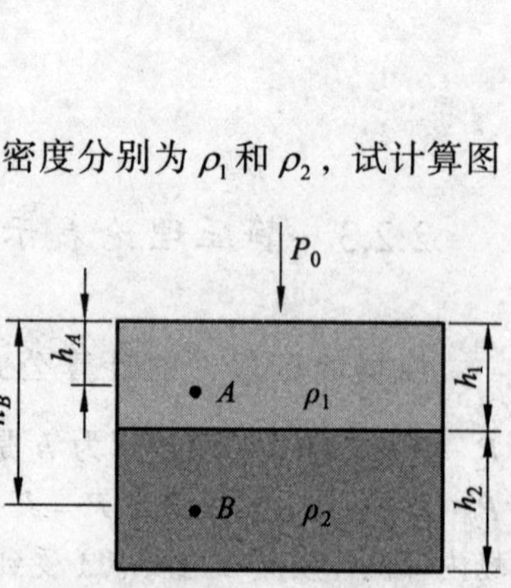

图 2-4　液体内部的压力

【例 2-4】

如图 2-5 所示，已知 $\rho_1 = 999.2 \text{ kg/m}^2$，$\rho_2 = 899.7 \text{ kg/m}^2$，$P_0 = 101\,325 \text{ Pa}$，$g = 9.81 \text{ m/s}^2$，试求容器顶部空气的压力 P_A。

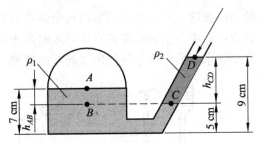

图 2-5　容器内流体压力

【解答】

（1）根据静压理论可知，同一种液体或气体与同一平面的每个质点，其彼此之间的压力差为 0。在题干中 B 点与 C 点处于同一种液体的同一平面，所以两点的压力相等，也就是 $P_B = P_C$。

（2）根据静压理论计算公式与前面推得 $P_B = P_C$ 的结果，可进一步推得关系式 $P_B = P_A + \rho_1 g h_{AB} = P_C = P_0 + \rho_2 g h_{CD}$。

（3）所以 $P_A = P_0 + \rho_2 g h_{CD} - \rho_1 g h_{AB} = 101\,325 + 899.7 \times 9.81 \times 4 - 999.2 \times 9.81 \times 2 = 117\,025$ (Pa)。

2.3　连通器及其原理

连通器是根据静压理论设计出来的，在日常生活、航空工程与流体机械设计中有许多相关应用，例如茶壶喷嘴、喷泉装置、锅炉水位计、水银真空计、液柱式风压表、压力计与煤气漏气的检测装置等，都是连通器的应用。

2.3.1　连通器的定义

所谓连通器（Communicating vessels）是指几个底部互相连通的容器，其特点是容器内装有同种液体并且达到静态平衡，也就是容器内液体之间不会相互流动，在各个容器内液柱的高度是相同的。U 形管也是一种连通器，当注入相同液体达到平衡时，U 形管两侧的液柱高度相同，如图 2-6 所示。

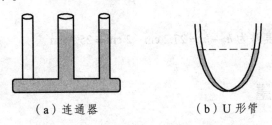

（a）连通器　　　　　　　（b）U 形管

图 2-6　连通器与 U 形管的外形

2.3.2　连通器的原理与应用

在连通器内的每个液柱在静止时高度都是相同的。倘若连通器中的液柱高度不同，液体会由液柱高的一端向较低的一端流动，直至在连通器内每个液柱的高度达到相同，此时液体才会停止流动而静止。在日常生活中，茶壶壶嘴的高度必须略高于壶口，否则茶壶不能装满茶水，而喷泉装置与牲畜自动饮水器的设计也是使用连通器的原理，如图 2-7 所示。

（a）茶壶壶嘴设计　　（b）喷泉装置设计　　（c）牲畜自动饮水器设计

图 2-7　几种连通器的应用装置的示意图

需注意，必须是在连通器内装盛同一种液体并且达到静止平衡时，容器中的每个液柱液面的高度才能够保持相同。如果连通器的容器装盛的液体为不同类型，每个液柱液面的高度不会相同，彼此之间的高度差必须用静压公式计算来获得。

【例 2-5】

如图 2-8 所示,U 形管内装有水银,向右管中倒入一定量的水后,两管中水银面相差 2 cm,求此时两管的液面高度差是多少?

【解答】

（1）根据静压理论所得的结果：同一液体在同一平面的各点，彼此的压力差为 0，所以 A 点与 B 点承受的压力相同（A 点与 B 点的压力差为 0）。

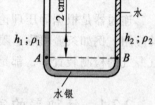

图 2-8　U 形管内不同液体

（2）A 点的压力为 $P_A = P_0 + \rho_1 g h_1$，而 B 点的压力为 $P_B = P_2 + \rho_2 g h_2$，因为 A 点与 B 点承受的压力相同，可以得到 $P_A = P_0 + \rho_1 g h_1 = P_B = P_0 + \rho_2 g h_2$，因此 $\rho_1 g h_1 = \rho_2 g h_2 \Rightarrow h_2 = \dfrac{\rho_1}{\rho_2} h_1$

（3）因为水银的密度是水的 13.6 倍，即 $\dfrac{\rho_1}{\rho_2} = 13.6$，因此水柱的高度 h_2 是 $h_2 = 13.6 h_1 = 13.6 \times 2 \ \text{cm} = 27.2 \ \text{cm}$。

（4）两管的液面高度差为 $h_2 - h_1 = 27.2 \ \text{cm} - 2 \ \text{cm} = 25.2 \ \text{cm}$。

2.4　压力的测量

由于压力是研究流体力学与空气动力学问题时的主要性质参数，所以有许多仪器与装置被开发出来测量压力，例如液柱式压力计、金属测压表和电测试仪表等。液柱式测压计以静压理论为依据，是一种利用液柱高度来测量压力大小的仪器。这里只针对与静压理论有关的压力计（Manometer 或 Barometer），也就是液柱式压力计加以介绍。

2.4.1　水银压力计

水银压力计（Mercury manometer）是用来测量当地大气压力的一种装置。如图 2-9 所示，由于静止液体在同一平面承受的压力相同以及在同一液体内液面与液面之间彼此的压力差 ΔP 等于液体的密度 ρ 与重力加速度 g 和液体内液面与液面之间彼此的高度差 Δz 乘积的负值，也就是 $\Delta P = -\rho g \Delta z$。据此可以得到水银压力计的压力计算公式为 $P_{atm} = \rho_{水银} g h_{水银} = \gamma_{水银} h_{水银}$。式中，$P_{atm}$、$\rho_{水银}$、$g$、$h_{水银}$、$\gamma_{水银}$ 分别表示当地的大气压力、水银的密度、重力加速度、水银压力计中水银柱的高度以及水银的比重力。

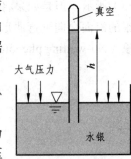

图 2-9　水银压力计

在标准大气压时，测量出的水银压力计中水银柱的高度为 762 mm，可以得到在标准状态下的大气压力 $P_{atm} \approx 101.3$ kPa。大气压力除了用 Pa 和水银压力计中水银柱的高度表示外，也可以用 bar 来表示，其中 1 bar $= 10^5$ Pa $= 100$ kPa，所以 $P_{atm} \approx 1.013$ bar。

2.4.2　U 形管压力计

在测定密闭容器内气体的压力差时，通常采用 U 形管压力计。U 形管压力计（U tube manometer）主要因为测量管成 U 形而得名，其外观如图 2-10 所示。

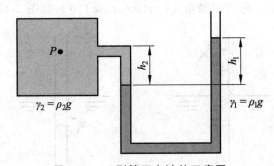

图 2-10　U 形管压力计的示意图

在 U 形管压力计中，密闭容器内气体的绝对压力为 $P_{abs} = P_{atm} + \rho_1 g h_1 - \rho_2 g h_2 = P_{atm} + \gamma_1 h_1 - \gamma_2 h_2$。水银的密度较大，常被用来当作测量压力较大的密闭容器内气体压力的液体。

2.4.3　毛细现象

毛细现象又称为毛细管作用，在日常生活中，将直径很小的细管插入液体中，管内的液面会出现升高或下降的现象。例如将细管插入水中，管内水面会比管外的水平面来得高，而将细管插入水银中，管内的水银面会比管外的水平面来得低。这种现象就叫作毛细现象（Capillarity），而这根细管就称为毛细管（Capillary tube）。

1. 发生原因

毛细现象是液体与固体接口（Interface）之间的附着力（Adhesion force）与液体内部的

内聚力（Cohesion force）相互作用产生的结果，当液体与固体接口之间的附着力大于液体的内聚力时，液体将会沿壁面向外伸展，使液面向上弯曲成凹面，液柱的高度会上升，称为毛细管的浸润现象（Wetting phenomenon），例如将玻璃管插入水中就会出现这种情况，如图 2-11（a）所示。但是如果将玻璃管插入水银中，由于水银的内聚力远大于其与玻璃的附着力，水银的液面会向下弯曲形成凸形，水银柱的高度会下降，这种毛细现象称为毛细管的非浸润现象（No-wetting phenomenon），如图 2-11（b）所示。

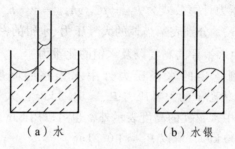

（a）水　　　　　　（b）水银

图 2-11　毛细现象

2．误差分析

（1）接触角的定义。

要探讨毛细现象造成液柱式测压计的误差，首先必须知道接触角的定义。将细管插入液体中，液面与管壁的夹角，称为接触角（Contact angle）θ，如图 2-12 所示。

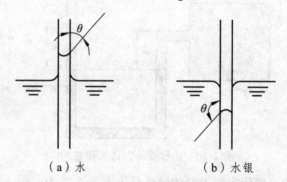

（a）水　　　　　　（b）水银

图 2-12　毛细现象接触角

如果接触角 $\theta < 90°$，此种毛细现象为毛细管的浸润现象，如图 2-12（a）所示，此时管内的液面会上升。反之，为毛细管的非浸润现象，如图 2-12（b）所示，此时管内的液面会下降。

（2）升降高度计算。

毛细现象的升降高度可以由公式 $2\pi r\sigma\cos\theta = \rho\pi r^2 gh$ 求出。式中，r 是细管的半径，σ 是表面张力系数，θ 是接触角，ρ 是液体的密度，g 是重力加速度，而 h 是细管内液面的升降高度。可以求得毛细现象升降高度的公式为 $h = \dfrac{2\sigma\cos\theta}{\rho gr}$。

（3）误差忽略条件。

工程中常用的测压管，往往会造成较大的测量误差。但是从实验与毛细现象的升降高度公式中发现，管径越大，毛细现象产生的误差越小。一般情况下，当测压管的管径大于 10 mm 时，毛细现象造成的测量误差可以忽略不计。

【例 2-6】

何谓毛细现象？在日常生活中的毛细现象有哪些？

【解答】

（1）将直径很小的细管插入液体中时，细管内的液面会因为附着力与内聚力的相互作用而出现升高或下降的情况，例如将细管插入水中，管内的水面会比管外的来得高，而将细管插入水银中，管内会比管外的水平面来得低，这种将细管插入液体中造成管内液面升降的情况就叫作毛细现象。

（2）在日常生活中，砖块吸水、毛巾吸汗、粉笔吸墨水、水银压力计的指数会比实际的压力值稍小，吸水纸有吸水性、油沿灯芯向上升、地下水沿土壤上升以及植物吸收水分都是毛细现象的体现。

【例 2-7】

请问水银压力计的测量值比实际压力值略大还是略小？是何原因？在何种情况下，水银压力计的测量误差可以忽略不计？

【解答】

（1）水银压力计的测量值比实际压力略小。
（2）这是因为毛细现象使测压管内的水银液面下降导致了测量误差。
（3）通常当测压管的管径大于 10 mm 时，毛细现象造成的测量误差可以忽略不计。

【例 2-8】

如图 2-13 所示，请问大气压之测量，与水银压力计内的量管管径大小有无关系，也就是水银压力计的 A、B、C 三根量管内水银柱的高度是否相同？其原因为何？

【解答】

（1）毛细现象使得水银压力计内的量管内水银柱高度会比实际压力值来得低，也就是管内水银柱高度会因为毛细现象导致稍微下降的现象，而且量管管径越小，下降的高度越大，所以实际上量管 A 内的水银柱高度最高。

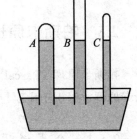

图 2-13　例 2-8 连通器

（2）但是当量管的管径大于 10 mm 时，毛细现象造成的测压管测量误差可以忽略不计，所以 A、B、C 三根量管的管径都大于 10 mm 时，管内水银柱的高度几乎是相同的。

2.4.4　倾斜式微压计

在测量微小的压力差时，常把压力计的玻璃管倾斜设置，以提高测量的精确度，这种压力计称为倾斜式微压计（Tilting micromanometer）。如图 2-14 所示，倾斜式微压计由一个底面积为 A_2 的宽广容器和一个倾斜角为 α、截面积为 A_1 的可调式玻璃量管组成，容器与玻璃量管内的液体彼此连通，其内充满密度为 ρ 的工作液体，通常是密度 $\rho = 810 \, \text{kg/m}^3$ 的酒精。

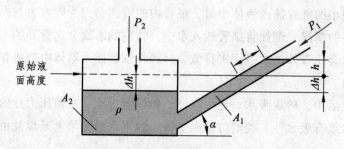

图 2-14　倾斜式微压计的外形

当微压计没有感受到压力差时，倾斜玻璃量管入口压力 P_1 与宽广容器入口压力 P_2 相等且容器内与倾斜玻璃量管内的液面高度相同。当微压计感受到压力差时，例如 $P_2 > P_1$ 时，宽广容器中的液面会下降 Δh，而倾斜玻璃量管内的液面将上升长度 l，而其上升高度为 $h = l\sin\alpha$，又因为容器中液体下降的体积与倾斜玻璃量管上升液体的体积相同，所以可以得到 $\Delta h = l \times A_1 / A_2$ 的关系式。可知，倾斜玻璃量管入口与宽广容器入口液面的高度差为 $h + \Delta h = l\sin\alpha + \Delta h$。根据静压计算公式可获得 $P_2 = P_1 + \rho g(h + \Delta h) = P_1 + \rho g(l\sin\alpha + \Delta h)$，再将前面 $\Delta h = l \times A_1 / A_2$ 的关系式代入上式，就可以获得倾斜式微压计的压差计算式 $\Delta P = P_2 - P_1 = \rho g(\sin\alpha + A_1 / A_2)l$，式中 ΔP 为宽广容器入口压力 P_2 与倾斜玻璃量管入口压力 P_1 的压力差，ρ 为工作液体密度，α 为玻璃量管与水平线之间的倾斜角度，而 A_2 与 A_2 则分别为宽广容器与量管的内部截面面积。在工程应用中 ρ、α 以及 A_2 与 A_1 通常为已知，所以只要知道上升长度 l，就可以测量出压力差，从而推得宽广容器的入口压力 P_2。

2.5　帕斯卡原理

帕斯卡原理（Pascal's principle）用以说明流体在静止时压力传递的原理，在工业界，帕斯卡原理常用于千斤顶与飞机的液压或气压系统中。

2.5.1　公式说明

所谓帕斯卡原理是指对封闭容器内的液体或气体施加压力时，必定会均匀地传递到液体或气体中的每一个部分。也就是说对密闭容器的液体或气体施加压力时，压力会传递到容器的每一个位置，且任何方向的压力都相同。如图 2-15 所示，根据帕斯卡原理，在液压或气压系统中的一个活塞上施加一定的压力，必将在另一个活塞上产生相同的压力增量，所以可以导出 $\dfrac{F_1}{A_1} = \dfrac{F_2}{A_2}$。式中，$F_1$ 与 F_2 分别表示活塞 1 与活塞 2 承受的垂直力，而 A_1 与 A_2 分别为活塞 1 与活塞 2 的面积，也就是对于密闭容器的液体或气体，在相同高度上的液面承受的压力均相同。

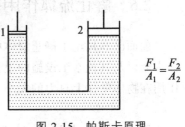

$$\dfrac{F_1}{A_1} = \dfrac{F_2}{A_2}$$

图 2-15　帕斯卡原理

2.5.2　公式应用

在工程领域，帕斯卡原理常应用于千斤顶与飞机的液压或气压系统，如图 2-16 所示，如果不考虑活塞 1 与活塞 2 的高度差造成的压力差 ΔP，F_1、F_2、A_1 与 A_2 之间的关系为 $\dfrac{F_1}{A_1} = \dfrac{F_2}{A_2}$，由此能看出这个装置可使用极小的力量来举起重物，且 $\dfrac{A_2}{A_1}$ 的比值越大，这种效果越好。因此当 $A_2 \gg A_1$ 时可获得极大的机械效率。

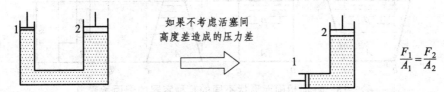

如果不考虑活塞间高度差造成的压力差

$$\dfrac{F_1}{A_1} = \dfrac{F_2}{A_2}$$

图 2-16　在液压或气压系统的帕斯卡原理应用

【例 2-9】

如图 2-17 所示，若车子为 5 000 kg，需要多少的力 F 才能维持？

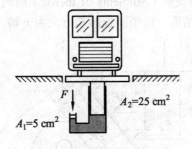

F

$A_2 = 25\ cm^2$

$A_1 = 5\ cm^2$

图 2-17　千斤顶的应用

【解答】

由于车子的重力为 $5\,000\ \text{kg} \times 9.81\ \text{m/s}^2 = 49\,050\ \text{N}$，而根据帕斯卡原理，可以得到 $F = 49\,050\ \text{N} \times 5/25 = 9\,810\ \text{N}$。

2.6 静止流体作用在壁面上的作用力

前面已经讨论了静止液体中压力的分布规律，但是在实际工程设计中，例如水箱、水闸、挡水墙以及其他水工设施的设计时，不仅要知道静止流体的压力大小和分布，还要确定流体作用在物体壁面上总力的大小、方向和作用点。

2.6.1 静止液体对容器壁面造成的影响

如图 2-18 所示形状不同而底面面积均为 A 的四个容器，如果装入同一种液体且高度也完全相同，自由液面上均作用着大气压力 P_a，根据静压理论，沉浸在静止液体的物体，其承受的压力与物体的沉浸深度成正比，且浸液深相同，物体承受的总压也就相同。所以作用于四个容器底面上的总压力必然相等，而与容器的形状无关，又因为自由液面承受的压力与容器外环境的大气压力相等，所以彼此之间可以相互抵消，可以推得容器底部壁面所受的作用力为 $F_p = \rho g h A$。式中，ρ 是液体的密度，g 是重力加速度，h 是液体的沉浸深度，而 A 为容器底部壁面的面积。必须特别注意的是如果自由液面上的压力与容器外环境的大气压力并不相等，则必须考虑容器内外之间压力差对容器壁造成的影响。

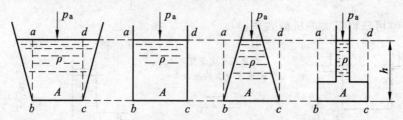

图 2-18 底面相同而形状不同的几种容器的壁面承受力

2.6.2 静止液体对平面壁面所产生的作用力

由于静止流体的压力系随高度呈线性变化，因此流体静力学的问题可简化为仅关于平板截面的形心（Centroid）以及转动惯量（Moments of inertia）的问题。如图 2-19 所示为任意形状之平面板完全沉浸在液体中的情形。以平面板倾斜方向为 y 轴，与 y 轴垂直的方向为 x 轴。

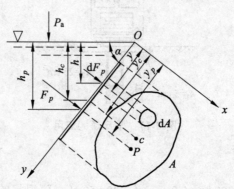

图 2-19 平板上所受流体作用力

1．总压力作用力的计算

在平板上任取微元面积dA，其中心点距自由表面的距离为h，距Ox轴的距离为y，由液体的静压理论可以得知，其上的流体压力垂直指向平板。作用在微元面积dA上的压力为$dF=PdA=\rho ghdA=\rho gy\sin\alpha dA$，式中$F$、$P$、$\rho$、$g$、$h$与$A$分别为静止液体压力对壁面所产生的作用力、静止液体的压力、液体的密度、重力加速度、液体的沉浸深度和平面壁面的面积。将$dF=\rho gy\sin\alpha dA$的关系式两边积分得$F=\rho g\sin\alpha\int_A ydA$。$\int_A ydA$等于平板面积$A$与其形心$Ox$轴的距离$y_c$的乘积，可得$F=\rho gy_c\sin\alpha=P_cA$，由此静止液体压力对平面壁面产生的作用力等于受压面形心c处的压力与平面壁面面积的乘积。

2．作用力的位置

静止液体压力对平面壁面作用点称为压力中心（Center of pressure），假设其坐标位置为（x_p，y_p），根据理论力学中合力矩定理，也就是合力对任一轴的力矩等于各分力对同一轴的力矩之和，可以求得对Ox轴的惯性矩（Moment of inertia）I_x的关系计算公式为$Fy_p=\int_A ydF=\int_A y\rho gy\sin\alpha dA=\rho g\sin\alpha\int_A y^2 dA=\rho g\sin\alpha I_x$，式中$F$、$P$、$\rho$、$g$、$\alpha$、$y$与$I_x$分别为静止液体压力对壁面产生的作用力、静止液体的压力、液体的密度、重力加速度、平面板与液面水平面的夹角、平面板与y轴（平面板倾斜方向为y轴）的垂直距离以及Ox轴的惯性矩，其中$I_x=\int_A y^2 dA$。整理上式得$y_p=\dfrac{I_x}{y_cA}$，根据惯性矩的平行移轴定理$I_x=I_c+y_c^2A$，可得受压面对通过形心c且平行于Ox轴的形心轴的惯性矩I_c，进而推得形心在y轴的位置$y_p=y_c+\dfrac{I_c}{y_cA}$。同理可得到压力中心$p$的另一个坐标位置为$x_p=x_c+\dfrac{I_{xyc}}{y_cA}$，式中，$I_{xyc}$为受压面对通过形心$c$且平行于$Ox$、$Oy$轴的形心轴惯性积。

在实际工程中，受压面多以Oy轴对称，此时压力中心必定在对称轴上，因此通常可以不去计算x_p。许多虽非完全对称的平面，也常常可以分成几个规则的面积来计算。

3．综合归纳

（1）研究重点。在工程领域中，静止液体对平面壁面产生影响的研究重点多放在总压力作用力的计算与作用点位置的判定上。

（2）作用力的计算。从前文可知，静止液体对平面壁面产生总压力作用力的大小仅与沉浸液体密度、受压面形心c处的沉浸深度与平面壁面面积有关，而与其他因素无关。

（3）作用点位置的计算。静止液体压力对平面壁面作用点称为压力中心，假设其坐标位置为（x_p，y_p），其作用点位置的计算公式为$y_p=y_c+\dfrac{I_c}{y_cA}$与$x_p=x_c+\dfrac{I_{xyc}}{y_cA}$。在实际工程中，受压面多以$Oy$轴对称，此时压力中心必定在对称轴上，通常可以不去计算x_p。几种常见平面形状的面积A、y_c与I_c列出如图2-20所示。

几种常见平面形状的面积 A、形心在 y 轴的位置 y_c 与惯性矩 I_c					
序 号	图 形	A	y_c	I_c	备 注
一	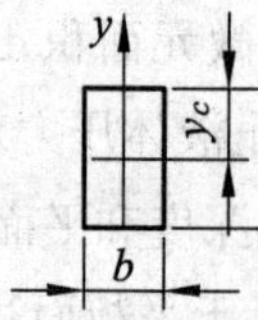	hb	$\dfrac{1}{2}h$	$\dfrac{1}{12}bh^3$	
二	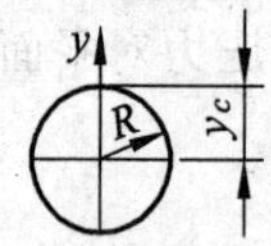	πR^2	R	$\dfrac{\pi R^4}{4}$	
三	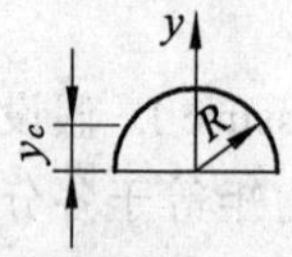	$\dfrac{\pi R^2}{2}$	$\dfrac{4R}{3\pi}$	$\dfrac{(9\pi^2-64)}{72\pi}R^4$	
四	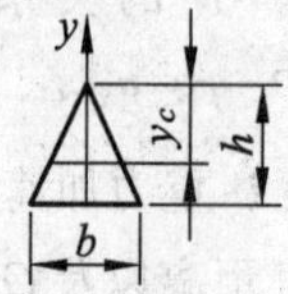	$\dfrac{1}{2}bh$	$\dfrac{2}{3}h$	$\dfrac{1}{36}bh^3$	
五	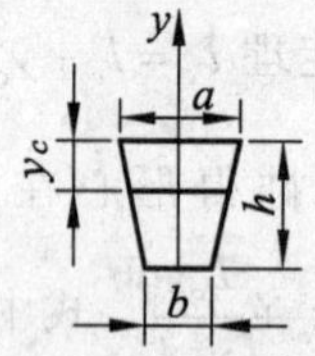	$\dfrac{1}{2}(a+b)h$	$\dfrac{h(a+2b)}{3(a+b)}$	$\dfrac{h^3(a^2+4ab+b^2)}{36(a+b)}$	
六	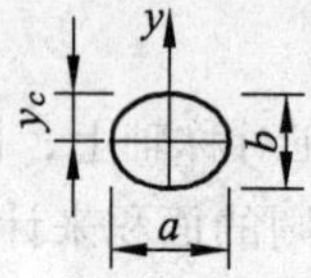	$\dfrac{\pi}{4}ab$	$\dfrac{b}{2}$	$\dfrac{\pi}{64}ab^3$	

图 2-20 几种常见平面形状的面积 A、y_c 与 I_c 的参考数值

【例 2-10】

水平底床之渠道宽 1.2 m，设有闸门控制流量如图 2-21 所示，若关上闸门时上游水深 0.8 m，求（1）闸门所受之力；（2）压力中心的位置为何？

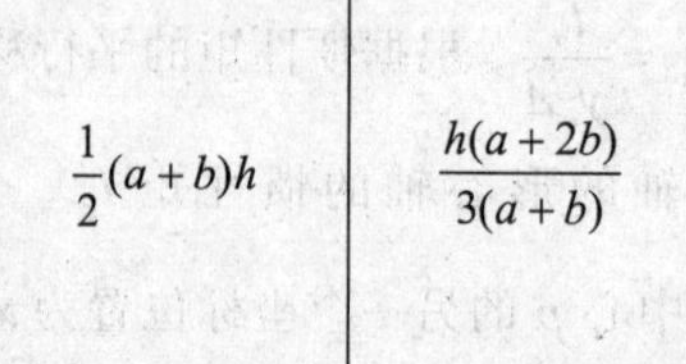

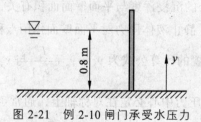

图 2-21 例 2-10 闸门承受水压力

【解答】

（1）根据作用力的计算公式 $F = P_c A = \rho g y_c \sin \alpha A = \rho g h_c A$，其中 $h_c = \dfrac{h}{2} = 0.4$ m，面积 $A = b \times h = 1.2 \times 0.8 = 0.96$ m^2。所以作用力 $F = \rho g h_c A = 9.81 \times 1\,000 \times 0.4 \times 0.96 = 3\,767$ (N)。

（2）根据计算公式，压力中心的位置为 $y_p = y_c + \dfrac{I_c}{y_c A}$ 与 $x_p = x_c + \dfrac{I_{xyc}}{y_c A}$，又因为 Oy 轴对称，此时压力中心必定在对称轴上，因此 x_p 可以不去计算。而从图 2-20 几种常见平面形状的 y_c 与 I_c 中可得 $y_c = \dfrac{h}{2}$ 与 $I_c = \dfrac{bh^3}{12}$。因为面积 $A = bh$，所以 $y_p = y_c + \dfrac{I_c}{y_c A} = \dfrac{h}{2} + \dfrac{\frac{bh^3}{12}}{\frac{h}{2} \times bh} = \dfrac{h}{2} + \dfrac{h}{6} = 0.533$ (m)。

【例 2-11】

如图 2-22 所示，一矩形闸门两面受到水的压力，左边水深 $H_1 = 4.5$ m，右边水深 $H_2 = 2.5$ m，闸门与水平面成 $\alpha = 45°$ 的倾斜角，假设闸门宽度 $b = 1$ m。试求作用在闸门上的力。

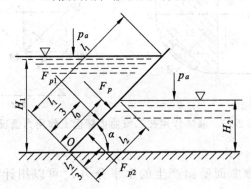

图 2-22　例 2-11 闸门承受水压力

【解答】

因为作用在闸门上的作用力等于矩形闸门左右两边压力差，由题目可知，$h_{c1} = \dfrac{H_1}{2}$，

$A_1 = bl_1 = b\dfrac{H_1}{\sin \alpha}$，$h_{c2} = \dfrac{H_2}{2}$，$A_2 = bl_2 = b\dfrac{H_2}{\sin \alpha}$，

所以作用在闸门上作用力为 $F = \rho g h_{c1} A_1 - \rho g h_{c2} A_2 = \dfrac{\rho g b H_1^2}{2\sin \alpha} - \dfrac{\rho g b H_2^2}{2\sin \alpha}$，则作用力的值为

$$F = \dfrac{1\,000 \times 9.81 \times 1 \times 4.5^2}{2 \times 0.707\,1} - \dfrac{1\,000 \times 9.81 \times 1 \times 2.5^2}{2 \times 0.707\,1} = 140\,470 - 43\,355 = 97\,115 \text{ (N)}$$

2.6.3　静止液体对曲面壁面产生的作用力

在工程技术中，例如各类圆柱形容器、储油罐、球形压力罐、水塔、弧形闸门等的设

计，都会遇到静止液体作用在曲面上总压力的计算问题。由于作用在曲面上各点的流体静压产生的作用力都垂直于容器壁，这就形成了复杂的空间力系问题。工程中用得最多的是二维曲面且三维曲面与二维曲面的计算方法类似，所以本书以静止液体作用于二维曲面壁面产生的影响为例来说明。静止液体对二维曲面壁面产生影响的问题研究与前面讨论的对平面壁面产生影响的问题研究几乎一样，研究的重点只不过因为作用壁面是曲面，各微元面上的压力 dF 的方向不同，作用力不能直接积分来获得，必须先求水平分力和铅垂分力，然后再求合力。

1. 作用力的计算

如图 2-23 所示为液体在曲面壁面上作用力情况，假设液面通大气，也就是液面表压力为零，静止液体压力对二维曲面壁面产生的水平分力为 F_x，铅垂分力为 F_z，而水平分力 F_x 与铅垂分力 F_z 两个分力的合力为静止液体压力对二维曲面壁面产生的作用力，与二维曲面壁面两者的交点处即为作用点。

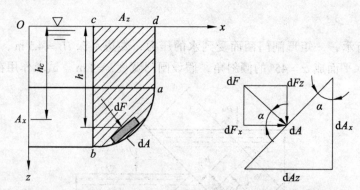

图 2-23　液体作用在二维曲面壁面上作用力情况

（1）水平分力的计算。

静止液体压力对二维曲面壁面产生的水平分力 F_x 可以用计算公式 $F_x = \int_{A_x} \rho g h \mathrm{d}A_x = \rho g h_c A_x$ 计算。式中，ρ、g、h_c、A_x 分别为液体的密度、重力加速度、受压面形心 c 在液面下的沉浸深度与该曲面壁面在铅垂方向的投影面积。可以看出，液体作用在曲面壁面上水平分力的大小等于该曲面铅垂投影面上所受作用力。

（2）铅垂分力的计算。

静止液体压力对二维曲面壁面产生的铅垂分力 F_z 可以用计算公式 $F_z = \int_{A_z} \rho g h \mathrm{d}A_z = \rho g V$。式中，$V$ 为曲面 ab 上的液柱体积 $abcd$，这样的体积通常称为压力体。可以看出，液体作用在曲面壁面上铅垂分力的大小等于压力体的液体重力。

（3）合力的计算。

由于液体作用在曲面壁面上的作用力 F 等于液体作用在曲面壁面上水平分力 F_x 和铅垂分力 F_z 的合力，所以 $F = \sqrt{F_x^2 + F_z^2}$。

2. 作用点位置的获得

液体作用在曲面壁面上的铅直分力 F_z 的作用线通过压力体的重心指向受压面，且因为液体作用在曲面壁面上的水平分力 F_x 的作用线通过 A_x 的压力中心而指向受压面。所以液体作用在曲面壁面上的作用力必通过铅直分力 F_z 的作用线与水平分力 F_x 的作用线的交点，并与铅垂分力 F_z 的作用线成 θ 夹角，而其作用线与曲面的交点就是液体作用在曲面壁面上的作用点，如图 2-24 所示。

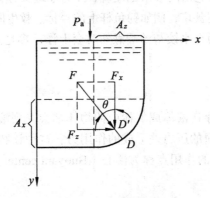

图 2-24　静止液体对二维曲面壁面作用力与作用点

【例 2-12】

如图 2-25 所示，有一圆柱扇形闸门，已知 $H_1 = 5\ \text{m}$，$\alpha = 60°$，闸门宽度 $B = 10\ \text{m}$，试求在闸门上的作用力。

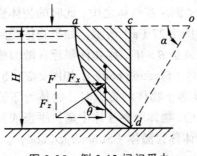

图 2-25　例 2-12 闸门受力

【解答】

（1）液体对曲面壁面产生的水平分力 F_x 的计算公式为 $F_x = \rho g h_c A_x$，式中 A_x 为该曲面壁面在铅垂方向的投影面积。由题干可知 $A_x = BH$。可得水平分力 $F_x = \rho g h_c A_x = \rho g \dfrac{H}{2} BH = \dfrac{1}{2} \rho g B H^2$，因此 $F_x = \dfrac{1}{2} \rho g B H^2 = \dfrac{1}{2} \times 1000 \times 9.81 \times 10 \times 5^2 = 1\ 226\ 250(\text{N})$。

（2）液体对曲面壁面产生的铅垂分力 F_z 计算公式为 $F_z = \rho g V$，式中，V 为曲面上的压力体，由题干可知 $V = B \times A_{abc}$，而面积 A_{abc} 为扇形面积 aob 与三角形面积 cob 的差值，故铅垂分力 $F_z = V = \rho g B A_{abc} = \rho g B \left(\dfrac{\pi \alpha R^2}{360} - \dfrac{H^2}{2 \tan \alpha} \right) = 1\ 004\ 192\ (\text{N})$。

（3）根据合力的计算公式得 $F = \sqrt{F_x^2 + F_z^2} = 1\ 584\ 958\ \text{N}$。

2.7 浮力原理

浮力原理主要是说明沉浸或飘浮在液体或气体中的物体受到的浮力与液体或气体的密度和物体体积之间的关系，因为它由阿基米德发现，浮力原理又称为阿基米德原理。浮力原理在工程技术与日常生活中的应用甚广，例如钓鱼杆上的浮标、救生圈与独木舟的制造、船舶与潜艇的设计、热气球的升空，乃至水饺与汤圆煮熟时会上浮，都是浮力原理的应用和体现。

2.7.1 浮力的概念

所谓浮力是指沉浸或飘浮在液体或气体中的物体都会受到液体或气体向上托的力量，它在本质上是由于物体上下表面的压力差形成的作用力，这种让物体产生上浮倾向的作用力就称为浮力（Buoyancy）。浮力的作用点称为浮心（Buoyant center），它会与物体排开的液体或气体的体积形心重合。

2.7.2 物体的沉浮条件

如图 2-26 所示，沉浸或飘浮在静止液体或气体中的物体受到的作用力仅有重力（W）与浮力（B）。

如果物体受到的浮力 B 小于物体的重力，也就是 $B < W$，则物体下沉，直至液体底部或无法飘浮在气体之中，此时的物体称为沉体（Immersed body），如图 2-27（a）所示。如果物体受到的浮力 B 大于物体的重力，也就是 $B > W$，则物体飘浮在液面或气体之中，此时的物体称为浮体（Floating body），如图 2-27（b）所示。而当物体受到的浮力 B 等于物体的重力时，物体处于开始沉浮的临界点（Critical point），物体会在液体中随机平衡或开始飘浮在气体之中，此时的物体称为潜体（Submerged body）。

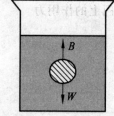

图 2-26　物体在静止流体中
所受作用力种类

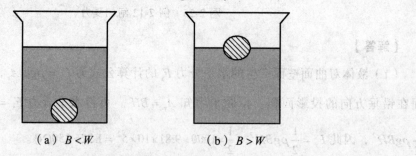

（a）$B < W$　　　　　（b）$B > W$

图 2-27　物体沉浮条件

2.7.3 浮力原理的定义

物体依据其本身在液体或气体中沉浸或飘浮的状况，可以分成沉体与浮体两种状态，所以浮力原理可分成沉体所受到的浮力与浮体所受到的浮力两个部分来表示。

（1）沉体所受到的浮力。沉浸在流体的物体，称为沉体，受到的浮力等于物体排开流体的重力。

（2）浮体所受到的浮力。飘浮在流体的物体，称为浮体，受到的浮力等于物体排开流体的重力或浮体本身的重力。

2.7.4　浮力计算公式

根据浮力原理，沉浸或飘浮在静止流体的物体的浮力可以用公式 $B = \rho_{流体} \times V_{流体} \times g$ 来计算，称为浮力计算公式。式中，B 是物体受到的浮力，$\rho_{流体}$ 是流体的密度，$V_{流体}$ 是物体排开流体的体积，g 为重力加速度。

（1）影响浮力的因素。从浮力计算公式中可知，物体受到的浮力仅与流体的密度 $\rho_{流体}$ 和物体排开流体的体积 $V_{流体}$ 有关，而与其他因素无关。

（2）物体沉浮判定的依据。如果物体的密度 $\rho_{物体}$ 大于流体的密度 $\rho_{流体}$，物体下沉，直至液体底部或无法飘浮在气体之中，此时的物体为沉体。反之如果物体的密度 $\rho_{物体}$ 小于流体的密度 $\rho_{流体}$，物体飘浮在液面或气体之中，此时的物体为浮体。

以上得到的推论，可以应用在热气球升空和轮船与潜艇潜浮的设计原理中，对于航空与造船工业的发展均有帮助。

【例 2-13】

试用浮力原理说明在日常生活水饺的烹煮过程中，水饺刚放入水中时会下沉，而在水饺煮熟时会上浮的原因。

【解答】

因为水饺刚放入水中时，水饺受到的浮力小于重力，因此水饺会下沉。而当水饺煮熟时，水饺的体积增大，其受到的浮力也随之增大，浮力大于重力，所以水饺会上浮。

【例 2-14】

体积是 $100\ cm^3$ 的铁块，浸没在酒精里，已知酒精的密度是水密度的 0.8 倍，问它受到的浮力是多少？

【解答】

因为沉浸在流体的物体（沉体）受到的浮力等于物体排开流体的重力，所以铁块在酒精中的浮力 $B = \rho_{酒精} V_{铁块} g = 0.8 \times 10^3\ kg/m^3 \times 100 \times 10^{-6}\ m^3 \times 9.81\ m/s^2 = 0.785\ N$。

【例 2-15】

如图 2-28 所示，假设热气球自身的质量可以忽略不计，且热气球用来加热的气体是空气，试推导热气球的最大载重公式。

图 2-28　热气球示意图

【解答】

因为热气球的最大载重 = 热气球的浮力 − 热气球内部气体的重力 = 热气球排开空气的重力 − 热气球内部气体的重力。所以热气球的载重为 载重 $= \rho_{air,外}Vg - \rho_{air,内}Vg$。

【例 2-16】

如图 2-29 所示，在一个装盛汽油的容器底部上有一直径 $d_2 = 2$ cm 的圆阀，该阀用曳绳系于直径 $d_1 = 10$ cm 的圆柱形浮子上。设浮子及圆阀的总质量 $m = 0.1$ kg，汽油密度 $\rho = 1\,749.5$ kg/m^3，曳绳长度 $l = 15$ cm。试求汽油液面要达到什么高度时圆阀才会开启。

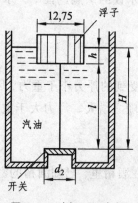

图 2-29　例 2-16 容器

【解答】

（1）假设油面距圆阀高度为 H 时圆阀开启，此时圆阀受到因为汽油沉浸深度的压力而产生的作用力 F_p 加上浮子与圆阀的重力 W，它们应与浮子受到的浮力 B 相等。

（2）从题目可知，$B = \rho g h \dfrac{\pi d_1^2}{4}$；$h = H - l$；$F_p = \rho g H \dfrac{\pi d_2^2}{4}$ 以及 $W = mg$，又因为 $B = F_p + mg$，

所以可得 $H = \dfrac{4mg}{\rho g \pi (d_1^2 - d_2^2)} + \dfrac{d_1^2 l}{d_1^2 - d_2^2} \approx 0.174$ （m）。

2.8 表面张力

如前所述，流体分子与分子之间彼此具有吸引力，称为流体具有的内聚力。在探讨内聚力的问题时，研究的重点主要放在液体-固体、液体-液体以及液体-气体之间的接口（Interface），前者称为附着力（Adhesion）问题，也就是前述的毛细现象，后两者则属于这里将要说明的表面张力（Surface tension）问题。

2.8.1 表面张力的定义

所谓表面张力是指液体内部分子与分子之间的引力作用，使得液体的自由表面存在一个向内收缩的趋势，因此会在两不兼容的液体界面或液体与气体间的界面形成薄膜，而造成此能力的液体性质则称为表面张力。在日常生活中会看到水滴悬挂在墙壁、天花板或水龙头出口上，水银在光滑表面会成球形滚动，肥皂泡泡为什么不会破，针会浮在水银面上以及一些小昆虫能够自由地在水面行走，这些现象都是表面张力的体现。

2.8.2 计算公式

如图 2-30 所示，表面张力的方向与液面相切，并与液面的任何两部分分界线垂直。

以界面力平衡的观点来看，可以求得任意液体表面形状时表面张力形成作用力的计算公式。

1. 公式推导

从界面力平衡的观点中可推得，表面薄膜内外压力差造成的作用力等于薄膜表面张力形成的作用力，所以表面张力的作用力 = 压力差 × 截面积 = 表面张力系数 × 截面长度。

图 2-30　表面张力作用方向的示意图

2. 举例说明

这里以圆柱体表面薄膜、圆球表面薄膜与圆球泡泡表面薄膜为例，进一步推导出该液体表面形状的应用计算公式。

（1）圆柱体表面薄膜。如图 2-31 所示，根据表面张力对液体表面作用力的计算公式能够推得在圆柱体表面薄膜上表面张力形成的作用力为 $\Delta P \times 2RL = \sigma_t \times 2(2R + L)$。式中，$\Delta P$ 为圆柱体表面薄膜内外之间的压力差，R 为圆柱半径，L 为圆柱长度，而 σ_t 为圆柱体表面薄膜的表面张力系数，单位为 N/m。如果圆柱半径远小于圆柱长度，也就是 $R \ll L$，可以推得圆柱体表面薄膜内外之间的压力差 $\Delta P = \dfrac{\sigma_t}{R}$。

（2）圆球表面薄膜。如图 2-32 所示，根据表面张力对液体表面作用力的计算公式可推得在圆球表面薄膜上表面张力所形成的作用力为 $\Delta P \times \pi R^2 = \sigma_t \times 2\pi R$。式中，$\Delta P$ 为圆球表面薄膜内外之间的压力差，R 为圆球半径，σ_t 为圆球表面薄膜的表面张力系数。又根据圆球表面张力对液体表面作用力的计算公式 $\Delta P \times \pi R^2 = \sigma_t \times 2\pi R$,进一步推得在圆球表面薄膜内外之间的压力差 $\Delta P = \dfrac{2\sigma_t}{R}$ 。

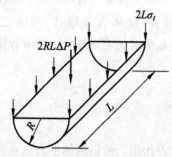
图 2-31　圆柱体薄膜表面张力形成作用力

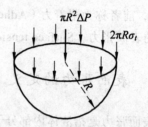
图 2-32　圆球薄膜表面张力形成作用力

（3）圆球泡泡表面薄膜。

实验中发现，由于肥皂泡泡的表面具有两层薄膜，所以圆球肥皂泡泡表面薄膜上表面张力形成的作用力为 $\Delta P \times \pi R^2 = \sigma_t \times 2\pi R \times 2$ ，从而可推得圆球肥皂泡泡表面薄膜内外之间的压力差 $\Delta P = \dfrac{4\sigma_t}{R}$ 。

2.8.3　影响因素

一般而言，液体表面薄膜上的表面张力会随着温度的升高而减少，随着压力的升高而增加。除此之外，在液体中添加某些有机溶液或盐类，可改变液体的表面张力。例如，把少量的肥皂或去污剂的溶液加入水中，可以显著地降低水的表面张力，但是如果把食盐溶液加入水中，却会提高水的表面张力，由此可知液体表面张力会受到液体的温度、压力及其包含的杂质影响。

【例 2-17】

如图 2-33 所示，试证明在圆球表面薄膜内的压力 P_A 高于圆球表面薄膜外的压力 P_B 。

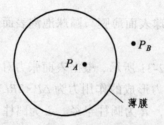
图 2-33　例 2-17 圆球表面薄膜

【解答】

（1）如图 2-34 所示，从界面力平衡原理可推得，圆球表面薄膜内的压力对薄膜的作用力 F_1 、圆球表面薄膜外的压力对薄膜的作用力 F_2 与圆球表面薄膜上表面张力形成的作用力 F_S 彼此之间的关系为 $F_1 = F_2 + F_S$ 。

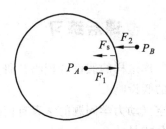

图 2-34　圆球表面薄膜受力

（2）根据 $F_1 = \pi R^2 P_A$、$F_2 = \pi R^2 P_B$ 与 $F_S = 2\pi R \sigma_{t\,t}$，可得 $F_1 - F_2 = \pi R^2 R_A - \pi R^2 R_B = \pi R^2 (P_A - P_B) = F_S > 0$，所以 $P_A > P_B$，得证。

2.9　虹吸现象

虹吸现象是利用曲管将液体由较高液面处的位置引向低处的现象，它在日常生活、机械工程以及建筑设计中应用甚广，例如鱼缸的排水、机油的引出以及建筑排水系统的设计都是虹吸现象的应用。

2.9.1　虹吸现象的定义

如图 2-35 所示，将软管或曲管（虹吸管）插入液体中，并使管内充满液体后，液体就会持续通过虹吸管从开口往更低的位置流出，这就叫作虹吸现象（Siphonage）。

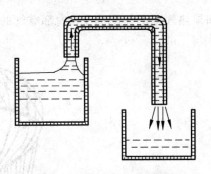

图 2-35　虹吸现象的示意图

2.9.2　虹吸现象的原理

虹吸现象主要是由于重力和液体分子与分子之间的吸引力而产生的。在装置中管内最高点液体会因为重力的作用向低位管口处移动，而在 U 形管内部产生负压再加上液体分子与分子之间的吸引力产生的附着力，导致高位管口的液体被吸入 U 形管内，并沿着壁面到达最高点，然后又因为重力的作用使液体流向低处，如此连续作用使液体源源不断地流入低位置容器，一直到高位管口与低位管口的液面相等或高位置容器中液体流干为止。

课后练习

（1）什么是连续介质的假设？作这样的假设合理吗？研究飞行器在任何高度飞行时受到的空气动力都可以应用连续介质的假设吗？

（2）连续介质的假设对研究空气动力学问题的学者有何好处？

（3）静压理论的存在条件与公式是什么？

（4）何谓静压理论？

（5）在设计茶壶时，为何壶嘴的高度必须略高于壶口？

（6）请用水银柱高度与压力单位 Pa 来表示标准状态下的大气压力 P_{atm}。

（7）请举例说明毛细管的浸润现象与非浸润现象。

（8）以毛细管接触角的概念说明如何判定毛细管的浸润现象与非浸润现象。

（9）请绘图表示水银压力计并说明其工作原理。

（10）液柱式测压计的测量误差通常是由毛细现象造成的，问在何种情况下，毛细现象造成的测量误差可以忽略不计？

（11）液柱式测压计的测量误差与测压管管径的关系如何？

（12）请简单叙述帕斯卡原理并列出其应用公式。

（13）请简单叙述浮力原理并列出浮力公式。

（14）请用浮力原理简单列出物体在液体内判定沉浮的条件。

（15）如果某液体的比重 $S = 0.8$，请判定该液体置于水中是否会浮在水面。

（16）如图 2-36 所示，冰块置于杯中，请问冰块溶解后杯内水面会上升还是下降，为什么？

（17）如图 2-37 所示，如果热气球的体积为 V，内部空气的密度为 ρ_1，而大气的密度为 ρ_2，请问热气球的载重如何？

图 2-36　水杯中含冰

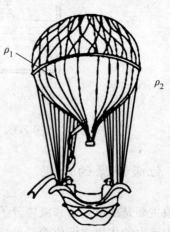

图 2-37　热气球受力

（18）如图 2-38 所示，请推导圆柱体表面薄膜内外之间的压力差与圆柱体表面薄膜的表面张力系数 σ_t 的关系。

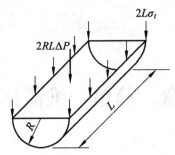
图 2-38　圆柱体表面薄膜受力

（19）影响液体表面张力的因素有哪些？

（20）温度对液体表面张力的影响如何？

（21）试问水泡与水珠所受表面张力各为多少？

（22）请简单叙述虹吸现象在工程技术上的应用。

（23）请简单叙述虹吸现象的工作原理。

（24）请用物体受到剪应力产生的反应来描述固体和流体之间的差异。

第 3 章　简单一维流体流动

任何工程问题的理论研究都是从简到繁、从易到难的，对于流体力学问题的理论研究也不例外。在流体力学问题理论研究发展的早期，由于计算机不够普及且运算能力不够强大，只能使用理论解析法去计算流体的流动性质和流速的变化与流动的基本规律。然而使用理论解析法必须设定某些假设以简化问题来降低研究过程的难度，而简单一维流体流动的数学模型就是流体力学理论发展初期最常用的数学建模方式。虽然使用简单一维流动的假设可以大幅地降低低速流动问题研究的难度，让早期的理论研究得以进一步的发展，但不可否认的是过度的简化问题往往会影响研究结果的可用性与精确度。时至今日，计算机技术的迅速发展造成其运算能力日渐强大，人们开始广泛地使用数值计算法（Numerical algorithm）来解决复杂的流动问题。尽管如此人们仍然会使用简单一维流体流动的概念去处理流体力学问题，其主要的原因有二：一个是在低速流动问题研究的初期，使用简单一维流体流动的数学模型所得结果能够指导实验研究和数值计算，使它们富有成效及少出偏差，得以节省问题研究过程初期耗费的先期投资与研究的时间、人力和成本，或是用来预判研究时可能发生的风险；另一个是作为培育后续科技人才，训练新接触流体力学问题的研究者利用假设去简化研究工作的难度并有效地解决问题，在训练的过程中，培养其独立处理问题与系统性创新的能力。因为这种研究的数学模型都用于计算低速液体流动或不可压缩气体流动的问题，所以又被单独归属于低速流体力学或者不可压缩流体力学的研究范畴。

3.1　使用假设

研究低速流体力学问题经常使用的假设主要有稳态一维流动、不可压缩流体、非黏性流体、理想流体、平均流速与流管等。

3.1.1　稳态一维流动

由于流体连续性（Fluid continuity）的假设，通常在研究低速流体力学问题时会将液体与气体的压力 P、温度 T 和密度 ρ 等流体流动性质与流体流速 V 表示为位置和时间的函数，所谓稳态流动（Steady flow）的假设是指流体的压力 P、密度 ρ 和温度 T 等流体流动性质以及流体的流速 V 随着时间产生的变化量都非常小，以致于可以将流体的流动性质与流速因为时间产生的变化量忽略不计。而一维流动（One-dimensional flow）的假设则是假设流体的流动性质与流速仅随着单一空间坐标而改变，也就是流体的流动性质与流速可以仅用单一空间坐标的函数来表示。综合前面的内容所述,所谓稳态一维的流体流动(Steady one-dimensional flow)就是假设流体的流动性质与流速不会随着时间产生变化并且可以使用单一空间坐标的函数来表示。稳态一维的流体流动是一种最简单的理想化流动模型。由于流体在空间内的实际流动一般都不是真正的一维流动,但是在研究过程中可以将整个流场划分成许多流管,在每一个十分细小的流管中,流体的流动就可以近似看成一维流动。除此之外,由于在同一坐标对应的截面上的各状态参数通常也并非完全均匀,截面上的各状态参数,可以通过采用取平均值的方法,将实际流动当作一维流动来近似处理。在流体流动处于稳定以及对于研究问题精确度要求不高的工程问题研究中,稳态一维流动的假设可以大幅地降低问题研究的难度,此处理模式通常广泛地应用于热力工程、流体机械以及水力工程等研发与设计之中,可说是工程实践中应用非常多的一个假设。

3.1.2 不可压缩流体

所谓不可压缩流体(Incompressible fluid)是假设流体流动时密度变化量非常小,以致于流体流动时的密度变化可以忽略不计,也就是将流体流动时的密度 ρ 视为常数,即 $\rho = \text{constant}$。实验和研究都已证实,液体流动与气体流速低于 0.3 马赫(Ma)流动时,密度变化通常可以忽略不计。不可压缩流体的假设可以将流体流动时产生的压缩性忽略不计,从而使问题研究简单化,大幅地降低研究流体流动问题的难度。

3.1.3 非黏性流体

流体在实际上是具有黏性(Viscidity),在流体流动时会产生一个阻滞流体流动或者对于在流体中运动的物体造成一个阻碍物体运动的作用力,此作用力称为黏滞阻力(Viscous resistance)或简称为阻力(Drag)。在流体力学理论发展的初期,因为流体黏性对流体流动在数学建模以及公式的计算上带来极大困难,因此学者在处理某些低速流体流动问题时将流体的黏度 μ 假设为 0,这就叫作非黏性流体(Inviscous fluid)假设。虽然非黏性流体假设会大幅地简化研究过程遭遇的难度,但是在实际中,根据假设计算与分析得到的结果往往会影响问题的精确度,甚至结果会发生与实际现象不同的情况。因此采用非黏性流体假设的结果都必须利用实验来检验其精确度与可用性。

3.1.4 理想流体

所谓理想流体(Ideal fluid)假设是将流体流动时的密度变化与黏性通通忽略不计,也就是假设流体在流动时,流体密度 ρ 的变化与流体的黏度 μ 均为 0。简单地说,理想流体的假设必须同时满足"不可压缩流体"与"非黏性流体"的假设。它是一种假想的流体,因为任何流体的流动实际上都是具有黏性的运动。虽然使用"理想流体"的假设可以大幅地简化流体流动问题计算或求解的难度,但仅能解决某些低速流体流动的问题,而且通常利用"理想流体"的假设研究得到的结果必须配合某些已知实验成果与实践经验来检验其计算结果的精确度、可用性及正确性。

3.1.5 平均流速与流管的概念

一般而言，研究低速流体流动问题时通常会使用流管与平均流速的概念以简化研究的难度，虽然它们是一个假想的概念，但是在工程流体力学或空气动力学的问题研究中，却是一个非常有用而且不可或缺处理模式。

1. 流管的概念

流体的流线不仅可以清楚地表述流体流动的方向，而且在流场内，流线的疏密还反映了流速的大小，因此使用流线能够明确地表示流体的运动情况。在流场中取任意一条不是流线的曲线 C，并在曲线 C 上的每一点做一流线，如果曲线 C 为一条非封闭曲线，这些流线所构成的曲面称为流面（Stream surface），如图 3-1（a）所示。如果曲线 C 是一条封闭曲线，则这些流线所构成的管状曲面称为流管（Flow tube），如图 3-1（b）所示。

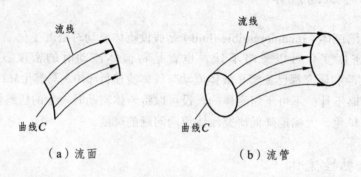

图 3-1　流面与流管

流管的侧表面由流线组成，根据流线的定义：在流线上每一点的速度向量都在该点与流线相切，且在稳定流场中，流场流线的流速并不会随着时间改变，所以在稳定流动时，流管的形状不会随着时间的改变而改变，在流管以内或以外的流体质点只能始终在流管以内或以外流动，不能穿越管壁。从这个意义上来说，流管虽然只是一个假想的管子，但是其却可以像真实的固体管壁，把流管内外的流体完全隔开。在研究稳定流场中的流体流动问题时，可以利用流管的概念将流场局限在某特定区域中，这样就大幅地简化研究问题的难度，如图 3-2 所示。

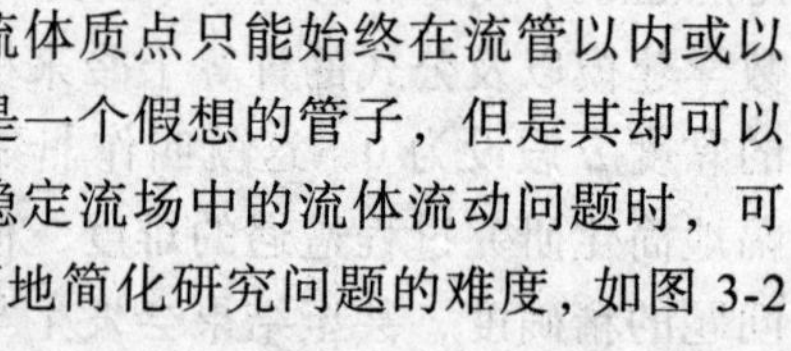

在流管内部的全部流体称为流束，流束可大可小，其大小视流管所取的封闭曲线大小而定，如果流管所取的封闭曲线是管道周围内部壁面时，则其流束就是充满管道内部的全部流体。如果流管所取的封闭曲线是流经飞机壁面

图 3-2　流管概念

到边界层厚度之间的范围时，则其流束就是充满流经飞机外部边界层区域的所有流动气体。流管的选取通常必须视研究问题的需要而定。

2. 平均流速的概念

在工程计算中，为了方便，引入了平均流速的概念，它是一种假想的流速。其假设流体在低速流动，也就是流体流速小于 0.3 马赫（Ma）时，流体流经某一个流管截面上的体积流率（Volume flow rate）都是相等的。平均流速（Mean velocity）定义为 $\overline{V} = \dfrac{Q}{A} = \dfrac{\iint_A V_n \mathrm{d}A}{A}$。式中，$\overline{V}$ 为平均流速，Q 为体积流率，A 为截面面积，V_n 为流体流经流管截面的法向速度。人们所常说：在某一管道中某种流体的流速是多少，其中的流速就是指平均流速，平均流速 $\overline{V}$ 上的横杠往往不予标出，而以 V 表示。当然，除了速度外，严格地说，截面上的各压力与温度的值也不会是完全均匀的，此时可以将流管截面上流体的压力和温度值通过取平均值的方法做近似处理。一般而言，对于大多数的流体流动分析，通常并不需要知道流管截面上流速的精确分布，而只需得到流管截面的平均流速，也就是从体（积）流率守恒公式或平均流速的定义计算中获得流速。根据研究指出，在湍流情况下的流管截面速度分布比较平坦，所以流体的平均流速基本就是流管内中轴线处的流速。在层流情况下，流体的平均流速则为流管内中轴线处流速的一半。

3.2 计算公式

研究低速流体力学问题的计算公式主要为流率守恒公式与伯努利方程式这两个，研究的重点放在流动流体流速和压力的变化上。

3.2.1 流率守恒公式

流率守恒公式根据流体在稳态一维流动状态下的质量守恒定律推导而得。其在热力工程、流力工程以及低速空气动力学的问题中常用来计算管道出入口的质量流率和体积流率或者系统或装置在研究区域内的流体流速变化。

1. 质量流率与体积流率的定义与关系

要了解流率守恒公式首先必须知道质量流与体积流率的定义，虽然本书在第 1 章的内容中已经有说明，但是为了方便学习，仍然根据两者的定义与彼此之间的关系加以简要描述。

（1）两者的定义。

所谓质量流率（Mass flow rate）是指在单位时间内流过管道某一截面的流体质量，用符号 $\dot{m}$ 表示，单位为 kg/s。所谓体积流率（Volume flow rate）是指在单位时间内流过管道某一截面的流体的体积，用符号 Q 表示，单位为 m³/s。在质量流率与体积流率的定义公式 $\dot{m} = \rho A V$ 与 $Q = AV$ 中，$\dot{m}$、Q、ρ、A 分别为流体的质量流率、体积流率、流体密度、流体流经管道的截面积，而 V 为流体的平均流速。

（2）两者的关系。

对于稳态一维低速流体流动问题，由于流体的密度 ρ 可视为一个固定常数。又根据质量流率 $\dot{m}$ 与体积流率 Q 的计算公式，可以获得流体在稳态一维低速流动时，质量流率 $\dot{m}$ 与体积流率两者之间的关系为 $\dot{m} = \rho Q = \rho AV$ 或者 $Q = \dfrac{\dot{m}}{\rho} = AV$，也就是流经管道截面积的质量流率 $\dot{m}$ 是流体密度 ρ 与体积流率 Q 的乘积。

2．流率守恒公式的物理定义与计算公式

流率守恒公式是根据流体在稳态流动状态下的质量守恒定律推导而得。其物理定义为"流体在稳态流场中流进管道的质量流率总和等于流出管道的质量流率总和"。根据这一个定义，可以得到流率公式的计算方程为 $\sum \dot{m}_i = \sum \dot{m}_e$，式中，左边是流进管道的总质量流率，右边是流出管道的总质量流率。如图 3-3 所示，$\dot{m}_1$ 为流入管道的质量流率，$\dot{m}_2$ 与 $\dot{m}_3$ 为流出管道的质量流率，根据流率守恒公式，得 $\dot{m}_1 = \dot{m}_2 + \dot{m}_3$。

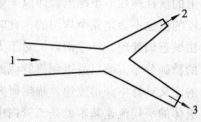

图 3-3　分歧管路

对于工程流体力学与低速空气动力学问题，也就是液体与低速气体流动的问题，由于液体与气体的密度变化忽略不计，因此可以将 $\dot{m}_1 = \dot{m}_2 + \dot{m}_3$ 的关系式化简为 $Q_1 = Q_2 + Q_3$，其中 Q_1 为流入管道的体积流率，Q_2、Q_3 为流出管道的体积流率。可以进一步推导得出，对于同一流管，如果只有单一的进口与出口，则液体与低速气体流过流管任意截面的体积流率都是相同的，也就是 $Q = AV = \mathrm{constant}$，因此液体与低速气体流速的大小与截面积的大小成反比，如图 3-4 所示。

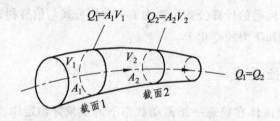

图 3-4　在低速流管中面积与流速变化关系

【例 3-1】

如图 3-5 所示，有一个低速风洞的进口截面积为 A_1、空气的压力为 P_1、速度为 V_1、密度为 ρ_1。而风洞测试段内的截面积为 A_2，且 $A_2 = 0.8A_1$。假设空气的密度保持不变，而且摩擦损失亦可不计，问截面 2 的速度是多少？

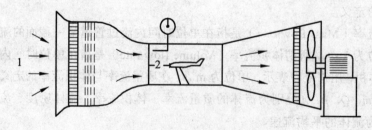

图 3-5　低速风洞流动

【解答】

假设空气的密度保持不变，可以用体流率守恒公式求出 V_1 与 V_2 之间的关系。

因为 $Q_1 = Q_2 \Rightarrow A_1 V_1 = A_2 V_2$，所以可以得出 $V_2 = \dfrac{A_1}{A_2} V_1 = \dfrac{A_1}{0.8A_1} V_1 = 1.25 V_1$。

【例 3-2】

如图 3-6 所示，有一输水管，水自截面 1 流向截面 2，测得截面 1 处的水流平均流速 $V_1 = 2\ \text{m/s}$，已知输水管道在截面 1 的管道直径 $d_1 = 0.5\ \text{m}$，在截面 2 的管道直径 $d_2 = 1\ \text{m}$，问截面 2 处的平均流速 V_2 是多少？

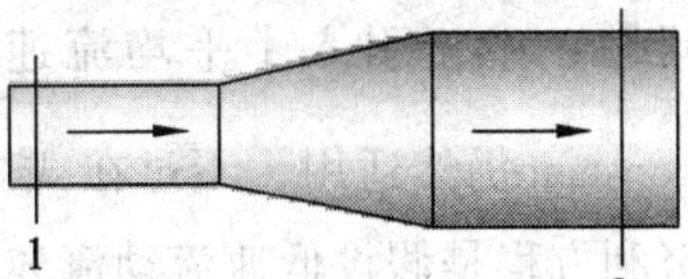

图 3-6　输水管道流动

【解答】

（1）因为在截面 1 的管道直径 $d_1 = 0.5\ \text{m}$，在截面 2 的管道直径 $d_2 = 1\ \text{m}$，所以截面 1 的管道面积 $A_1 = \dfrac{\pi d_1^2}{4} = 0.785\ 4\ \text{m}^2$，截面 2 的管道面积 $A_2 = \dfrac{\pi d_1^2}{4} = 3.141\ 6\ \text{m}^2$。

（2）根据体流率守恒公式 $Q_1 = A_1 V_1 = Q_2 = A_2 V_2$，所以 $V_2 = \dfrac{A_1}{A_2} V_1 = 0.5\ \text{m/s}$。

3.2.2　伯努利方程式

日常生活中可以观察到流体流速发生变化时，流体压力也相应发生变化。例如，向两张纸片中间吹气，两纸不是彼此分开，而是相互靠近。两条并行的游船，船体与船体之间也会越行越近。通常研究液体与低速气体流动的问题时，使用伯努利方程式来计算流体压力与速度变化的关系。

1．使用条件

伯努利方程式（Bernoulli equation）是能量守恒定律在流体力学中的具体表达，形式简单，意义明确，是工程实践中应用非常多的一个方程式。其使用的条件是假设流体为稳态流动、无热与功的传递、不可压缩与非黏性的流场，也就是假设流体的密度变化与黏性效应可以忽略不计。对于低速流动，使用伯努利方程式研究流体流动时压力与速度的变化，其计算结果与实际测量结果之间的误差其实不大，以致于可以将误差忽略不计。但是对于高速气流，使用伯努利方程式计算气体流动时压力与速度的变化与实际测量结果之间的误差，却不能忽略，且误差会随着气体的流速增加而逐渐变大。因此对高速气流、黏性流体或者计算精确度有特殊要求的工程问题，必须视实际需要做进一步的修正。

2．公式介绍

伯努利方程式（Bernoulli equation）是伯努利于 1738 年首先提出的，该方程式表明，对于理想流体在重力场中作稳态流动时，沿着同一流线流动的流体，其静压、动压与位势压的总和会等于某一个固定的常数，也就是流动流体的压力、速度与位置的变化必须满足 $P_1 + \dfrac{1}{2}\rho V_1^2 + \rho g z_1 = P_2 + \dfrac{1}{2}\rho V_2^2 + \rho g z_2 = \text{constant}$ 的关系式。式中，P_1 与 P_2 分别指流动流体在该测试点的静压，ρ 为流体密度，V_1 与 V_2 分别指流动流体在该测试点的流速，g 为重力加速度，而 z_1 与 z_2 分别是流动流体在直角坐标上测试点的垂直方向的位置高度，并以向上的方向为正。必须注意的是，在不同流线上静压、动压与位势压的总和构成的常数值通常是不相同的，所以一个伯努利方程式只能应用于一条流线上的不同点。对于流体在单一流管内低速流动的问题，由于引入了平均流速 $\bar{V} = \dfrac{Q}{A} = \dfrac{\int V_n \mathrm{d}A}{A}$ 的概念，所以伯努利方程式 $P + \dfrac{1}{2}\rho V^2 + \rho gz =$ constant 仍然适用，不过在式中，V 指的是流动流体在该测试点的平均流速。另外，虽然伯努利方程是假设低速流动流体的密度不会随着流体的流速而改变，但实际上密度会随着区域的位置与高度有所不同，所以使用伯努利方程研究低速气体流体时，必须先行确定研究区域所在位置的气体密度。

3. 物理意义

由伯努利方程的关系式 $P_1 + \dfrac{1}{2}\rho V_1^2 + \rho gz_1 = P_2 + \dfrac{1}{2}\rho V_2^2 + \rho gz_2 =$ constant，推导出 $z_1 + \dfrac{P_1}{\rho g} + \dfrac{V_1^2}{2g} = z_2 + \dfrac{P_2}{\rho g} + \dfrac{V_2^2}{2g} =$ constant，式中，z_1 与 z_2 分别是流体质点在直角坐标上的垂直方向的位置，称为位置水头（Position head），其物理意义是流体质点在该测试点的位能（Potential energy）具有的位势高度（Potential height）。$\dfrac{P_1}{\rho g}$ 与 $\dfrac{P_2}{\rho g}$ 分别是流体质点在测试点压力作用下能上升的高度，称为压力水头（Piezometric head），其物理意义是流体质点的压力能（Pressure energy）具有的压力势高度（Pressure potential height）。$\dfrac{V_1^2}{2g}$ 与 $\dfrac{V_2^2}{2g}$ 分别是指流体质点在真空中以初速 V_1 与 V_2 垂直向上喷射能达到的高度，称为速度水头（Velocity head），其物理意义是流体质点的速度能（Velocity energy）具有的速度势高度（Velocity potential height）。而 $z_1 + \dfrac{P_1}{\rho g} + \dfrac{V_1^2}{2g}$ 与 $z_2 + \dfrac{P_2}{\rho g} + \dfrac{V_2^2}{2g}$ 分别是流体质点于测试点位置水头、压力水头与速度水头的总和，称为总水头（Total head），其物理意义是流体质点的位能具有的位势高度与压力能具有的压力势高度以及速度能具有的速度势高度这三种高度之总和。因此伯努利方程式的物理意义又可以表示为"理想流体在重力场中作稳态流动时，沿着同一流线流动的流体，其位置水头、压力水头与速度水头的总和，也就是总水头必定会保持在某一个固定的常数，因此总水头线会是一条水平线"，如图3-7所示。

4. 静压、动压与总压的物理定义

在许多工程应用中，流体的流动是在同一水平面或者与其他流动参数相比，坐标 z 变化可以忽略不计，例如皮托管与空速管的测速计算，通常伯努利方程中把流体在测试点之间的位置高度差，也就是位势压差造成的影响忽略不计。因此伯努利方程式能够简化为 $P + \dfrac{1}{2}\rho V^2 = P_t$。式中，$P$ 与 $\dfrac{1}{2}\rho V^2$ 和 P_t 分别表示流体质点在测试点的静压、动压与总压。

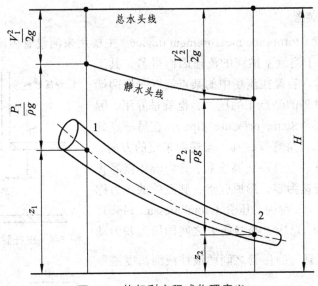

图 3-7 伯努利方程式物理意义

（1）静压的物理定义。

在伯努利方程式中，P 称为静压（Static pressure），它是指流动流体在测试点上承受到静止流体的压力。

（2）动压的物理定义。

在伯努利方程中，$\frac{1}{2}\rho V^2$ 称为动压（Dynamic pressure），它是指流体流动产生的压力，也就是流速造成的压力。

（3）总压的物理定义。

在伯努利方程式中，P_t 称为总压（Total pressure），它是指静压与动压的总和。

对于一个稳态一维的理想流体，如果在流体流动过程中能够将位势压差造成的影响忽略不计，则流动流体的静压与动压的总和，也就是总压保持不变，因此流体在流速快的地方静压小，而在流速慢的地方静压大，这就是伯努利定理要表达的基本内容。必须注意的是，从伯努利方程式中能够看出对于单一进出口的管流，流体的流速增加会造成流体的静压降低。对于液体而言，当压力降低到饱和蒸气压力以下，液体气化会造成空蚀现象（Cavitation），此时伯努利方程式将不再适用。综合连续方程和伯努利方程，可得到以下结论：在低速气流中，空气稳定地流过一根粗细不同的流管时，流管细的地方流速快，静压小；流管粗的地方流速慢，静压大。这就是低速气流的主要特性，是分析飞机低速飞行空气动力产生和变化的基本依据。

5．伯努利方程式在工程上的实际应用

伯努利方程式通常广泛地应用于热力工程、流体机械以及水力工程等工程测量低速流体流动的速度，可以说是工程实践中应用得非常多的一个方程。一般而言，使用最多的是皮托管测量装置、空速计测速以及文丘里管测速等测速装置，文丘里管测速装置还必须配合体积流率守恒公式以求出管内流体流动的速度或流率，这里仅对皮托管测速与空速计测速加以描述及说明。

1）皮托管测速装置

皮托管测量装置（Pitot tube measurement device）主要用来测量管内流体的流速，由皮托在 1773 年首次使用于测量塞纳河的流速因而得名，其工作原理如图 3-8 所示。装置在流场中的某点放置一根两端开口的直管，其测量到的是点 1 的压力，也就是静压，因此该管也称为静压管（Static pressure pipe），在另一点处放置一根两端开口的直角弯管，其一端迎着来流的方向，当流体流进直角弯管并上升一定高度后，管内流体就静止了，因此点 2 处的流速为零，形成驻点，驻点处的压力称为总压，所以此直角弯管称为总压管（Total pressure pipe）。

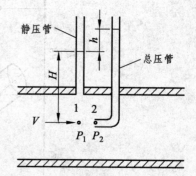

图 3-8　皮托管测量装置的工作原理

根据伯努利方程，总压 P_t 与静压 P 之间的压力差为动压 $\frac{1}{2}\rho V^2$，等于总压管与静压管之间两液柱液面高度差形成的液压差 $\rho g h$，因而流动流体在管内流速计算公式为 $V = \sqrt{\dfrac{2(P_t - P)}{\rho}} = \sqrt{2gh}$。从公式中可以发现，只要能够知道总压管与静压管之间两液柱液面高度差 h，即可推知管内流动流体的流速 V。由于皮托管的安装会造成流体微弱的扰动而产生微小的压差阻力，所以精确计算还要对测速公式乘以一个流速修正系数 C_v，也就是必须将测速公式修正为 $V = C_v\sqrt{2(P_t - P)} = C_v\sqrt{2gh}$ 式中，流速修正系数 C_v 由实验测得，一般在 0.97 ～ 0.99。工程计算为简化起见，非常近似地取 $C_v = 1$，也就是假设皮托管的安装对管流的流动并不会造成影响。

【例 3-3】

如图 3-9 所示，假设流经皮托管装置的为理想流体，密度为 ρ，求解点 2 的速度值 V_2，并用总压管与静压管的液面高度差 h 表示压力差 $P_2 - P_1$ 与点 1 的速度值 V_1。

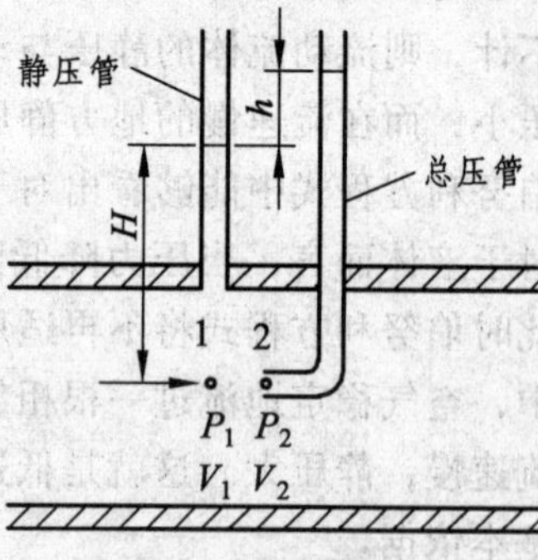

【解答】

（1）点 2 为停滞点，所以 $V_2 = 0$。

（2）在点 1 承受的压力为 $P_1 = P_a + \rho g H$；在点 2 所承受的压力为 $P_2 = P_a + \rho g(H + h)$。式中，$P_a$ 为当时的大气压力。所以 P_2 与 P_1 之间的压力差为 $P_2 - P_1 = \rho g(H + h) - \rho g H = \rho g h$。

图 3-9　皮托管装置

（3）根据伯努利方程，可以得到 $P_1 + \dfrac{1}{2}\rho V_1^2 = P_2 + \dfrac{1}{2}\rho V_2^2 \Rightarrow$
$P_1 + \dfrac{1}{2}\rho V_1^2 = P_2$，所以 $\dfrac{1}{2}\rho V_1^2 = P_2 - P_1$。

（4）由上述（2）与（3），可以得到 $P_2 - P_1 = \rho g h = \dfrac{1}{2}\rho V_1^2$，因此 $V_1 = \sqrt{2gh}$。

2）空速计的设计原理

空速计（Airspeed indicator）是用来测量飞机飞行速度的装置，它利用皮托管测量装置

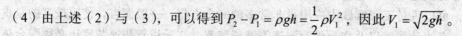

改良而得，工作原理仍为伯努利原理。工程实践中，静压管包围在总压管的外面，并在总压孔之后适当距离的外壁上沿圆周开设静压孔，使用时将总压孔的通路和静压孔的通路分别连接于空速计的两端，就计算出飞机的飞行速度，其外观示意图如 3-10 所示。设计原理是利用空速管的总压孔来收集空气气流的总压，并利用空速管周围的一圈小孔，也就是静压孔来收集大气的静压，总压与静压之间的差值就是飞机飞行速度产生的动压。

值得必须注意的是空速计的速度计算公式是根据伯努利方程推导得出的，计算结果会因为流体的流动速度和黏性而与实际飞行速度有差异，而且误差值会随着飞行速度的增加而逐渐变大。因此飞机在高速飞行时，计算的飞行速度必须加以进一步的修正。有关修正方式，本书会在后续的内容描述。除此之外，如果空速计为 U 形压差计，也就是其外观示意图改为如图 3-11 所示，则测量流体的流速 V 计算公式必须改为 $V = \sqrt{\dfrac{2(P_t - P)}{\rho_{流}}} = \sqrt{2gh\dfrac{\rho_{液}}{\rho_{流}}}$，式中，$P_t$ 与 P 分别是测量流体的总压与静压，$\rho_{流}$ 与 $\rho_{液}$ 分别是测量流体的密度与 U 形压差计内液体的密度，而 g 为重力加速度。

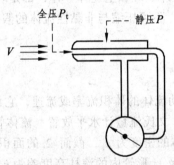

图 3-10　空速计的外观示意图

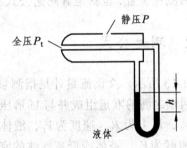

图 3-11　U 形压差计的外观

6. 马格努斯效应

马格努斯效应（Magnus effect）是伯努利方程的一种变形应用，它是空气动力学的现象，由马格努斯发现，所以以他的名字来命名。它可以说明在球类运动中棒球的曲球、足球的香蕉球以及乒乓球的抽球等原因。

（1）定义。所谓马格努斯效应是指一个旋转物体的旋转角速度向量与物体飞行速度向量不重合时，在与旋转角速度向量和移动速度向量组成平面相垂直的方向上会产生一个横向力，使物体的运动轨迹发生偏转的现象，这里以棒球的上、下飘球为例，说明马格努斯效应的发生原理。

（2）原理说明。根据伯努利定律，流体速度增加将导致压力的强度减小，流体速度减小将导致压力的强度增加，这样就导致旋转物体在横向的压力差，因而形成横向力，物体的飞行轨迹发生偏转，如图 3-12 所示。根据相对原理，物体在运动时，相对气流流动的方向与物体运动的方向相反，所以如果棒球向右运动，相对气流流动的方向是向左的。对于一个向右投出的棒球，如果棒球逆时针旋转，由于流经球体上方气流的流速被迭加，气流的流速增加，而流经球体下方气流的流速被抵消，气流的流速减少。球体下方气流的流速小于上方气流的流速，根据伯努利定律，球体下方的压力大于上方，因此棒球会向上飘移。反之，如果棒球向右以顺时针的方向旋转投出，则将会是下坠球。

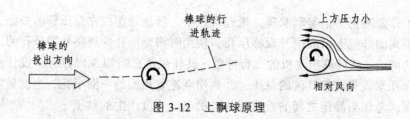

图 3-12 上飘球原理

3.3 文氏流量计

3.3.1 测速原理

文氏流量计（Venturi flowmeter）是一种用来测量封闭管道中单相稳定流体流速的测速装置，常用于测量空气、天然气、煤气、水等流体的体积流率或流速，通常所测的流体流动是液体与低速气体流动。它在测量低速流体流动时的设计原理和空速计一样，都是利用伯努利原理设计的测速装置，也就是其测速公式在稳态一维、不可压缩与非黏性流体的假设下获得。

3.3.2 测速公式

如图 3-13 所示，文氏流量计是指测量管道中流动流体的体积流率或流速，它由收缩段、扩散段及两端之间的喉道组成并与 U 形压差计接通。文氏流量计水平放置，流体管道截面 1 的面积为 A_1，压力为 P_1，速度为 V_1，液体或低速气体的密度为 ρ_1，截面 2 的面积为 A_2、压力为 P_2，速度为 V_2，液体或低速气体的密度为 ρ_2 以及 U 形管内的液柱高度差为 h。

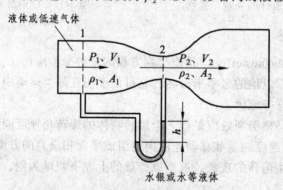

图 3-13 文氏流量计测速原理示意图

如果文氏流量计测量的是低速气体，在工程上，流量计 U 形管内的液体通常是水。气体的流速缓慢，可以用 $V_2 = \sqrt{2(P_1-P_2)/\left[\rho_1\left(1-\dfrac{A_2^2}{A_1^2}\right)\right]}$ 以及 $P_1-P_2=\rho_{水}gh$ 与 $V_1=\dfrac{A_2}{A_1}V_2$ 等计算公式

求得管道截面 1 与截面 2 的流速 V_1 与 V_2，其中 $V_2 = \sqrt{2(P_1-P_2)/\left[\rho_1\left(1-\dfrac{A_2^2}{A_1^2}\right)\right]}$ 的计算公式推导详

见例 3-5。考虑流体的黏性影响和制造工艺等因素，文氏流量计流速中 V_2 的计算公式还应

乘以一个流量修正系数 C_q，也就是必须将测速公式修正为 $V_2 = C_q \sqrt{2(P_1 - P_2) / \left[\rho_1 \left(1 - \dfrac{A_2^2}{A_1^2} \right) \right]}$，

式中，流量修正系数 C_q 由实验测得，一般为 $0.95 \sim 0.98$。不过工程计算为简单起见，非常近似地取 $C_q = 1$，也就是假设流体的黏性效应和制造工艺对管流的流动并不会造成影响。

温馨小提醒

在如图 3-13 所示文氏流量计装置中，由于管道内流动的为低速气体，可以假设 $\rho_1 = \rho_2$，但是管道内流体与 U 形管的流体并非同一种流体，切不可以混为一谈。

【例 3-4】

如果喷嘴的管件如图 3-13 所示，流体比重 S 为 0.85 的油经喷嘴射出，截面 1 的直径 $d_1 = 10$ cm，截面 2 的直径 $d_2 = 4$ cm，U 形压差计测量出的压力差为 7×10^5 Pa，求截面 1 与截面 2 的流速 V_1 与 V_2。

【解答】

（1）从题目可知，油的密度 $\rho = 0.85 \times 1\,000$ kg/m^3，而截面 1 与截面 2 的面积分别为 $A_1 = \dfrac{\pi d_1^2}{4}$ 与 $A_2 = \dfrac{\pi d_2^2}{4}$，为了简化问题起见，将测试点之间的位置高度差，也就是位势压差造成的影响忽略不计。

（2）根据前面内容推导出文氏流量计在截面 2 的流速 V_2 的计算公式为

$$V_2 = \sqrt{2(P_1 - P_2) / \left[\rho_1 \left(1 - \frac{A_2^2}{A_1^2} \right) \right]} = \sqrt{2(7 \times 10^5) / \left[0.85 \times 10^3 \left(1 - \frac{\frac{0.04^2}{4}}{\frac{0.1^2}{4}} \right) \right]} = 4.1 \text{ (m/s)}$$

（3）根据体积流率守恒方程式，也就是 $Q = AV = \text{constant}$，因此 $V_1 = \dfrac{A_2}{A_1} V_2 = 6.58$ (m/s)。

【例 3-5】

试证明文氏流量计测量的是低速气体流速，流量计 U 形管内使用的液体是水，则其测量点 2 的流速计算公式为 $V_2 = \sqrt{2(P_1 - P_2) / \left[\rho_1 \left(1 - \dfrac{A_2^2}{A_1^2} \right) \right]}$。

【解答】

（1）因为管内的空气流速缓慢，可以将空气的密度变化忽略不计，也就是 $\rho_1 = \rho_2$。

（2）根据体流率守恒公式 $Q_1 = A_1V_1 = Q_2 = A_2V_2$，可以得出 V_1 与 V_2 之间的关系为 $V_1 = \dfrac{A_2}{A_1}V_2$。

（3）根据伯努利方程，可得到 $P_1 + \dfrac{1}{2}\rho_1V_1^2 = P_2 + \dfrac{1}{2}\rho_1V_2^2 \Rightarrow \dfrac{1}{2}\rho_1V_2^2 = P_1 - P_2 + \dfrac{1}{2}\rho_1V_1^2$。将 $V_1 = \dfrac{A_2}{A_1}V_2$ 代入，可得 $\dfrac{1}{2}\rho_1V_2^2 = P_1 - P_2 + \dfrac{1}{2}\rho_1(\dfrac{A_2^2}{A_1^2})V_2^2$。所以 $\dfrac{1}{2}\rho_1V_2^2\left[1 - \left(\dfrac{A_2^2}{A_1^2}\right)\right] = P_1 - P_2 \Rightarrow$ $V_2 = \sqrt{2(P_1 - P_2)/\left[\rho_1\left(1 - \dfrac{A_2^2}{A_1^2}\right)\right]}$，得证。

3.4 伯努利方程式的简单修正

伯努利方程用于研究、设计与计算低速流体流动的问题时，通常计算结果和实际测量压力与速度值彼此之间的误差不大，但是对于某些时刻或精确度要求较高的工程问题研究方程必须做修正。最常讨论的有动能修正系数、流体黏性损失等。

3.4.1 动能修正系数

事实上，流体在流经流管截面的流速并不均匀，但是为了方便，一般采用了平均流速 $\overline{V} = \dfrac{Q}{A} = \dfrac{\int V_n \mathrm{d}A}{A}$ 来取代替实际流速来计算动能。很显然此举动将产生计算误差。便引进了动能修正系数（Kinetic correction factor）来修正，它等于单位时间内流经流管某截面的实际动能与依据平均流速的概念计算的动能之比，用符号 α 来表示，表达式为 $\alpha = \dfrac{\iint_A \left(\dfrac{V}{\overline{V}}\right)^3 \mathrm{d}A}{A}$，其数值恒大于 1。式中，$V$ 为流体的实际流速，$\overline{V}$ 为平均流速，而 A 为流管截面面积。引进动能修正系数 α 的概念后，对于实际低速流流管问题计算，理想流体的伯努利方程式修正为 $P_1 + \dfrac{1}{2}\alpha_1\rho V_1^2 + \rho g z_1 = P_2 + \dfrac{1}{2}\alpha_2\rho V_2^2 + \rho g z_2$，或者修正为 $z_1 + \dfrac{P_1}{\rho g} + \dfrac{\alpha_1 V_1^2}{2g} = z_2 + \dfrac{P_2}{\rho g} + \dfrac{\alpha_2 V_2^2}{2g}$ 的形式。流体在工业管道流动时通常条件下的动量修正系数 $\alpha = 1.01 \sim 1.10$。流体流动的紊乱程度越大或流速分布得越均匀，α 越接近 1.0，因此设计工业管道时为简化，非常近似地取 $\alpha = 1$。

3.4.2 流体黏性损失

流体在低速流动时，通常会将流体因为黏性效应造成的能量损失忽略不计，但是如果低速流体在非常长的工业管道中传送或传送管道的管壁过于粗糙，则必须考虑因为黏性效应造成的能量损失。当考虑黏性效应时，伯努利方程必须修正为 $z_1 + \dfrac{P_1}{\rho g} + \dfrac{\alpha_1 V_1^2}{2g} = z_2 + \dfrac{P_2}{\rho g} +$ $\dfrac{\alpha_2 V_2^2}{2g} + h_f$，式中，$h_f$ 称为沿程水头损失（Head loss along the way）或者摩擦损耗落差（Friction loss drop）。理论分析和实验都已证明，h_f 与管道长度 L 与速度的平方 V^2 成正比，而与管径 D 成反比，其计算公式为 $h_f = f \dfrac{L}{D} \dfrac{V^2}{2g}$，式中，$g$ 为重力加速度，f 为沿程阻力系数（Drag coefficient along the way）或者摩擦损耗落差系数（Friction loss drop factor）。研究发现，摩擦损耗落差系数 f 与流动状态和管壁的表面粗糙度等因素有关，对于层流流动 $f = \dfrac{64}{R_e}$，至于湍流流动则必须使用半经验公式配合实验加以确定。还可以看出，为了克服流体因为黏性效应造成的损失，流动流体的机械能会逐渐减小，因此总水头线会逐渐降低，如图 3-14 所示。

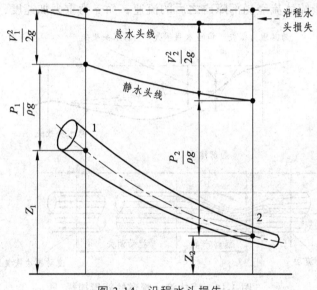

图 3-14　沿程水头损失

低速流体流经工业管道时，由流体的黏性效应与管壁粗糙度引起的表面阻力导致的能量损失为所有能量损失的主要部分，因此流体黏性损失又称为摩擦损失（Friction loss）、表面阻力损失（Surface drag loss）或者主要损失（Major loss）。

【例 3-6】

某新铸铁管管壁的粗糙度为 0.3 mm，长 $L = 100$ m，管径 $D = 0.25$ m，水温为 20 ℃，水流量 $Q = 0.05$ m³/s，沿程阻力系数 $f = 0.021$，求流体的流速 V 与沿程水头损失 h_f。

【解答】

根据体流率守恒公式 $Q = AV = \dfrac{\pi D^2}{4} V$，可得流体的流速 $V = 1.019$ m/s。沿程水头损失为 $h_f = 0.455$ m（水柱）。

3.4.3 局部阻力损失

所谓流体的局部阻力损失（Local drag loss）是指流体在工业管道中流经各种局部障碍装置，例如变径管、弯管与阀门时，由于管路上不同形状配件或管路本身的弯曲或变形引起的局部能量损失。流体的局部阻力损失又称为形状阻力损失（Shape drag loss），而单位质量流体的局部阻力损失则称为局部水头损失（Local head loss）。工程实践发现，低速流体流经工业管道时，流体流过局部障碍装置造成的能量损失与流体黏性损失相比较小，所以流体的局部阻力损失又称为微量损失（Micro loss）或者次要损失（Minor loss），其能量损耗示意图如图 3-15 所示。计算公式为 $h_\zeta = \zeta \dfrac{V^2}{2g}$。式中，$h_\zeta$ 为局部水头损失或形状损耗落差（Shape loss drop）；ζ 为局部阻力系数（Local drag coefficient）或形状损耗落差系数（Shape loss drop factor），它的大小与流体的雷诺数 Re 和局部障碍的结构形式有关；V 为流体流经管道截面的平均流速，通常是指流体流经局部障碍之后的流速；而 g 为重力加速度，其值为 9.81 m/s^2。

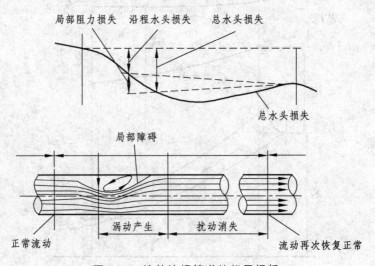

图 3-15　流体流经管道的能量损耗

流体流经工业管道时造成局部阻力损失或形状阻力损失的原因大抵能够分成五类描述如下。

（1）由于管道截面面积发生变化引起的损失。

流体流经工业管道时会因为管道截面面积发生变化而引起局部的能量损失，例如突缩、突扩、渐缩、渐扩管流。

（2）由于管道的方向发生变化引起的损失。流体流经工业管道时会因为管道的方向发生变化而引起局部能量损失，例如流体流经弯管或折管时会造成流体的局部能量产生损耗。

（3）由于在管路中设置控制流量装置引起的损失。例如在管路中设置控制各种阀门或开关，当流体流过这些装置时，流体流速的大小与方向会受到影响，因此造成流体的局部能量损耗。

（4）由于在管路中设置分流及合流装置引起的损失。例如在管路中装设 Y 形管、T 形管、十字形管与三通管等装置，当流体流过这些装置时，流体流速的大小与方向均会受到影响，流体的局部能量产生损耗。

（5）由于在管路中装设测量仪器引起的损失。例如在管路中装设流速仪、流量计、压力计与温度计等测量仪器，当流体流过这些仪器时，流体流速的大小与方向均会受到影响，流体的局部能量产生损耗。

当考虑流体的局部阻力损失时，理想流体的伯努利方程应该修正为 $z_1 + \dfrac{P_1}{\rho g} + \dfrac{\alpha_1 V_1^2}{2g} = z_2 + \dfrac{P_2}{\rho g} + \dfrac{\alpha_2 V_2^2}{2g} + h_f + h_\zeta$，式中 h_f 与 h_ζ 分别为沿程水头损失与局部水头损失。实际上，低速流体管道流动会受到流体黏性损失与局部阻力损失的影响，流体的机械能会逐渐减小，造成总水头线逐渐降低，如图 3-15 所示。局部阻力系数 ζ 的大小与流体的雷诺数 Re 和局部障碍的结构形式有关，除个别简单情况可以理论求得外，其他大多数只能由实验加以确定。虽然局部障碍装置有多种形式，引起局部阻力的特性和大小各异，但这些局部阻力的共同特点是集中在一段较短的流程内，因此为方便起见，工程问题研究通常将局部阻力损失看作集中在管路中一点加以计算。

3.4.4　总能量损失

流体流经工业管道时总是同时产生流体黏性损失与局部阻力损失，于是某段管道流体产生总能量的损失应该是这段管路上各种能量损失的迭加，因此总水头损失应该是在这段管路的沿程水头损失 h_f 与局部水头损失 h_ζ 的迭加，即 $h_{total} = \sum h_f + \sum h_\zeta$。

3.4.5　综合归纳

1．使用时机

一般而言，对于低速流体在工业管道流动时，通常用理想流体的伯努利方程式来计算流体流速与压力的关系。但对于精确度要求较高的工程计算或问题研究需要，可能必须考虑动能计算误差或流体黏性损失和局部阻力损失造成的能量损耗计算误差。

2．计算公式

对于精确度要求较高的工程计算，理想流体的伯努利方程式 $z_1 + \dfrac{P_1}{\rho g} + \dfrac{V_1^2}{2g} = z_2 + \dfrac{P_2}{\rho g} + \dfrac{V_2^2}{2g}$ 应该修正为 $z_1 + \dfrac{P_1}{\rho g} + \dfrac{\alpha_1 V_1^2}{2g} = z_2 + \dfrac{P_2}{\rho g} + \dfrac{\alpha_2 V_2^2}{2g} + \sum h_f + \sum h_\zeta$，式中 α_1 与 α_2 分别代表动能修正系数，用于修正使用平均流速的概念造成的动能计算误差，h_f 代表沿程水头损失，用于修正理想流体的伯努利方程式因为流体黏性损失造成的计算误差，而 h_ζ 代表局部水头损失，用于修正理想流体的伯努利方程式因为流体流经各种局部障碍装置造成的计算误差。

3．物理现象

在比较处理低速管流问题时理想流体的伯努利方程式 $z_1 + \dfrac{P_1}{\rho g} + \dfrac{\alpha_1 V_1^2}{2g} = z_2 + \dfrac{P_2}{\rho g} + \dfrac{\alpha_2 V_2^2}{2g}$ 与

考虑能量损耗计算误差时的伯努利方程修正式 $z_1 + \dfrac{P_1}{\rho g} + \dfrac{\alpha_1 V_1^2}{2g} = z_2 + \dfrac{P_2}{\rho g} + \dfrac{\alpha_2 V_2^2}{2g} + \sum h_f + \sum h_\zeta$

之后，可以看出：理想流体的伯努利方程式是因为假设低速流体在管流中没有任何能量损失，所以总水头会保持在某一个固定的常数，也就是总水头线会是一条水平线，如图3-7所示。但是在实际中，低速流体在管道流动时，会受到流体黏性损失与局部阻力损失的影响，因此流动流体的机械能会逐渐减小，总水头线会逐渐降低，如图3-14所示。

4．注意事项

低速流体流经工业管道时，流体的局部阻力损失与流体的黏性损失相比较小，所以在要考虑流体的局部阻力损失时，必须考虑流体的黏性损失。此外在研究低速管流问题时，可依实际需求将伯努利修正方程 $z_1 + \dfrac{P_1}{\rho g} + \dfrac{\alpha_1 V_1^2}{2g} = z_2 + \dfrac{P_2}{\rho g} + \dfrac{\alpha_2 V_2^2}{2g} + \sum h_f + \sum h_\zeta$ 适时简化，也就是将动能计算误差或能量损耗计算误差适时予以忽略，简化工程计算的难度，以期在满足精度要求的情况下，用最少的工作时间与计算成本完成研究任务。

课后练习

（1）处理低速流体流动时常用的假设有哪些？
（2）不可压缩流体的假设与使用时机是什么？
（3）不可压缩流体与可压缩流体的判定准则是什么？
（4）非黏滞性流体的假设与使用时机是什么？
（5）什么是理想流体？什么是不可压流体？　什么是非黏滞性流体？运用条件各有什么特点？
（6）理想流体的假设与使用时机是什么？
（7）质量流率的物理意义与计算公式是什么？
（8）体积流率的物理意义与计算公式是什么？
（9）质量流率与体积流率两者的区别与联系是什么？
（10）质量流率守恒公式的物理意义、使用假设与计算公式是什么？
（11）体积流率守恒公式的物理意义、使用假设与计算公式是什么？
（12）低速稳定流体流经单一进出口的流管，流体截面的质量流率与体积流率的关系是什么？
（13）平均流速的物理意义与计算公式是什么？
（14）伯努利方程式的物理意义、使用假设与计算公式是什么？
（15）空速计的设计原理是什么？
（16）空速计的计算公式是什么？

（17）如果棒球是顺时针方向向右投出旋转，那么棒球将会是上飘还是下坠？

（18）如图 3-16 所示，假设空气流动时的密度变化量忽略不计，试求速度 V_1 与 V_2 之间的关系。

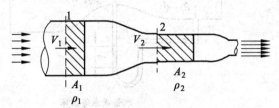

图 3-16　变截面管道流动

（19）如图 3-17 所示，低速流体在流管内压力与速度随着面积变化的关系是什么？

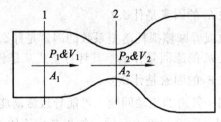

图 3-17　管道流动

（20）如图 3-18 所示，问空气流速与液柱的关系式是什么？

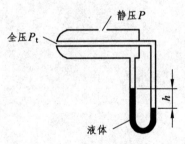

图 3-18　压差计

（21）如图 3-19 所示，三段管路串联，已知直径 $d_1 = 1\,\text{mm}$，$d_2 = 0.5\,\text{m}$，$d_3 = 0.25\,\text{m}$，截面平均速度 $V_3 = 10\,\text{m/s}$，请问 V_1 和 V_2 的速度大小是多少？

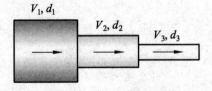

图 3-19　三段管路流动

（22）两船靠近并行，可能会产生什么危险？为什么？

（23）如果喷嘴的管件如图 3-20 所示，流体比重 S 为 0.85 的油经喷嘴射出，截面 1 的直径 $d_1 = 10\,\text{cm}$，截面 2 的直径 $d_2 = 4\,\text{cm}$，U 形压差计测量出的压力差为 $7 \times 10^5\,\text{Pa}$，求单位时间流经喷嘴管件截面的流量。

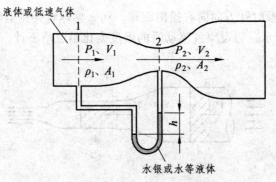

液体或低速气体

水银或水等液体

图 3-20　流量计

（24）造成沿程水头损失 h_f 的原因是什么？其计算公式又是什么？

（25）影响沿程水头损失 h_f 的因素是什么？

（26）影响沿程阻力系数或者摩擦损耗落差系数的因素是什么？

（27）造成局部水头损失 h_ζ 的原因是什么？其计算公式又是什么？

（28）影响局部水头损失 h_ζ 的因素是什么？

（29）对于低速流体在同一管道的流动问题，可能导致流动能量损失的因素是什么？

（30）对于低速流体在同一管道的流动问题，如果考虑流体的局部阻力损失，为何还必须同时考虑流体的黏性损失？

第4章 真实气体的考虑

研究低速流体流动的问题时往往会设定某些假设以简化问题研究的难度。其中不可压缩流体、非黏性流体以及理想流体的假设在计算低速流体流动问题时经常使用。但对高速气体流动的问题，不得不考虑气体的压缩性，而在实际的气体流动时，气体与接触物体也不可能不产生黏性作用。气体高速流动时，气体压缩性必须考虑，且气体因为黏性作用产生的阻滞效应与能量损耗均不能忽略不计，因此原先利用理想流体假设处理低速流体流动问题的方法，对高速气体流动问题将不再适用，必须加以修正。本章将真实气体的相关概念与物理现象纳入稳态一维流体流动问题的处理中，多用于工程热力学、流体力学与空气动力学的高亚声速气体流动计算。

4.1 前　　言

理想流体（Ideal fluid）是假设将流体流动时的密度变化与黏性忽略不计，也就是假设流体在流动时，流体的密度 $\rho = $ constant 与黏度 $\mu = 0$。简单地说，理想流体的假设必须同时满足"不可压缩流体"与"非黏性流体"假设。虽然这一假设可以大幅地简化某些低速空气动力学研究问题，但是在流体力学、空气动力学与航空工程的研究实际中发现，气体的压缩性与黏性对航空器飞行与物体运动的影响经常不能忽略。例如 1752 年法国物理学家达朗贝尔根据势流理论（即非黏性流理论），推导出球体运动时受的空气阻力为 0。这一结果与人的认知有差异，也与实际测量的结果产生矛盾，所以这一推论称为达朗贝尔悖论。此外，在研究空气动力学问题时发现，如果忽略了空气的压缩性，也就是不考虑气体流动时的密度变化，就无法解释激波对飞机飞行造成的影响；如果忽略了空气的黏性，就不可能用理论来发现飞机飞行常见的现象，例如失速问题。所以理想流体假设虽说是简化空气动力学研究难度的利器，但常常对计算结果的精确度造成严重的影响，甚至可能导致错误的结果。理想流体假设通常只用于处理某些简单的低速流体流动问题。

4.2 气流的压缩性

研究气体的流速低于 0.3 马赫（Ma）的流动问题时，通常会将气体的密度视为常数，但是如果气体的马赫数高于 0.3 时，速度的变化对气流的压力与密度的影响较大，这时不可能不考虑气流压缩性的影响。

4.2.1 理想气体

理想气体（Ideal gas）又称为完全气体（Perfect gas），一般在探讨气体压缩性时，除非特别说明，通常都会将气体的密度随着温度的变化关系用理想气体方程来表示。

1. 定 义

气体的压力（P）、密度（ρ）与温度（T）是说明气体状态的主要参数，但三者之间的关系不彼此独立，而是互相影响的。理想气体是假设气体在高温、低压以及分子量非常小的情况下，气体的压力（P）、密度（ρ）与温度（T）的关系可以用 $P = \rho RT$ 来表示，此计算公式称为理想气体的状态方程式（Equation of state），简称为理想气体方程式（Ideal gas equation）。式中 R 为气体常数，空气的气体常数 $R = 287$ m^2 /(sec^2 K)。在使用理想气体方程式 $P = \rho RT$ 来计算气体的压力、密度与温度的关系时必须注意，气体的压力与温度必须用绝对压力与绝对温度。

【例 4-1】

如果室外的温度为 10 ℃，压力为 100 kPa，$R = 287$ m^2 /(s^2 K)，空气密度是多少？

【解答】

室外空气的温度为 10 ℃，所以绝对温度为(273.15 + 10) K。

$$P = \rho RT \Rightarrow \rho = \frac{P}{RT} = \frac{100 \times 10^3}{287 \times (273.15 + 10)} = 1.23 \, \text{kg} / \text{m}^3 \, 。$$

2. 计算公式与变式

常用的理想气体方程式有① $P = \rho RT$、② $Pv = RT$ 以及③ $PV = mRT$ 三种形式，这三个公式看起来似乎形式有所不同，其实只是密度（ρ）、比容（v）、体积（V）与质量（m）之间的定义关系转换（$\rho = \dfrac{m}{V}$；$v = \dfrac{V}{m}$；$\rho = \dfrac{1}{v}$），这三种形式的计算公式其实要表达的物理意义是相同的，只是表现出的形式不同而已，在研究气体的压力、密度与温度的变化关系时，必须能够灵活地应用。

3. 适用条件

一般而言，如果气体的流速在低于 5 倍声速的情况下，也就是气体的马赫数低于 5 时，研究气体的压力 P、密度 ρ 与温度 T 的性质变化关系一般使用理想气体方程式，也就是将气体的行为当成理想气体来描述。当气体的马赫数低于 5 时，理想气体方程计算的结果和真实情况相差不大。所以只有在气体的马赫数高于 5 时，才有必要考虑真实气体的状态方程，例如范德瓦方程等修正过的气体方程来描述气体的行为。

4.2.2 流体压缩性的定义

所谓流体的压缩性（Compressibility）是指流体的密度受压力影响改变的程度，用压缩系

数 β 或体积弹性系数 E 来量度流体的压缩性：$\beta = \dfrac{1}{\rho}\dfrac{\mathrm{d}\rho}{\mathrm{d}P}$。式中，$\rho$ 与 P 分别表示流体的密度与压力。$\dfrac{\mathrm{d}\rho}{\mathrm{d}P}$ 则表示流体的密度随压力改变的程度，其值越小，表示流体的可压缩性越小，流体越不容易被压缩。所以 β 越小，流体的压缩性越小。体积弹性系数 E 则为压缩系数 β 的倒数，也就是 $E = \dfrac{1}{\beta} = \rho\dfrac{\mathrm{d}P}{\mathrm{d}\rho}$。所以体积弹性系数 E 越大，流体的可压缩性越小，流体越不容易被压缩。

4.2.3　气体的压缩性与温度之间的关系

由于空气的弱压缩过程可以视为一个可逆绝热过程（Reversible adiabatic process），也就是等熵过程（Isentropic process），而且气体的状态行为能够用理想气体方程来描述，因此将等熵方程式 $P = C\rho^{\gamma}$ 与理想气体方程式 $P = \rho RT$ 代入 $\dfrac{\mathrm{d}P}{\mathrm{d}\rho}$ 中，可以推得 $\dfrac{\mathrm{d}P}{\mathrm{d}\rho} = \gamma RT$。从式中可以知道气体的温度越高，其压缩性越小，气体越不容易被压缩。这一推论结果，可以从同一皮球，在太阳晒过后要比没有太阳晒过时需要施加更多的压力才会变形的日常生活经验中得到证明。

【例 4-2】

试证明气体在等熵过程中 $\dfrac{\mathrm{d}P}{\mathrm{d}\rho} = \gamma RT$。

【解答】

（1）因为 $P = C\rho^{\gamma} \Rightarrow \dfrac{\mathrm{d}P}{\mathrm{d}\rho} = C\gamma\rho^{\gamma-1}$，又因为 $P = C\rho^{\gamma} \Rightarrow C = \dfrac{P}{\rho^{\gamma}}$，所以 $\dfrac{\mathrm{d}P}{\mathrm{d}\rho} = \gamma\dfrac{P}{\rho}$。

（2）将理想气体方程式 $P = \rho RT$ 代入 $\dfrac{\mathrm{d}P}{\mathrm{d}\rho} = \gamma\dfrac{P}{\rho}$，即可得 $\dfrac{\mathrm{d}P}{\mathrm{d}\rho} = \gamma RT$。

4.2.4　声速与马赫数

气体压缩性有否以马赫数的大小作为判定的依据，而且在航空航天界多用马赫数这一名词，也就是使用物体的运动速度或气体的流速对声速的比值来表示气体的流速并讨论相关物理现象。

1．声速的定义

如果对弹性介质（包括流体和固体）施加一个小扰动，介质中的某些参数（例如压力和密度）会产生微小的变化，而且这种变化还将以振动的形式向四周传播。对于气体，如果物体在气体流场内运动造成气体流场的压力、密度和温度等流动性质发生变化，这种现象称为气体受到扰动（Disturbance），而由于运动的物体是造成气体扰动的根源，所以其又称为扰动源（Disturbance source）。扰动有强弱之分，如果扰动导致的气体流动性质变化量非常小，则该扰动称为弱扰动（Weak disturbance），例如鼓膜、声带振动引起的扰动；如果扰动导致的气体流动性质变化量非常大，则该扰动称为强扰动（Strong disturbance），例如激波与爆炸波。弱扰动的传播速度只取决于气体的性质与状态参数，而与扰动的种类与成因无关，而声波的传播是最常见也最容易感受到的微弱扰动传播，所以习惯上就将弱扰动在气体中的传播速度称为声速（Sound velocity）或音速（Sonic velocity），本书采用的就是声速这一提法，用符号 a 来表示。

2. 声（音）速的计算

所谓声速是指声音或弱扰动在气体中传播的速度，从理论推导中，发现声速的数学定义可以表示为 $a^2 = \dfrac{\mathrm{d}P}{\mathrm{d}\rho}$，也就是 $a = \sqrt{\dfrac{\mathrm{d}P}{\mathrm{d}\rho}}$。声音的传播过程可以视为一个等熵过程，而气体在等熵过程中满足 $\dfrac{\mathrm{d}P}{\mathrm{d}\rho} = \gamma RT$ 的关系式，从而可以获得声速 a 与温度 T 的关系式 $a = \sqrt{\gamma RT}$。式中，γ 为等熵指数，R 为空气的气体常数，T 为绝对温度。从声速关系式可以推得，气体的温度越高，声速越快，反之气体的温度越低，声速也就越慢。在 11 km 高度以下，也就是大气的对流层内，离海平面大气的温度会随着高度增加而逐渐降低，所以声速也会随之变低。航空界经常使用的声速有两个：一是地面的声速，其值约为 340 m/s；二是离海平面 10 km 的高度，也就是现代大型民航客机的巡航高度的声速，其值约为 300 m/s。

【例 4-3】

若飞机在压力 $P = 450$ kPa、29.2 ℃ 的情况下飞行，请问声速是多少？

【解答】

因为大气的温度 $T = (29.2 + 273)\,\mathrm{K} = 302.2\,\mathrm{K}$，且 $a = \sqrt{\gamma RT}$，所以声速值 $a = \sqrt{rRT} = \sqrt{1.4 \times 0.287 \times 1\,000 \times 302.2} = 348\,(\mathrm{m/s})$。

3. 马赫数与流场的分类

马赫数（Mach number）是空气动力学问题研究中一个很重要的参数，其物理定义为物体的运动速度或气体的流速对声速的比值，其数学定义可使用 $Ma = \dfrac{V}{a}$ 计算公式来表示。依据马赫数来分类，可以将气体流场分成不可压缩流场、亚声速流场、声速流场以及超声速流场四种形式。

（1）不可压缩流场。

如果在流场内气体的流速 $Ma < 0.3$，一般不会去考虑其对密度造成的影响，通常将气体的密度 ρ 当成一个常数。此时气体的流动被称为不可压缩流，而流场即称为不可压缩流场。

（2）亚声速流场。

如果气体的流速 $0.3 \leqslant Ma < 1.0$，称为亚声速流（Subsonic flow），流场即称为亚声速流场

（Subsonic flow field）。此时流场内的气体密度变化不可以忽略不计，通常使用理想气体方程式 $P = \rho RT$ 来描述气体流动性质的变化。当然有部分研究流体力学与空气动力学的工作者，会把不可压缩流场也视为亚声速流场，也就是当流场内气体流速均小于 1.0 马赫，即气体流速在 0 ~ 1.0 马赫时，该气体的流动视为亚声速流动。

（3）声速流场。

如果流场内气体的流速等于当地的声速，也就是流场内气体的流速均等于 1.0 马赫（Ma），则该气体流动称为声速流（Sonic flow），此时流场即称为声速流场（Sonic flow field）。实验证明，当气体的流速等于声速时，开始有激波出现。因此，声速是气体开始产生激波（Shock wave）的临界速度（Critical velocity），当气体流速高于声速时，必须考虑激波对气体的流场造成的影响。

（4）超声速流场。

如果气体在流场内的速度大于当地的声速，也就是流场内气体的马赫数大于 1.0，该气体流动为超声速流（Supersonic flow），气体流场即称为超声速流场（Supersonic flow field）。如果气体的流场为超声速，则必须考虑激波对流场内气体的流动性质与流速的影响。

飞机飞行时，有飞行马赫数和局部马赫数两个概念，前者是速度与该飞行高度时声速的比值，后者是气流流经飞机表面局部的速度与该飞行高度声速的比值。飞机飞行时的局部速度并不一定会等于飞行速度，例如流过机翼表面各处气流的流速就不等于飞机的飞行速度，所以为了方便研究飞行的气动力特性，又把飞行的速度区域（范围）做另行划分，将在后续章节加以说明。

【例 4-4】

一架飞机以速度 700 km/h 在高度 10 km 巡航飞行。若机身外面空气测得的温度为 223.26 K，试计算此高度的声速以及马赫数。

【解答】

（1）$a = \sqrt{\gamma RT} = \sqrt{1.4 \times 287 \times 223.6} = 299.7$ (m/s)。

（2）飞机的巡航速度 $V = 700 \times 1\,000 / 3\,600$ (m/s)，根据马赫数公式 $Ma = \dfrac{V}{a}$，所以飞机飞行马赫数 $Ma = \dfrac{V}{a} = \dfrac{194.4}{299.7} = 0.65$。

4.3 等熵过程

一般而言，在研究气体的弱扰动过程（Weak disturbance process）或者高速气体在管道内的流动问题时，通常将气体状态改变的过程视为一个等熵过程并配合理想气体方程式 $P = \rho RT$ 加以计算。

4.3.1 相关过程定义

所谓等熵过程（Isentropic process）又称为可逆绝热过程（Reversible adiabatic process），它是指过程在进行时必须同时满足可逆过程（Reversible process）与绝热过程（Adiabatic process）的成立条件。

1．可逆过程的定义

可逆过程是指一个过程如果发生后，系统与外界环境两者都能够以任何的方式，依照能量守恒的原则，回到过程进行前的状态，则该过程称为可逆过程。倘若一个过程不是可逆的，就称为不可逆过程（Irreversible process），不可逆过程在过程发生时一定会造成能量的损耗。研究指出，一个过程如果要满足可逆，必须同时满足（1）无摩擦；（2）温度差无限小和传热无限慢；（3）压力差无限小和作用力无限小；（4）无自发性反应；（5）无化学反应；（6）所有的变形完全都是弹性变形；（7）无磁滞作用。但事实上，气体的流动过程一定会有摩擦或黏滞效应，而能量转换的过程，也不可能没有温度差以及压力差，所以实际工程应用中，气体的流动过程不可能是可逆的，一定会产生能量的损耗。在工程设计的观点中，虽然可逆过程不可能实现，但是就从理论上来看，可逆过程不会产生能量损耗，所以理论上的效率是最高的。在热力工程、流力工程与空气动力学问题的工程计算中，总是引用可逆过程的概念来找出理想效率，将其当成改进实际过程的一个标准和努力的方向，并识别出可能造成不可逆的各种实际因素，判别不利影响，从而提出最合理的工程方案。

2．绝热过程的定义

绝热过程是指一个过程如果进行时，系统与外界环境没有热量的交换，则该过程称为绝热过程（Adiabatic process），倘若一个过程不是绝热的，则该过程称为非绝热过程（Non-adiabatic process）。事实上，过程进行的时候只要与外界的环境之间有温度的差异就会有热量的传递，所以绝热和可逆一样只是理想的假想过程。不过在工程计算中往往会使用此假设来简化问题研究的难度，例如管道内高速流动的气体，气流与管壁接触的时间很短，在流经管道时造成的热量损失占整个系统内能量损失的比例非常小，则在工程计算时可以将热量的散失量忽略不计，也就是将该过程视为绝热过程来简化工程计算的难度。

3．等熵过程的定义

等熵过程又称为可逆绝热过程，是指过程进行时必须同时满足可逆过程与绝热过程的成立条件，其被定义为"如果一个过程在进行时，系统与外界没有热量交换，而且在进行后，系统与外界两者之间能够以任何的方式，依照能量守恒的原则，回到过程进行前的状态，则该过程就称为等熵过程"。在等熵过程中，没有能量损耗与热功交换，因此气体的总压 P_t 与总温 T_t 一定会分别保持在一个固定常数值。高速气流在流动的过程中，其压力 P、密度 ρ 与温度 T 等流动性质变化相当复杂，必须使用许多假设条件对问题进行简化。对于气体的弱扰动过程或者中高亚声速气流，通常使用等熵过程假设找出气体流动的规律或做粗略的估算。对于工程精度要求较高的计算问题，等熵过程假设可能不再适用，必须视实际情况对计算公式加以修正。

4.3.2　计算公式

研究发现，气体在等熵过程，也就是可逆绝热的过程中，其压力（P）与密度（ρ）之间的关系可以使用计算公式 $P = C\rho^\gamma$ 来描述，此计算公式为等熵方程。式中，P 与 ρ 分别表示气体的压力与密度，γ 为等熵指数，其值等于 $1.33 \sim 1.4$，而 C 为某一个特定的常数。

4.3.3　压力、温度与密度变化的关系

根据等熵方程式 $P = C\rho^\gamma$ 与理想气体的状态方程式 $P = \rho RT$，可以得到等熵过程中压力、温度与密度的计算关系式 $\dfrac{P_2}{P_1} = \left(\dfrac{T_2}{T_1}\right)^{\frac{\gamma}{\gamma-1}} = \left(\dfrac{\rho_2}{\rho_1}\right)^\gamma$。式中，$P_1$ 与 P_2、T_1 与 T_2 以及 ρ_1 与 ρ_2 分别表示等熵过程中状态 1 与状态 2 的压力、温度与密度。

4.3.4　停滞参数的定义及其与马赫数之间的关系

所谓气体的停滞参数（Stagnation parameter）是探讨稳态一维流场时，气体处于停滞状态的气流参数，也就是研究稳态一维的流场中气体流速为零的状态参数，一般也将停滞参数称为总参数（Total parameter）。流体力学与空气动力学问题研究过程中，关于停滞参数或总参数方面的研究重点通常放在气流为等熵流动时，气体的停滞温度、停滞压力与停滞密度三个主要的状态参数，而在工程实践中使用最多的主要是探讨等熵流动时，气体停滞参数与气流马赫数的关系。

1．停滞温度

气体的停滞温度（Stagnation temperature）是指气体在稳态一维流场内，气体的流动速度 $V = 0$ 时的温度，亦称为气流的总温度（Total temperature）。气体在等熵流动过程时的停滞温度（总温）保持不变，在工程计算中关注的重点就放在气体等熵过程中停滞温度（总温）与气体流速关系式的计算，它由稳态、一维与等熵流动过程的能量守恒方程 $h + \dfrac{V^2}{2} = h_t$ 获得。将理想气体等压比热的定义 $h = C_P T$ 代入稳态、一维与等熵流动过程的能量守恒方程中即可转换为 $C_P T + \dfrac{V^2}{2} = C_P T_t$。式中 C_P、T、V 与 T_t 分别为气体流场内的等压比热、温度、速度与停滞温度。可以看出气体流速为 0 时，气体的温度即为气体的停滞温度，而当气体流速不为 0 时，则可以根据声速的计算公式 $a = \sqrt{\gamma RT}$、马赫数的定义以及理想气体等压比热定义计算式 $C_P = \dfrac{\gamma}{\gamma-1}R$ 将停滞温度的公式做进一步的推导，从而得到气体的停滞温度（总温）T_t 与其在气体流速 V 的温度 T 以及马赫数 Ma 之间的计算关系式为 $\dfrac{T_t}{T} = 1 + \dfrac{\gamma-1}{2}Ma^2$。

2. 停滞压力

气体的停滞压力（Stagnation pressure）是指气体在稳态一维流场内，气体流动速度 $V=0$ 时的压力，亦称为气流的总压力（Total pressure）。气体在等熵流动过程时的停滞压力（总压）保持不变，在工程计算中关注重点放在气体于等熵过程中停滞压力（总压）与气体流速关系式的求解。根据前面导出气体停滞温度 T_t 和其在流速 V 时的温度 T 与马赫数 Ma 彼此之间的关系 $\dfrac{T_t}{T}=1+\dfrac{\gamma-1}{2}Ma^2$ 以及等熵流动过程中压力与温度之间的关系计算公式 $\dfrac{P_2}{P_1}=\left(\dfrac{T_2}{T_1}\right)^{\frac{\gamma}{\gamma-1}}$，能够进一步地推导出气体的停滞压力（总压）$P_t$、在流速 V 时的压力 P 和马赫数 Ma 之间的关系式为 $\dfrac{P_t}{P}=\left(1+\dfrac{\gamma-1}{2}Ma^2\right)^{\frac{\gamma}{\gamma-1}}$。

3. 停滞密度

和停滞温度、停滞压力一样，气流的停滞密度（Stagnation density）ρ_t 定义为气体在稳态一维流场内，气体流动速度 $V=0$ 时的密度，也称为气流的总密度（Total pressure），气体的停滞密度 ρ_t 与其在流速 V 时的密度 ρ 与马赫数 Ma 之间的关系式 $\dfrac{\rho_t}{\rho}=\left(1+\dfrac{\gamma-1}{2}Ma^2\right)^{\frac{1}{\gamma-1}}$ 可由前面的气体停滞温度 T_t、在流速 V 时的温度 T 与马赫数 Ma 之间的关系式 $\dfrac{T_t}{T}=1+\dfrac{\gamma-1}{2}Ma^2$ 以及等熵流动的过程中密度与温度之间的关系计算公式 $\dfrac{\rho_2}{\rho_1}=\left(\dfrac{T_2}{T_1}\right)^{\frac{1}{\gamma-1}}$ 获得。

4. 停滞参数的变化规律

如前所述，等熵过程又称可逆绝热过程，它是假设气体在流动过程时，气体与外界环境彼此之间没有能量的损耗与热量的交换。因此可以推知，在等熵过程的假设之中，气流的停滞温度（总温）T_t、停滞压力（总压）P_t 与停滞密度（总密度）ρ_t 会保持不变。工程计算中，气体在等熵流动过程时，气流的停滞温度 T_t、停滞压力 P_t 和停滞密度 ρ_t 与气流的温度 T、压力 P 和密度 ρ 以及气流的马赫数 Ma 之间的关系可以分别使用 $\dfrac{T_t}{T}=1+\dfrac{\gamma-1}{2}Ma^2$、$\dfrac{P_t}{P}=\left(1+\dfrac{\gamma-1}{2}Ma^2\right)^{\frac{\gamma}{\gamma-1}}$ 和 $\dfrac{\rho_t}{\rho}=\left(1+\dfrac{\gamma-1}{2}Ma^2\right)^{\frac{1}{\gamma-1}}$ 等关系式求出。

【例 4-5】

如图 4-1 所示，如果气体的流动视为可逆绝热过程，而驻点 A 的温度为 40 ℃，气体的温度为 15 ℃，试求气流 Ma、速度 V 以及停滞压力 P_t 和气流压力 P 的比值，这里等熵指数 γ 的值定为 1.4。

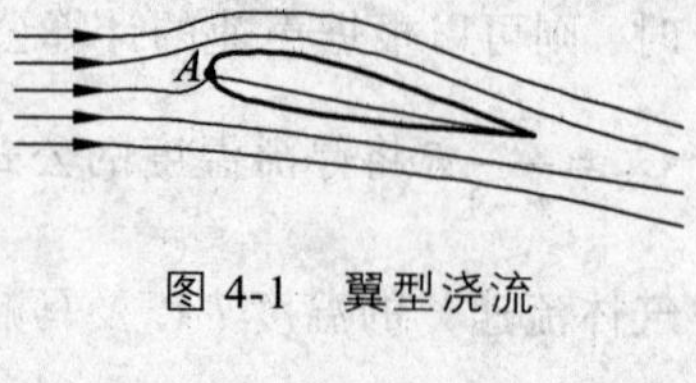

图 4-1　翼型浇流

【解答】

（1）所谓驻点 A 的温度就是指气流的停滞温度（总温）T_t，

必须注意的是气体在等熵流动过程中，气流的停滞温度 T_t 和气流的温度与气流 Ma 之间的关系式 $\dfrac{T_t}{T} = 1 + \dfrac{\gamma - 1}{2} Ma^2$，必须使用绝对温度。

（2）可以求出 $Ma = \sqrt{\dfrac{2}{\gamma - 1}\left(\dfrac{T_t}{T} - 1\right)} = \sqrt{\dfrac{2}{1.4} \times \left(\dfrac{273 + 40}{273 + 15}\right)} = 0.658$。

（3）因为 $V = Ma \times a$，故求出气流流速 $V = Ma \times \sqrt{\gamma RT} = 0.658 \times \sqrt{1.4 \times 287 \times (273 + 15)} = 222\,(\text{m/s})$。

（4）根据 $\dfrac{P_t}{P} = \left(1 + \dfrac{\gamma - 1}{2} Ma^2\right)^{\frac{\gamma}{\gamma - 1}}$ 可以求得停滞压力 P_t 和气流压力 P 的比值 $\dfrac{P_t}{P} = \left(1 + \dfrac{\gamma - 1}{2} Ma^2\right)^{\frac{\gamma}{\gamma - 1}} = \left(1 + \dfrac{1.4 - 1}{2} \times 0.658^2\right)^{\frac{1.4}{1.4 - 1}} = 1.34$。

5．压力、温度以及密度和马赫数的关系

综上所述，气体在等熵流动时，P_t、T_t 和 ρ_t 保持不变，且存在着 $\dfrac{P_t}{P} = \left(1 + \dfrac{\gamma - 1}{2} Ma^2\right)^{\frac{\gamma}{\gamma - 1}}$、

$\dfrac{T_t}{T} = 1 + \dfrac{\gamma - 1}{2} Ma^2$ 与 $\dfrac{\rho_t}{\rho} = \left(1 + \dfrac{\gamma - 1}{2} Ma^2\right)^{\frac{1}{\gamma - 1}}$ 的关系式，所以可以进一步导出 $\dfrac{P_2}{P_1} = \dfrac{\left(1 + \dfrac{\gamma - 1}{2} Ma_1^2\right)^{\frac{\gamma}{\gamma - 1}}}{\left(1 + \dfrac{\gamma - 1}{2} Ma_2^2\right)^{\frac{\gamma}{\gamma - 1}}}$、$\dfrac{T_2}{T_1} = \dfrac{1 + \dfrac{\gamma - 1}{2} Ma_1^2}{1 + \dfrac{\gamma - 1}{2} Ma_2^2}$ 与 $\dfrac{\rho_2}{\rho_1} = \dfrac{\left(1 + \dfrac{\gamma - 1}{2} Ma_1^2\right)^{\frac{1}{\gamma - 1}}}{\left(1 + \dfrac{\gamma - 1}{2} Ma_2^2\right)^{\frac{1}{\gamma - 1}}}$ 等气流在流场内各点压力、温度和密度与马赫数的关系式。

6．适用条件

使用等熵假设求出气体的流动性质变化的规律，对于工程精度要求不高的问题，计算结果通常可以直接使用，但是对于工程精度要求较高的问题，等熵过程的假设可能就不再适用，必须视实际情况对计算公式加以修正。此外，气体弱扰动问题的研究过程中，由于气体性质变化量非常小，通常可以将气体流动的过程当成可逆绝热，也就是以等熵形式来处理。但是如果是研究气体的强压缩过程，例如正激波与强斜激波，气体性质变化剧烈，此时只能够将其假设为绝热过程。

【例 4-6】

假设空气在管道等熵可压缩流动，等熵指数 $\gamma = 1.4$，在管道进口 $M_1 = 0.3$，截面积 $A_1 = 0.001\,\text{m}^2$，温度 $T_1 = 62\,^{\circ}\text{C}$ 与绝对压力 $P_1 = 650\,\text{kPa}$。而在管道出口 $M_2 = 0.8$，试求管道出口处的温度 T_2 与绝对压力 P_2 的值。

【解答】

（1）因为等熵可压缩流动过程中，满足关系式为 $\dfrac{T_2}{T_1}=\dfrac{1+\dfrac{\gamma-1}{2}Ma_1^2}{1+\dfrac{\gamma-1}{2}Ma_2^2}$ 与 $\dfrac{P_2}{P_1}=$

$\dfrac{\left(1+\dfrac{\gamma-1}{2}Ma_1^2\right)^{\frac{\gamma}{\gamma-1}}}{\left(1+\dfrac{\gamma-1}{2}Ma_2^2\right)^{\frac{\gamma}{\gamma-1}}}$。所以 $\dfrac{T_2}{T_1}=\dfrac{1+\dfrac{\gamma-1}{2}M_1^2}{1+\dfrac{\gamma-1}{2}M_2^2}=\dfrac{1+0.2\times0.3^2}{1+0.2\times0.8^2}=\dfrac{1.018}{1.128}=0.902$，从而得出在管道出口处

$T_2=0.902\times T_1=0.902\times(62+273)\ \text{K}=302.2\ \text{K}=29.2\ ℃$。

（2）又由于 $\dfrac{P_2}{P_1}=\dfrac{\left(1+\dfrac{\gamma-1}{2}M_1^2\right)^{\frac{\gamma}{\gamma-1}}}{\left(1+\dfrac{\gamma-1}{2}M_2^2\right)^{\frac{\gamma}{\gamma-1}}}=0.902^{3.5}=0.7$，从而得出管道出口的绝对压力

$P_2=0.7\times650=455\ (\text{kPa})$。

【例 4-7】

假设空气在管道中为等熵可压缩流动，等熵指数 $\gamma=1.4$，已知管道进口处 $M_1=0.3$，温度 $T_1=62\ ℃$，管道出口处 $M_2=0.8$，试求管道出口处的温度 T_2、速度 V_2 和声速。

【解答】

（1）因为等熵可压缩流动关系式为 $\dfrac{T_2}{T_1}=\dfrac{1+\dfrac{\gamma-1}{2}Ma_1^2}{1+\dfrac{\gamma-1}{2}Ma_2^2}$，所以 $\dfrac{T_2}{T_1}=\dfrac{1+0.2\times0.3^2}{1+0.2\times0.8^2}=\dfrac{1.018}{1.128}=$

0.902，从而得出管道出口处温度 $T_2=0.902\times T_1=0.902\times(62+273)\ \text{K}=302.2\ \text{K}=29.2\ ℃$。

（2）又由于声速的计算公式为 $a=\sqrt{\gamma RT}$，所以管道出口处 $a=\sqrt{\gamma RT}=$ $\sqrt{1.4\times0.287\times1\,000\times302.2}=348\ \text{m/s}$，$V_2=M_2\times a=0.8\times348=278.4\ \text{m/s}$。

4.4　稳态一维不可压缩流的不适用性

对于液体流动和流速不高、压力变化较小的其他流动，除少数问题（如液体流动发生空蚀现象）外，流体都假定是不可压缩的，这样可以简化许多流动问题的分析和计算时的难度。事实证明对于液体流动与流速低于 0.3 马赫（Ma）的气体流动，这样的简化是可行的，但是气体的流速大于 0.3 马赫（Ma），不可压假设得到的计算结果会造成一定程度的偏离，而且气体的流速越高，这种偏离也就越大。工程实践中，对于中高亚声速气流，流体力学与空气动力学处理高速气体管道流动问题研究时，通常将气体等熵流动过程中的性质和马赫数之间的关系式与理想气体的状态方程 $P=\rho RT$、马赫数的公式 $Ma=V/a$、声速的公式 $a=\sqrt{\gamma RT}$ 以

及质量流率守恒方程 $\dot{m} = \rho AV = C$ 等公式配合使用，以求得高速气体性质与流速的变化，例如气体流经发动机进气道与喷管组件的流动问题，就是用此方法来计算组件进出口处的压力、温度、密度与流速的变化。

温馨小提醒

事实上，气流与外界环境之间不可能没有热量交换，同时可逆过程也不可能存在。利用等熵方程式计算的结果与实际测量结果会有一定程度的偏差，往往必须利用修正因子或方法加以修正。使用等熵关系式假设在过程前后气体的变化量非常小的前提下成立。过程前后气体的变化量越大，等熵过程的关系式计算的误差越大。

【例 4-8】

空气流过管道时，在面积 $A = 6.5 \text{ cm}^2$ 的截面上，速度 $V = 300 \text{ m/s}$，马赫数为 0.6，质量流率 $\dot{m} = 1.2 \text{ kg/s}$，试求该截面上空气的静压和总压。

【解答】

（1）因为 $Ma > 0.3$，所以必须考虑空气的密度变化。

（2）因为 $P = \rho RT$，$\dot{m} = \rho AV$ 以及 $Ma = \dfrac{V}{a} = \dfrac{V}{\sqrt{\gamma RT}} \Rightarrow Ma^2 = \dfrac{V^2}{\gamma RT}$，所以可以得到 $P =$

$\dfrac{\dot{m}}{AV} RT = \dfrac{\dot{m}}{AV} \times \dfrac{V^2}{\gamma Ma^2} = \dfrac{\dot{m}}{A} \times \dfrac{V}{\gamma Ma^2}$。

（3）静压 $P = \dfrac{\dot{m}}{A} \times \dfrac{V}{\gamma Ma^2} = \dfrac{1.2 \times 300}{0.065 \times 1.4 \times 0.6^2} = 1.098\,9 \times 10^4 \text{ (Pa)}$

（4）静压与总压的关系式 $\dfrac{P_t}{P} = \left(1 + \dfrac{\gamma - 1}{2} Ma^2\right)^{\frac{\gamma}{\gamma - 1}}$，得 $P_t = P\left(1 + \dfrac{\gamma - 1}{2} Ma^2\right)^{\frac{\gamma}{\gamma - 1}}$，所以 $P_t =$

$P\left(1 + \dfrac{\gamma - 1}{2} Ma^2\right)^{\frac{\gamma}{\gamma - 1}} = 1.098\,9 \times \left(1 + \dfrac{1.4 - 1}{2} \times 0.6^2\right)^{\frac{1.4}{1.4 - 1}} = 1.401\,7 \times 10^4 \text{ (Pa)}$。

4.5 伯努利方程式的修正

伯努利方程 $P + \dfrac{1}{2}\rho V^2 = P_t$ 是工程实践中应用得非常多的一个方程，其使用的条件是假设流体为稳态、一维、不可压缩与非黏性流动，也就是计算理想流体的压力与速度的关系。但是当气体的流速高于 0.3 马赫（Ma）时，应考虑气体的压缩性，伯努利方程必须修正。修正的方法是将伯努利方程两边都进行微分，得到稳态一维无黏性流体动量守恒微分方程 $dP + \rho V dV = 0$ 或 $\dfrac{dP}{\rho} + V dV = 0$。想要求出微分形式的运动方程 $\dfrac{dP}{\rho} + V dV = 0$，必须知道气体的压力 P 与密度 ρ 之间函数关系，这就是必须知道流体的热力过程。通常在工程计算中，热力过程常简化为等压过程、等容过程、等温过程与等熵过程（可逆绝热过程）四种，并将气体的行为视为理想气体（Ideal gas，又称为完全气体）来分析、计算与求解。高速气体在管道流动与气体的弱扰动一般都视为可逆绝热过程，通常使用等熵假设，这里仅讨论气体在等熵流动过程中的伯努利方程修正模式。将等熵方程式 $P=C\rho^{\gamma}$ 代入稳态一维可压缩无黏性流体的动量守恒方程 $\dfrac{\mathrm{d}P}{\rho}+V\mathrm{d}V=0$ 后，对方程式两边积分，即得稳态一维可压缩与无黏性流体计算式 $P+\dfrac{\gamma-1}{2\gamma}\rho V^{2}=\text{constant}$ 。

【例 4-9】

试证明在高亚声速气流于管道流动问题研究中，假设气体流动是等熵过程，伯努利方程式 $P+\dfrac{1}{2}\rho V^{2}=P_{t}$ 修正为 $P+\dfrac{\gamma-1}{2\gamma}\rho V^{2}=\text{constant}$ 。

【解答】

（1）将伯努利方程式两边进行微分，可以得到 $\dfrac{\mathrm{d}P}{\rho}+V\mathrm{d}V=0$ 方程式。

（2）将等熵方程 $P=C\rho^{\gamma}$ 代入可得 $C\dfrac{\mathrm{d}\rho^{\gamma}}{\rho}+V\mathrm{d}V=0$ ，从而得到 $C\dfrac{\gamma\rho^{\gamma-1}}{\rho}\mathrm{d}\rho+V\mathrm{d}V=0\Rightarrow$

$C\gamma\rho^{\gamma-2}\mathrm{d}\rho+V\mathrm{d}V=0$ ，将微分方程两边积分可得 $C\dfrac{\gamma\rho^{\gamma-1}}{\gamma-1}+\dfrac{1}{2}V^{2}=\text{constant}$ ，又因为等熵方程式

$P=C\rho^{\gamma}$ ，所以可以进一步地转化为 $C\dfrac{\gamma}{\gamma-1}\dfrac{P}{\rho}+\dfrac{1}{2}V^{2}=\text{constant}$ ，从而得到 $P+\dfrac{\gamma-1}{2\gamma}\rho V^{2}=$

constant ，得证。

4.6　黏性流的特性

事实上，流体流动一定会有黏性。在流体流动过程中，黏性的存在会使得数学描述和处理变得十分困难。对于一些黏性较小的流体（例如水与空气等）或者黏性作用不占主导地位的流动问题，往往假设黏性 $\mu=0$ 来模拟真实的流体流动问题，例如第 3 章的内容中描述的稳态、一维与理想流体的处理方式就是最典型的。但是对某些黏性作用占据主导的问题，如果忽略流体黏性 μ 造成的影响，将会得到完全不符合实际情况的结果。例如本章前面的内容中提及的达朗贝尔悖论就是一个典型例子。

4.6.1　流体黏性的概念

物体在流体中运动时，流体会产生一个阻滞运动的力，此特有属性称为流体的黏性，而流体黏性产生的阻滞效应称为黏滞效应。流体黏滞效应与运动物体彼此之间好像物体在地面

运动时，运动物体与地表面的摩擦效应及其彼此之间的关系。研究指出，流体的黏性主要受流体分子与分子之间的吸引力（流体的内聚力）以及流体分子的运动力等因素影响。其中流体的内聚力为影响液体黏性的主要因素，而流体分子的运动力为影响气体黏性的主要因素。又根据实验发现，流体的黏性受温度的影响很大，对于液体而言，液体内部分子与分子之间的吸引力，也就是液体内部的内聚力是影响液体黏性的主要因素：温度升高时，液体会逐渐地蒸发为气体，液体内部的内聚力会逐渐减少，液体的黏性减少；温度降低时，液体的黏性增加。对于气体而言，气体内部分子的运动力是影响气体黏性的主要因素，且依据气体分子动力理论，当气体温度升高，气体内部的动能增加，内部分子的运动也随之增加。因此温度升高时，气体黏性增加；温度降低时，气体黏性减少。由此可知液体的黏性与气体的黏性受温度增减影响的反应趋势相反。此外，实验还证明，流体的黏性受压力的影响通常不大，一般在工程计算中不予以考虑。

4.6.2　无滑流现象

流体因为具有黏性，在流经物体表面时，流体分子与物体接触表面会受彼此之间的相互作用，在接触表面达到动量的平衡，因此流体速度会和接触表面的相同，此现象即为无滑流现象（No-slipping condition）。同理，物体表面流体分子达到能量的平衡，流体温度会和接触物体表面的相同，此现象即为无温度跳动现象（No temperature jump condition）。在流体力学与空气动力学问题研究中，无滑流现象与无温度跳动现象主要当成黏性流体在接触表面速度与温度的边界条件。

4.6.3　牛顿流体的意义

除非特别说明，流体一般都当成牛顿流体来处理，气体自然也不例外。所谓牛顿流体（Newtonian fluid）是指定温及定压下，流体受到的剪应力与流体速度梯度成正比，也就是满足牛顿黏性定律公式 $\tau = \mu \dfrac{\mathrm{d}u}{\mathrm{d}y}$ 的流体。式中，τ 是流体受到的剪应力（Shear stress），定义为流体在单位面积上受到的黏滞力，μ 为流体的动力黏性系数（Dynamic viscosity coefficient），它是流体受到的剪应力 τ 与速度梯度 $\dfrac{\mathrm{d}u}{\mathrm{d}y}$ 的比例常数。流体的黏性一般用动力黏性系数表示，又称为流体的黏度（Viscosity）或动力黏度（Dynamic viscosity），其与流体种类与温度有关。许多空气动力学问题研究中，惯性力总是和黏性力同时并存的，流体的黏度 μ 和密度 ρ 的比值起着重要作用。有时用它们的比值来表示气体的黏性更为方便，因此，定义 $\nu = \dfrac{\mu}{\rho}$，式中 ν 即称为流体的运动黏性系数（Kinematic viscosity coefficient）或流体的运动黏度（Kinematic viscosity）。

4.6.4　边界层的概念

边界层（Boundary layer）的概念是指液体与气体流经物体表面时，液体与气体在物体表面附近的流场会形成所谓的边界层，虽然它是一个假想的概念，但在流体力学与空气动力学问题研究中却是一个非常有用且不可或缺的处理模式。边界层（Boundary layer）的概念在1904年由普朗特提出。对于雷诺数较大的黏性流体流动可以将其看成由两种不同形态的流动组成：一种是固体边界（接触物体表面）附近流场的流动，也就是边界层内流体的流动，此时黏性产生的黏滞作用不可忽略，也就是必须把流体视为黏性流体；另一种是指边界层以外的流体流动，此时，流体黏性产生的黏滞效应可以忽略不计，也就是可以将边界层外的流动流体视为无（非）黏性流体。这种处理黏性流体流动的方法为近代流体力学的发展开辟了新的途径。这里针对边界层的定义、现象与使用时机等部分简单地描述，至于气体在高于声速流动时的激波与边界层的相互干扰问题，过于复杂，不属于本书的讨论范围。

1．概念说明

如图 4-2 所示，以空气流经平板为例，虚线代表边界层，在边界层的内部必须考虑空气流场的黏性，而在边界层的外部，则将空气流场的黏性忽略不计。除此之外，空气与平板形成的边界层会随空气流经平板的距离而逐渐增厚，这是因为空气流经平板的距离（x 方向）越长，空气受到黏性影响越大的缘故。

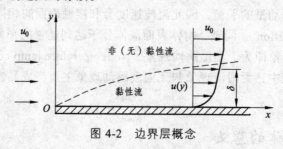

图 4-2　边界层概念

2．边界层厚度的定义

为了区分黏性流区域与非（无）黏性流区，必须先了解边界层厚度（Boundary layer thickness）的定义，仍以流体流经平板的外部流动来说明。如图 4-3 所示为均匀流体以等速度 u_0 流经平板的速度变化。流体在边界层内的流体的流速为 $u(y)$，y 为流体质点与固定表面的垂直距离。如果边界层内流体的流速达到 99% u_0，在 y 轴的位置 δ，可以假设其以外的区域为非黏性流区，则 δ 即为边界层的厚度。由于流体不受流体黏性影响的速度为自由流速度 u_0，所以边界层厚度的定义可以表示为 $u(\delta) = 0.99u_0$。一般而言，固定表面的垂直距离 y 大于或等于边界层厚度 δ 时，假设流体的流速不会受到流体黏性影响，即假设 $u(\delta) = u_0$。边界层厚度的定义和前面提及的无滑流现象一样，在流体力学与空气动力学问题研究中，主要当成是黏性流体流速的边界条件之一。

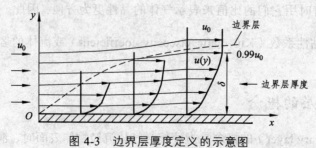

图 4-3　边界层厚度定义的示意图

又从图 4-3 中可以发现，流体流动会因为边界层效应的影响造成外围流线的微小位移 δ^*，称之为位移厚度（Displace thickness）。由于边界层非常细薄，也就是边界层的厚度非常小，流体流动受边界层效应产生的流线位移，也就是位移厚度影响可以忽略不计。

3．不适用情况

对于雷诺数 Re 很小的流场，黏性流区与无黏性流区之间的相互作用相当强烈，而且其间的变化趋势是非线性的，所以如果流场的雷诺数非常小，边界层理论可能并不适用。而在气体发生流体分离时，气体回流现象会产生，边界层理论也不适用。

【例 4-10】

如图 4-4 所示，U_0 为均匀气流的速度，$u(y)$ 为边界层内气流的速度分布，δ 为边界层的厚度，问 $u(0)$ 与 $u(\delta)$ 的值是多少？

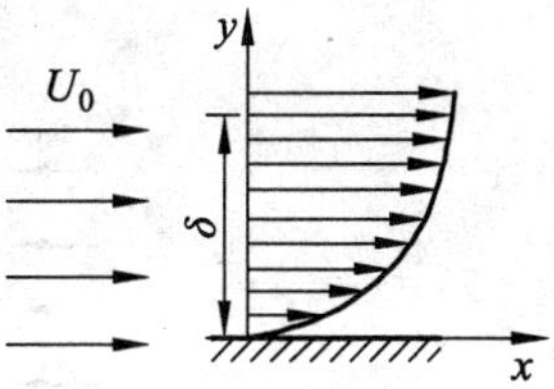

【解答】

（1）由于无滑流现象，因此与固定平板接触的流体分子的速度 $u(0)=0$。

（2）根据边界层厚度的定义，$u(\delta)=0.99U_0$，通常为简化问题，一般采用 $u(\delta)=U_0$。

图 4-4　边界层气流速度分布

4.6.5　流体分离的概念

流体分离是黏性问题研究的一个重要课题，例如飞机在亚声速飞行时，气体分离现象会引起飞机飞行升力急速下降，导致飞机失速而造成飞行事故。

1．正负压力梯度的概念

如第 3 章所述，空气流经物体曲面，例如机翼翼型的上表面时，从其前缘开始，气流的流管逐渐变细，流速逐渐加快，压力会逐渐地减小，其压力变化的趋势是负压力梯度（$\frac{\partial P}{\partial x}<0$）。当到达某一点 E 时，气流的流管最细，气流的流速最快，此时气流的压力梯度为 0。当气流流经 E 点后，随着气流继续向后流动，气流的流管又逐渐地变粗，流速逐渐减慢，压力逐渐地增大，其压力变化的趋势将转为正压力梯度（$\frac{\partial P}{\partial x}>0$），如图 4-5 所示。

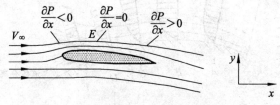

图 4-5　流经机翼翼型上表面气流压力变化

从以上例子可以知道，空气流经机翼翼型的上表面时，气流先加速后减速，因此会有速度梯度与压力梯度。当机翼后缘的正压力梯度到达某一特定值时，流体分离的现象就会产生并导致失速的发生。

2．流体分离的定义

所谓流体分离（Flow separation）是指沿着物体表面边界层内的气流由于黏性的作用消耗了动能，在压力沿着流动方向增高的区域中，无法继续沿着物体表面流动，以致产生气体倒（回）流的现象，气流因而离开物体表面。如图 4-6 所示为气体流经平板问题的示意图，边界层的厚度非常小，流体流动因为边界层效应影响造成外围流线的微小位移通常可以忽略不计，因此气体流经平板时压力沿着流动方向几乎保持不变，即 $\frac{\partial P}{\partial x} \approx 0$。当气体流经平板时一般不会有流体分离的现象发生，只有在气体流经弯曲壁面时才可能会发生流体分离。

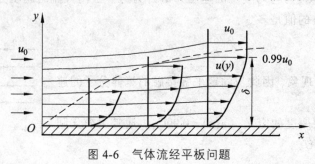

图 4-6　气体流经平板问题

3．现象描述

如图 4-7 所示，气流沿着弯曲壁面流动，在弯曲壁面前方的自由流（Free flow），也就是未受黏性效应影响的气流，即无黏性流的流速 U 沿着弯曲壁面因为气流的流管逐渐变细而逐渐加速，一直到 B 点时才会停止加速。当气流到达 B 点后继续流动，气体流速会因为气流的流管逐渐变粗逐渐减速。由此可以推知，在 B 点之前的压力变化趋势是负压力梯度，也就是 $\frac{\partial P}{\partial x} < 0$；而 B 点之后的压力变化趋势是正压力梯度，也就是 $\frac{\partial P}{\partial x} > 0$。至于 B 点时的压力梯度为 0 即 $\frac{\partial P}{\partial x} = 0$，且该点的气体流速最大。当气体气流到达 B 点后继续沿着弯曲壁面流动时，气流的正压力梯度会逐渐地增加，当达到某一特定值时，气体将因为前方的压力过大而逐渐地无法再继续流动，开始发生气流回流的现象，所以沿着物体表面边界层内的气流会发生流体分离，如图 4-7 中的 D 点与 E 点所示。

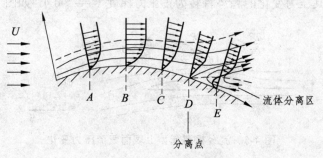

图 4-7　流体分离的示意图

4．现象分析

将流体分离现象归纳成一个简单的规律，就是负压力梯度（$\frac{\partial P}{\partial x}<0$）与零压力梯度（$\frac{\partial P}{\partial x}=0$）不会发生流体分离，只有正压力梯度（$\frac{\partial P}{\partial x}>0$）才有可能发生流体分离的现象。但是微小的正压力梯度并不会直接产生流体分离，只有气流的正压力梯度大到一定程度时才有可能会发生流体分离，如图 4-8 所示。

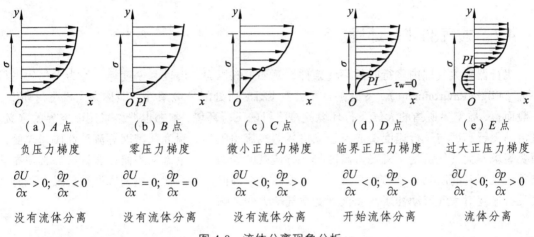

（a）A 点	（b）B 点	（c）C 点	（d）D 点	（e）E 点
负压力梯度	零压力梯度	微小正压力梯度	临界正压力梯度	过大正压力梯度
$\frac{\partial U}{\partial x}>0; \ \frac{\partial p}{\partial x}<0$	$\frac{\partial U}{\partial x}=0; \ \frac{\partial p}{\partial x}=0$	$\frac{\partial U}{\partial x}<0; \ \frac{\partial p}{\partial x}>0$	$\frac{\partial U}{\partial x}<0; \ \frac{\partial p}{\partial x}>0$	$\frac{\partial U}{\partial x}<0; \ \frac{\partial p}{\partial x}>0$
没有流体分离	没有流体分离	没有流体分离	开始流体分离	流体分离

图 4-8　流体分离现象分析

从图 4-7 与图 4-8 中可以看出，A 点与 B 点由于压力梯度 $\frac{\partial P}{\partial x}$ 小于等于 0，所以不会发生流体分离，C 点虽然压力梯度大于 0，但是正压力梯度 $\frac{\partial P}{\partial x}$ 过小，所以也不会发生流体分离。

气体沿着弯曲壁面继续流动，随着正压力梯度 $\frac{\partial P}{\partial x}$ 逐渐地增加，当气体流至曲面 D 点时，气流的流场开始产生流体分离，D 点的压力梯度则称为临界正压力梯度（Critical positive pressure gradient），而 D 点即称为分离点（Separation point）。根据流体分离的定义，D 点的壁面剪应力为 0（$\tau_w=0$）。如果气流继续再沿着弯曲壁面推进，气体会因为前方的压力过大而逐渐地无法再继续流动，开始发生气流回流（Airflow reflux）的现象，如图 4-7 与图 4-8 的 E 点所示。实验证明气流流动时正压力梯度和气体黏性是气体产生分离的根本原因。湍流流场因为边界层内流体的平均动量大，在相同正压力梯度情况下向前推进的能力较强，因此其分离点会比层流流场分离点稍微靠后一些，这也是高尔夫球为何要做成凹凸不平的原因。

【例 4-11】

如图 4-9 所示，O 点为分离点（边界层内的气流开始发生分离现象的临界点），$u(y)$ 为边界层内气流的速度分布情形，δ 为边界层的厚度，假设物体为静止状态，问在物体表面（$y=0$），O 点的 $u(\delta)$、$u(0)$ 与 $\left.\frac{\partial u}{\partial y}\right|_{y=0}$ 是多少？

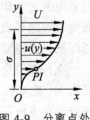

图 4-9　分离点处
边界层过渡分布

【解答】

（1）根据边界层厚度的定义，并通常为简化问题起见，采用 $u(\delta)=U$。根据无滑流条件，与表面接触的气体分子和接触物体表面有相同的速度，所以 $u(0)=0$。

（2）根据分离点存在条件，流体分离的临界情况出现在壁面剪应力等于 0 的位置，因此壁面（$y=0$）时的 $\dfrac{\partial u}{\partial y}=0$，也就是 $\left.\dfrac{\partial u}{\partial y}\right|_{y=0}=0$。

4.7 大气的飞行环境

飞行器在大气层内飞行时的环境条件，例如大气压力、温度和密度等，称为大气的飞行环境（Flight environment）。飞机在大气层内飞行时所处的环境条件，即称为飞机飞行环境。一般而言，航空界所指的大气飞行环境就是飞机的飞行环境，本书也严格采用航空界的定义。飞机的飞行高度与飞行速度造成流经飞机外部气流的压力、温度和密度等流动性质的改变，而要想求得大气气流受飞机飞行高度与飞行速度的影响，不论是采用何种假设，都必须先求出飞机在当时高度状态下的大气压力、温度和密度等值，然后代入相关假设与公式去研究飞机飞行速度对大气流动性质及飞机所受空气动力的影响。

4.7.1 飞机飞行环境的定义

在大气层中飞行且重于空气的航空器称为飞行器，一般飞机在大气层内飞行时所处的环境条件，也就是当时飞行状态的大气压力、温度和密度等，即称为飞机的飞行环境，目前飞机活动的范围主要是离地面 25 km 以下的大气层内，就连 2003 年的超声速客机协和号（目前已经停产）的最大飞行高度也不过 18 km。在流体力学与空气动力学问题中，一般将大气的行为视为理想气体并使用流体连续性假设来研究飞机飞行时的气动力特性。实验研究发现，流体连续性假设在飞机飞行高度超过 40 km 时，当时大气的密度非常稀薄，可能不适用。

4.7.2 飞行环境的高度特性

离地 25 km 以下的大气层，通常为大气的对流层和同温层。对流层与同温层之间的高度间隔会随着地球纬度、季节和气候的不同而改变，其间并没有明显的分隔界限，一般以气温随着地表的变化作为间隔判定的基准。实验发现，如果将飞机的飞行环境用大气层温度随着离地表或海平面的垂直高度的变化作为判定基准，则对流层的气温随着垂直高度的增加而逐渐降低，而同温层的气温几乎保持不变，其温度变化情形如图 4-10 所示。

飞行环境会直接或间接地对飞机的空气动力、飞行轨迹、飞机结构与材料、飞行性能造成影响，甚至对飞机的飞行安全产生威胁，因此只有了解和掌握飞行环境的变化规律与特性，才能够在飞机设计与操作时设法克服或减少飞行环境对飞机飞行的影响，确保飞机飞行安全性能和可靠性。

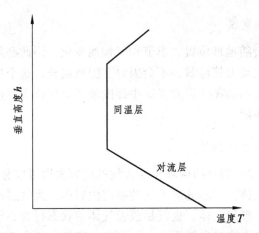

图 4-10　飞机环境内大气温度随着垂直高度变化情形

1．对流层的定义与特色

大气的对流层（Troposphere）是指地球大气层中最靠近地面的一层，也是地球大气层中空气密度最高的一层。对流层的上界会随着地球纬度和季节的不同而变化。就纬度而言，对流层的上界在赤道地区平均为 17～18 km；在中纬度地区平均为 10～12 km；在南北极地区平均为 8～9 km。也就是说，由赤道向南北极，随着纬度的增加，对流层的上界会逐渐降低。就季节而言，对流层的上界在夏季高于冬季。综合来说，我国对流层的区域在离地表垂直高度 0～11 km 处。大气中全部空气质量的 3/4 和全部水蒸气几乎都集中在这一层，所以对流层是大气层的结构中与人类关系最为密切的一层。对流层区域内的大气温度随着离地表垂直高度的升高而降低，因而对流层是天气变化最复杂的一层，有云、雨、雪、雹等现象。由于地形和地貌的不同以及气温与气压的变化促使空气在垂直方向和水平方向形成强烈的对流，从而产生水平方向和垂直方向的阵风。而且温度会随着高度的升高而降低，大气的压力 P、密度 ρ 和声速 a 也都随着高度的增加而降低。

2．同温层的特性

所谓大气的同温层（Stratosphere）是指在地球的大气平流层的下半部，也就是从对流层顶部到再向上离地 25 km 左右的区域。在此区域内大气温度保持不变，所以称为同温层。在同温层中，大气稀薄，水蒸气极少，通常没有云、雨、雪、雹等现象。这一层的大气中没有空气上下对流引起的垂直方向的风，只有风向稳定的水平方向风。同温层内能见度良好、气流平稳以及飞机飞行阻力小，所以现代大型客机多在平流层的底层飞行。

4.7.3　国际标准大气的描述

飞机在大气层内飞行时，大气的压力 P、温度 T 与密度 ρ 等物理性质会随着飞机所在地理位置、季节和飞行高度产生变化，飞机产生的空气动力也会随之发生改变。例如一架飞机在不同地点试飞会得出不同的飞行性能，即使在同一地点，在不同季节或时间试飞也会得出不同的结果。为了便于研究飞机的空气动力特性，计算、整理和比较出标准的飞机性能数据，制定了国际标准大气（International standard atmosphere，ISA），作为统一参照的标准。

1．国际标准大气的定义

由于大气物理性质会随地理位置、季节和气候而变化，因此必须建立一个统一的参考标准，使得研究飞机的空气动力特性时，不会因时、因地而异，这个参考标准就称为国际标准大气，它由国际民航组织（ICAO）以北半球中纬度地区大气物理特性的平均值为依据并加以适当修正而建立的大气环境。

2．国际标准大气的制订内容

国际民航组织（ICAO）制订的国际标准大气的内容大致可以分成三个部分。

（1）大气当作理想气体。国际标准大气的制定内容中，大气层内的气体当作静止、相对湿度为0以及完全洁净的理想气体。也就是假设气体的状态行为必须满足理想气体的状态方程式 $P = \rho RT$。式中，P 为绝对大气压力，ρ 为大气密度，T 为绝对大气温度，R 为空气的气体常数，其值为 $R = 287 \ \text{m}^2 /(\text{s}^2\text{K})$。

（2）以海平面为基准。国际标准大气的内容，将海平面视为基准高度，也就是设海平面的高度为0，并将海平面的大气状态制定成 $T = 15 \ ℃ = 288.15 \ \text{K}$，$P = 1 \ \text{atm} = 101\ 325 \ \text{Pa}$ 或 760 mmHg，$\rho = 1.225 \ \text{kg}/\text{m}^3$，$a = 341 \ \text{m/s}$。

（3）对流层的温度垂直向上递减而同温层的温度保持不变。国际标准大气的内容，将对流层的区域范围定义为从海平面至垂直高度 11 km（36 250 ft）处，而其上距海平面高度 25 km 的垂直高度，也就是距海平面垂直高度 11 ~ 25 km 的范围定义为同温层。对流层的区域范围内，温度以递减率 $\alpha = -0.006\ 5 \ \text{K/m}$ 逐渐地垂直向上递减，而在同温层的区域内，大气的温度保持不变。

【例 4-12】

在大气层内的对流层中，大气的声速值是否会随着高度的升高而逐渐降低？为什么？

【解答】

在对流层中，大气的温度会随着高度的升高而逐渐降低，根据声速的计算公式 $a = \sqrt{\gamma RT}$，因此对流层内的声速值会随着高度的升高而逐渐降低。

3．大气性质与高度之间的计算关系式

根据制订的国际标准大气内容规定，可以利用积分的方法求出飞机的飞行环境内，也就是对流层与同温层的压力 P、温度 T、密度 ρ 随着高度 h 的变化关系，如表 4-1 所示。

表 4-1　标准大气计算公式一览表

	温度	压力	密度
对流层（0 ~ 11 km）	$T = T_1 + \alpha(h - h_1)$ $\alpha = -0.006\ 5 \ \text{K/m}$	$\dfrac{P}{P_1} = \left(\dfrac{T}{T_1}\right)^{-\frac{g_0}{\alpha R}}$	$\dfrac{\rho}{\rho_1} = \left(\dfrac{T}{T_1}\right)^{-\left(\frac{g_0}{\alpha R}+1\right)}$
同温层（11 ~ 25 km）	$T = \text{constant}$	$\dfrac{P}{P_1} = \text{e}^{-\frac{g_0}{RT}(h - h_1)}$	$\dfrac{\rho}{\rho_1} = \text{e}^{-\frac{g_0}{RT}(h - h_1)}$

4.7.4 国际标准大气的应用

国际标准大气为人们提供了一个不随地理位置、季节和时间变化的相对不变的大气环境标准，所有飞行器制造商提供的飞机性能数据、图表以及飞行手册中列出的飞行性能数据都以国际标准大气为标准计算而得，而每架飞机的测量仪表也是以标准大气条件作为校准的基准，因此从事飞机设计时应以国际标准大气为参考标准来计算飞机的飞行性能，而飞机试飞的结果也应换算成标准大气条件的结果，以便计算结果和实验数据进行分析和比较。反之，飞机在实际飞行时，也必须根据实际的大气条件与国际标准大气条件的差异，对仪表和飞机的性能做某些程度上的校准（Calibration）与修正（Correction），否则有可能导致极为严重的后果。

4.7.5 国际标准大气的转换

飞机飞行手册列出的飞行性能数据是在国际标准大气的条件下得出的，但是实际飞行时的大气状况往往很少与国际标准大气完全吻合，因此在研究飞机的飞行环境、空气动力特性以及飞行性能的过程中往往需要进行实际大气条件与国际标准大气条件的相互转换。在非标准大气情况下，如果想要将国际标准大气的数据转换成实际大气情况下飞机飞行性能，首先必须由压力高度时的温度差求出国际标准大气偏差（又称 ISA 偏差），然后经过温度修正再进行其他参数修正，例如大气的密度 ρ 与声速 a 等参数计算。这里的压力高度根据实际压力，按照国际标准大气内容中压力与高度的关系确定。ISA 偏差的计算公式为 $\text{ISA}_{偏差} = T_{实际} - T_{国际标准}$，式中 $\text{ISA}_{偏差}$、$T_{实际}$ 与 $T_{国际标准}$ 分别表示 ISA 偏差、在气压高度时的实际大气温度和国际标准状态下的大气温度。在航空工程中，ISA 偏差的参数修正工作是飞机实际性能确定过程中相当重要且不可或缺的环节。

【例 4-13】

如果飞机巡航时的压力高度为 2 000 m，而该高度的气温为 – 5 ℃，试求该高度的标准大气温度与 ISA 偏差。

【解答】

因为对流层的区域范围内，温度以递减率为 $\alpha = -0.006\ 5\ \text{K/m}$ 逐渐垂直向上递减，所以可得

（1）该压力高度的标准大气温度：$T_{标准} = 15\ ℃ - (6.5\ ℃/1\ 000\ \text{m}) \times 2\ 000\ \text{m} = 2\ ℃$。

（2）由于该压力高度的实际大气温度 $T_{实际} = 15\ ℃$，所以该高度的 ISA 偏差：$\text{ISA}_{偏差} = T_{实际} - T_{国际标准} = -5\ ℃ - 2\ ℃ = -7\ ℃$。

课后练习

（1）什么是理想流体（Ideal fluid）？什么是理想气体（Ideal gas）或完全气体（Perfect

gas）？两者的应用条件有何差异？

（2）理想气体或完全气体的定义与假设是什么？

（3）理想气体的状态方程及其应用条件是什么？

（4）什么是流体的压缩性？通常用什么来度量流体的压缩性？

（5）温度对空气的压缩性有什么影响？其与声速又有何关系？

（6）气体的流速对其亚声压缩性有什么影响？

（7）亚声速流场、声速流场与超声速流场的定义是什么？试说明其划分的依据。

（8）试证明声速的计算公式 $a = \sqrt{\gamma RT}$ 。

（9）声速值是一个定值吗？如果不是，其主要影响因素是什么？

（10）温度对声速 a 有什么影响？

（11）大气高度对空气声速 a 有什么影响？

（12）飞机以飞行速度 V 在大气对流层飞行时，如果飞行高度增加，飞机的飞行马赫数是增加还是减少？为什么？

（13）飞机以飞行速度 V 在大气同温层飞行时，如果飞行高度增加，飞机的飞行马赫数是增加还是减少？为什么？

（14）飞机在 27 ℃ 的情况下飞行，声速值是多少？

（15）等熵过程的意义是什么？实际上可能会有一个过程能够满足等熵过程吗？为什么？

（16）影响流体黏性的主要因素是什么？

（17）影响气体黏性的主要因素是什么？

（18）影响液体黏性的主要因素是什么？

（19）温度与压力对液体黏性的影响是什么？

（20）温度与压力对气体黏性的影响是什么？

（21）根据实验与研究，发现液体的黏性与气体的黏性受到温度增减时的影响趋势刚好相反，试述其原因。

（22）等熵方程适用于黏性流的计算吗？

（23）牛顿流体的定义与牛顿黏滞定律的公式是什么？

（24）如图 4-11 所示，如果气体的流动可视为可逆绝热过程，而驻点 A 的温度为 40 ℃，气体的温度为 15 ℃，试求气流当时的速度 V 与马赫数 Ma。

图 4-11 翼型浇流

（25）空气流过一管道时，在面积 $A = 6.5 \ \mathrm{cm}^2$ 的截面上，速度 $V = 300 \ \mathrm{m/s}$，$M_a = 0.6$，质量流率 $\dot{m} = 1.2 \ \mathrm{kg/s}$，试求该截面上空气的声速与气流温度和气流压力。

（26）什么是边界层理论的概念？并论述其对近代流体力学发展的贡献。

（27）论述边界层理论在使用上可能有不适用情况。

（28）流体分离的定义是多少？

（29）影响流体分离的主要因素有哪些？

（30）流体分离现象开始发生的分离点的壁面剪应力是多少？

（31）如图4-12所示，在流场中$u(\delta)$与$u(0)$的值是什么？

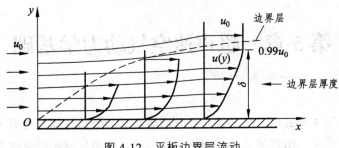

图4-12　平板边界层流动

（32）伯努利方程式$P+\dfrac{1}{2}\rho V^2=\text{constant}$对求解高速流动的气体流动问题时是否必须进行修正？

（33）飞机的飞行环境内大气温度T与飞行高度h之间的关系是什么？

（34）飞机的飞行环境内大气压力P与飞行高度h之间的关系是什么？

（35）飞机的飞行环境内大气密度ρ与飞行高度h之间的关系是什么？

（36）飞机的飞行环境内大气温度T随着飞行高度h的变化趋势如何？

（37）飞机的飞行环境内大气压力P随着飞行高度h的变化趋势如何？

（38）飞机的飞行环境内大气密度ρ随着飞行高度h的变化趋势如何？

（39）假设空气在管道中流动的过程为等熵可压缩流动，等熵指数$\gamma=1.4$，已知管道进口处$M_1=0.3$，$T_1=62\ ^\circ\text{C}$，而管道出口处$M_2=0.8$，试求管道出口处速度V_2是多少？请绘出该管道的形状。

（40）在大气层内的对流层中，大气的声速值是否会随着高度的升高而逐渐降低？论述其原因。

（41）在大气层内的同温层中，大气的声速值是否会随着高度的升高而改变？论述其原因。

第 5 章　超声速空气动力学基础

前面第 3 章和第 4 章的内容已阐述，处理液体流动与低速气体流动等工程计算问题时，可以假设流体不可压缩，即将流体的压缩性忽略不计，以简化问题研究的难度。因为对于液体，除非发生空蚀现象导致液体气化，不可压缩流体的假设几乎都适用。虽然气体的显著特点在于其具有可压缩性，但是对于流动速度不大于 70 ~ 100 m/s 的气体，也就是 $Ma < 0.3$ 的气体，可压缩性并不明显，此时通常可以将气体当成不可压缩流体来处理。随着流体理论更进一步发展，实验与研究发现，如果 $Ma \geq 0.3$，可压缩性将会明显地影响气体热力学和动力学的特性，而且随着气体的流速增加而增加，因此必须考虑气体密度的变化及其对其他物理性质的影响。通常将 $Ma < 0.3$ 的低速气体流动问题归属于不可压缩流体力学、不可压缩空气动力学与低速空气动力学的研究范畴，而将 $Ma > 0.3$ 的高速气体流动问题归属于可压缩流体力学、可压缩空气动力学、气体动力学或高速空气动力学的研究范畴。当气体的流速等于或超过声速，也就是 $Ma \geq 1.0$ 时，气体流动的特性又会出现一些与亚声速气体流动在本质上的差异，这种特性称为超声速气体流动特性。因此在高速气体流动问题中根据气体流动的速度是否大于声速，将其分成高亚声速与超声速气体流动问题两类型。高亚声速特性在第 4 章已讲述，本章主要讲述的是超声速气体流动特性。

5.1　扰动的传递规律

向平静的水中投入一枚石子，池水受到的扰动就会以波的形式向四周传播。同样地，飞机在空中飞行时，机身与机翼等部件对周围的空气产生扰动，使空气压力、密度等参数发生变化，它们也会以波的形式向四周传播。物体在流体中运动会使得流场的压力、密度和温度等性质发生变化，这种现象称为流体流场受到扰动，而扰动以振动波的形式向四周传播。研究扰动的传递规律时，一般会用相对运动原理对物体的运动速度进行转换，并将扰动传播的速度用声音的传播速度（声速）a 来表示。

5.1.1　扰动波的定义

在研究流体扰动问题时，将运动的物体视为扰动源（Disturbance source），而将流体在扰动传递的过程中受扰动的流体与未受扰动的流体之间的分界面称为扰动波（Disturbance wave），如图 5-1 所示。

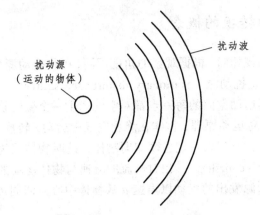

图 5-1　扰动源与扰动波的定义

5.1.2　扰动波的分类

一般按扰动波前后压力的变化情形将扰动波分成弱扰动波和强扰动波或压缩波和膨胀波，如图 5-2 所示。

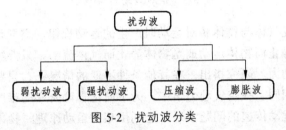

图 5-2　扰动波分类

1．弱扰动波和强扰动波的区分

在研究扰动传递的规律时，对于扰动波前后压力差微小的扰动，称之为弱扰动（Weak disturbance），例如物体在流体中的低速运动对流场造成的扰动即属于弱扰动，而弱扰动对应的扰动波就是弱扰动波（Weak disturbance wave）。对于扰动波前后压力差显著的扰动，称之为强扰动，例如超声速飞机在空中飞行时产生的激波，物体爆炸产生的爆炸波都是属于强扰动，而强扰动对应的扰动波就是强扰动波（Strong disturbance wave）。

2．压缩波和膨胀波的区分

流体在传递扰动的过程中，如果流体流经扰动波后，流体的压力增加（$dP > 0$），这种扰动称为压缩扰动（Compressive disturbance），而压缩扰动对应的扰动波就是压缩波（Compression wave）。反之，如果流体流经扰动波后，流体的压力减少（$dP < 0$），这种扰动称为膨胀扰动（Expansive disturbance），其对应的扰动波就是膨胀波（Expansion wave）。研究表明，膨胀波是一种弱扰动波，而压缩波又可分为弱压缩波和强压缩波两种，例如物体在流体中的低速运动产生的压缩波即为弱压缩波，炸弹在爆炸时空气受到强烈压缩，压力急剧升高，会形成破坏力极大的激波，也是通常所说的爆炸波或冲击波，这种压缩波即为强压缩波。

5.1.3 相对运动转换的概念

研究流体传递扰动的规律时，根据观察的角度不同，可将扰动源分为运动扰动源（Motion disturbance source）和静止扰动源（Stationary disturbance source）两种形式，例如物体在静止空气中运动，物体在其运动空间的每一点都对空气产生一个微弱扰动，这个物体就是运动扰动源。根据物理学的相对运动原理，物体在静止空气中运动，转换为空气流过静止的物体，也就是物体当成是静止的，空气以一定速度流向物体，此时物体视为静止扰动源，而流动的空气称为相对气流（Relative airflow），相对气流的流速与物体运动的速度大小相等且方向相反（见图 5-3）。静止扰动源发出的扰动以声速 a 从物体中心向四周传播。

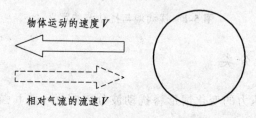

图 5-3　相对运动转换概念

空气动力学是研究气体与物体相对运动时产生的运动规律。空气动力学的研究离不开相对气流，不管是气体静止而物体运动或是物体静止而气体流动，只要物体和气体之间有相对运动，就会产生空气动力。研究指出，在其他条件不变的情况下，只要相对速度相同，两者产生的空气动力就会相同。在空气动力学中，为了简化理论研究的难度，广泛地采用相对运动转换的概念来研究扰动传递的问题。通常先利用相对运动原理将物体在静止气体中的运动形式转换成相对气流流过静止物体的形式，然后去探讨扰动的传递规律以及扰动波前后气体物理性质的变化。

5.1.4 气体传递扰动问题的分类与说明

研究气体扰动传递的过程时，采用相对运动原理将物体在静止气体中的运动模式转换为相对气流流过静止物体，此时相对气流的流速与物体运动的速度大小相等且方向相反。物体当成静止扰动源，并自身为中心以声速 a 将扰动向四周传播，如图 5-4 所示。

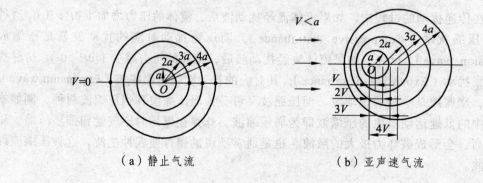

（a）静止气流　　　　　　　　（b）亚声速气流

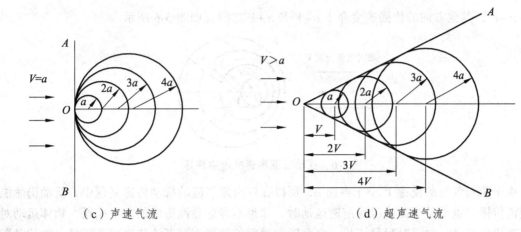

（c）声速气流　　　　　　　　　（d）超声速气流

图 5-4　气体传递扰动问题分类

根据相对气流与声速之间的关系，可以将气体传递扰动的问题分成静止气流、亚声速气流、声速气流与超声速气流四种类型。

（1）静止气流（$V=0$ 或 $Ma=0$）的扰动传递类型。

物体（运动扰动源）在运动速度 V 为 0 时造成的扰动，例如用锤击鼓造成鼓膜振动从而产生的声音传递即属于静止气流传递扰动的类型。当物体的运动速度为 0 时，其对应的相对气流的流速亦为 0，扰动源发出的扰动以物体为中心用球面波的形式传播，扰动的速度为声速 a，如图 5-5 所示。

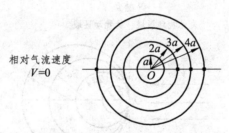

相对气流速度
$V=0$

图 5-5　扰动在静止气流中传递

从图 5-5 中可以看出，受扰动气体与未受扰动气体的分界面是一个球面，也就是扰动波的形状为一个球面，如果不考虑黏性造成的能量损耗，随着时间的推移，这个微弱的扰动将会传遍整个气体流场，也就是弱扰动波在静止气体中的传播是无界的。

（2）亚声速气流（$V<a$ 或 $Ma<1.0$）的扰动传递类型。

物体（运动扰动源）在气体中的运动速度为亚声速时，例如低亚声速飞机在空中飞行造成的扰动，即属于这种扰动传递。根据相对运动原理，物体在静止气体中以亚声速 V 的速度运动，其相对气流的流速亦为亚声速 V，只不过相对气流的流速与物体的运动速度大小相等且方向相反。当扰动波以物体为中心用声速 a 向四周传播时，扰动波形状仍然是球面波，但是扰动源发出的扰动在各个方向的相对速度不再是声速 a，它受到相对气流的流速影响。扰动在逆流方向，也就是与相对气流相反的方向，传递的速度会被相对气流流速抵消。而扰动在顺流方向，传递的速度则会与相对气流流速相加，并且扰动也不是均衡地向四周传播。在逆流方向时，扰动对气流传递的相对速度为 $a-V$，而在顺流方向，扰动对气流传递的相对速

度为 $a+V$ ，其他方向的传播速度介于 $a-V$ 与 $a+V$ 之间，如图 5-6 所示。

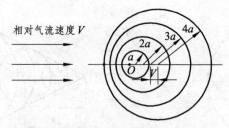

图 5-6　扰动在亚声速气流中传递

　　由于相对气流的流速 V 小于声速 a ，所以在亚声速气流的扰动传递问题中，扰动仍然能够逆流传播。也就是当物体以亚声速运动时，如果不考虑黏性造成的能量损耗，物体运动对空气造成的扰动，如果时间足够长，也会随着时间的推移而逐渐地传遍整个流场，也就是弱扰动波在亚声速气流中的传播也是无界的。

　　（3）等声速气流（ $V=a$ 或 $Ma=1.0$ ）的传递问题。当物体（运动扰动源）在气体中的运动速度 V 为声速 a 时，相对气流流速 V 亦为声速 a ，因此以物体为中心的扰动发出的扰动在顺流方向，对气流传递的相对速度为 $a+V=2a$ ，而在逆流方向对气流传递的相对速度为 0。扰动波已经不能够逆流地向上游方向传播，随着时间的推移，球面波不断向外扩大，但无论它怎么扩大，也只能影响下游的半个空间，扰动源上游的半个空间则完全不受影响，如图 5-7 所示。

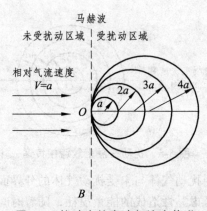

图 5-7　扰动在等声速气流中传递

　　由于相对气流的流速 V 等于声速 a ，扰动源发出的扰动在逆流方向传播的相对速度为 0，所以扰动传播的范围也只能是位于物体所在位置且垂直于相对气流方向的平面后方空间内，它不能够影响到平面的前方，也就是说扰动源前方的气流流场不会受到扰动的影响。对于声速气流的扰动传递问题，受扰动气体与未受扰动气体的分界面是位于物体所在位置且垂直于相对气流方向的平面，此分界面称为马赫波（Mach wave）。

　　（4）超声速气流（ $V>a$ 或 $Ma>1.0$ ）的传递问题。当物体（运动扰动源）在气体中的运动速度 V 为超声速，也就是 $V>a$ 时的扰动，即属于超声速气流扰动传递的类型。根据相对运动原理，将物体在静止气体中的运动形式转换为相对气流流过静止物体所得的相对气流之流速 V 亦大于声速 a 。在相对气流的流速大于 a 的情况下，以物体为中心的扰动源沿着半径的方向发出的扰动，其扰动的传递速度会因为小于相对气流的流速而被相对气流带向顺流方向。也就是扰动源发出的扰动不但不能逆流前移，而且还会被带至顺流的后方，所以弱扰动的传播会局限在以物体所处位置为顶点且向相对气流速度的顺流方向张开的圆锥区域内，这个圆锥区域称为马赫锥（Mach cone）。也就是说在马赫锥以内的区域范围为受到扰动影响的区域，而马赫锥以外的区域范围为未受到扰动影响的区域，因此弱扰动波在超声速气流中的传播是有界的，如图 5-8 所示。

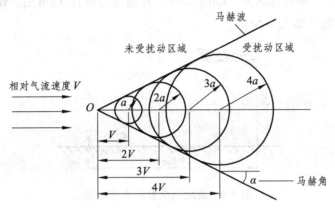

图 5-8　扰动在超声速气流中传递

受扰动空气与未受扰动空气的分界面为马赫波，马赫波和水平面的夹角 α 称之为马赫角（Mach angle），受到扰动影响的区域范围被称为马赫锥。马赫角的大小直接反映了受扰动影响区域，也就是马赫角越大，受扰动影响的区域越大；马赫角越小，受扰动影响的区域就越小。马赫角的计算公式为 $\sin\alpha = \dfrac{1}{Ma}$ 或 $\alpha = \arcsin\dfrac{1}{Ma}$。式中，$\alpha$ 为马赫角，Ma 为物体的运动速度或相对气流的速度。从计算公式中可以看出，马赫角的大小由马赫数 Ma 决定，马赫数越大，马赫角越小，受扰动影响的区域也就越小。马赫数越小，马赫角越大，受扰动影响的区域就越大，但是马赫数的减小是有限制的，最多只能减小到 1.0。当马赫数减小到 1.0 时，马赫数达到了最大值 $\dfrac{\pi}{2}$，如果当马赫数小于 1.0 时，马赫角的计算公式 $\arcsin\dfrac{1}{Ma}$ 已无任何意义。因为马赫锥（角）根本就不存在，马赫波只能出现在声速气流和超声速气流的扰动传递中。

（5）综合结论。

比较上述四种物体运动产生的扰动传递情况可以得到两个结论。

① 静止气流和亚声速气流的扰动传递规律。如果物体（运动扰动源）在气体的运动速度为 0 或亚声速，物体运动产生的扰动可以逆流向上游传播，而且如果不考虑黏性造成的能量损耗，这个微弱的扰动会逐渐地传遍整个流场。也就是说静止气流和亚声速气流的扰动传递是无界的（Unbounded）。

② 声速气流和超声速气流的扰动传递规律。如果物体（运动扰动源）在气体的运动速度为声速 a 或超声速，物体运动产生的扰动不能逆流向上游传播，只能在马赫锥内传播。也就是说马赫锥以外区域的气体不会受到扰动造成的影响，声速气流和超声速气流的扰动传递是有界的（Bounded），界限就是马赫锥（波）。

综上所述，扰动是否有界是超声速气流与亚声速气流在本质上的差异。这也就是可以在亚声速运动的物体前方，听到物体运动的声音，但是在超声速运动的物体前方，无法听到物体运动的声音，而仅能够在某一特定区域才能听到的原因。

【例 5-1】

如图 5-9 所示，一架离地面高 5 km 的飞机，在通过观察者 9 km 后，观察者才听到声爆，问飞机飞行的马赫数大概是多少？

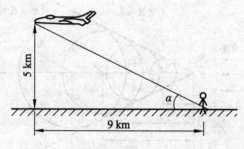

图 5-9　离地飞机发出声音传播

【解答】

从图 5-9 中可以看出 $\tan\alpha = \dfrac{5}{9}$，所以 $\alpha = \arctan\dfrac{5}{9} = 29.05°$。

马赫角的计算公式为 $\sin\alpha = \dfrac{1}{Ma}$，所以 $Ma = \dfrac{1}{\sin\alpha} \Rightarrow Ma = 2.06$。

5.2　膨胀波与激波现象

膨胀波与激波只有在超声速气流才会产生，是研究高速空气动力学（气体动力学）时不可或缺的知识要点。

5.2.1　膨胀波的形成原因与特性

1．形成原因

膨胀波是超声速气流发生膨胀变化时产生的，会使超声速气流的流速增加以及压力降低。如图 5-10（a）所示，当超声速气流流经外凸壁面时，如果转折角是一个微小的角度（dδ），将会产生一个微小的膨胀波。研究证明，超声速气流通过膨胀波后，速度增大，压力、温度与密度都会减小，但是这些流动性质与流速的变化量都很小。所以膨胀波是一个弱扰动波，其形成过程可视为一个等熵过程。当超声速气流流经一个有限大小的角度 δ 的转折点，会产生无数条从同一点（O 点）出发的膨胀波并形成扇形膨胀区，如图 5-10（b）所示。超声速气流流经一个有限角度的外凸壁面时，气流方向的改变并不是一次性完成的，而是经过若干条膨胀波改变的，且压力、温度与密度都有一定量的降低，而这些变化是连续渐变的，所以仍然可以将此膨胀过程视为是等熵过程，也就是可逆绝热过程。

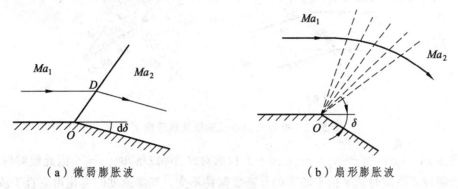

（a）微弱膨胀波　　　　　　　　　（b）扇形膨胀波

图 5-10　膨胀波形成

　　超声速气流除了流经外凸壁面时能够产生膨胀波外，在其他一些情况下也会产生膨胀波。例如，当超声速气流从超声速喷嘴流出时，如果出口截面上的气流压力 P_1' 高于外界气体压力 P_a 时，为了使气流压力降低到与外界气体压力相等，从而满足边界条件，喷嘴出口上下边缘 A 和 B 处就会产生两束膨胀波，如 5-11 所示。

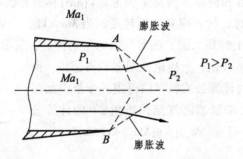

图 5-11　超声速气流在喷嘴产生膨胀波

2．气流特性

　　超声速气流因为流动通路扩张，例如壁面外折一个角度或者依流动条件必须从高压区过渡到低压区，从而导致气流加速和降压，此时都会出现膨胀波。气流通过膨胀波后，气体流动性质与流速的变化量都微小，因此可以将膨胀波视为弱扰动波，且将气流流经膨胀波的过程视为等熵，也就是可逆绝热过程。

3．气流折转角的计算

　　如图 5-12（a）所示为超声速气流流经一个有限角度 δ 的外凸壁面时形成的扇形膨胀区，令超声速气流通过膨胀波时的波前马赫数为 Ma_1，波后马赫数为 Ma_2。因为气流流经单一膨胀波时的压力变化量非常小，所以如图 5-12（b）所示 ab 和 cd 表面上气流的行为满足质量方程 $\rho v_n = \rho' v_n'$ 和动量方程 $\rho' v_n' v_\tau' - \rho v_n v_\tau = 0$。式中，$\rho$ 与 ρ' 分别为膨胀波的波前与波后气流密度，v_n 与 v_τ 分别为垂直于膨胀波与平行于膨胀波的波前速度分量，而 v_n' 与 v_τ' 分别为波后速度分量。

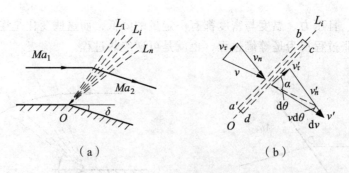

（a） （b）

图 5-12 推导气流通过膨胀波的速度折转

由前述 $\rho v_n = \rho' v_n'$ 和 $\rho' v_n' v_\tau' = \rho v_n v_\tau$ 两个方程的对比，可以推知 $v_\tau = v_\tau'$，因此能够得到："超声速气流通过膨胀波时，平行于波面的分速度保持不变，气流速度的变化由垂直于波面的分速度变化来确定"。进一步得出超声速气流通过膨胀波产生的气流偏折角 θ 计算公式为

$$\theta = \mp \left\{ \left(\frac{\gamma+1}{\gamma-1} \right)^{1/2} \arctan \left[\frac{\gamma-1}{\gamma+1}(Ma^2-1) \right]^{1/2} - \arctan(Ma^2-1)^{1/2} + \theta_0 \right\} = \mp \nu(Ma) + \theta_0，$$ 式中规定气流的

偏折角 θ，在逆时针方向偏折时为正，顺时针方向偏折时为负，而 θ_0 为某一个特定的积分常数，它由已知的气流马赫数和流动方向角来确定。$\nu(Ma)$ 称为普朗特-迈耶角，它表示当气流由声速膨胀加速到超声速时，气流应有的折转角。当 $Ma=1$ 时，$\nu(Ma)=0$；当 $Ma \to \infty$ 时，$\nu(Ma)=\nu_{max}$。ν_{max} 是理论上的最大值，随着气流的不断加速，气温将不断降低，当气温降低到液化温度时，气体将凝结液化，上述论证便都不再适用。由前面推得的气流折转角 θ 的计算公式，可以再进一步推得如图 5-13 所示超声速气流通过膨胀波区气流偏折角 $\Delta\theta$ 的计算公式：$\Delta\theta = \theta_1 - \theta_2 = -\nu(Ma_1) - [-\nu(Ma_2)] = \nu(Ma_2) - \nu(Ma_1)$。

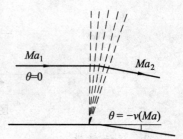

【例 5-2】

如果超声速气流通过膨胀波区，起始气流的马赫数 $Ma_1 = 1.989$，最终气流的马赫数 $Ma_2 = 2.015$，等熵指数 $\gamma = 1.4$，请问气流偏折角 $\Delta\theta$ 是多少？

图 5-13 超声速气流通过膨胀波区气流偏折角

【解答】

因为气流偏折角 $\Delta\theta$ 的计算公式为 $\Delta\theta = \nu(Ma_2) - \nu(Ma_1)$，且普朗特-迈耶角的计算公式为

$$\nu(Ma) = \left(\frac{\gamma+1}{\gamma-1} \right)^{1/2} \arctan \left[\frac{\gamma-1}{\gamma+1}(Ma^2-1) \right]^{1/2} - \arctan(Ma^2-1)^{1/2}，$$ 所以将 $Ma_2 = 2.015$、$Ma_1 = 1.989$

与 $\gamma = 1.4$ 代入上面公式中，即可求得气流偏折角 $\Delta\theta = 3.155°$。

5.2.2　激波的形成原因与特性

激波和膨胀波都是超声速气流产生的物理现象，但其形成原因与气流特性却有不同。

1. 形成原因

超声速气流流经外凸壁面时会产生膨胀波，然而激波的形成过程刚好相反。当超声速气流流经一个具有微小转折角 $d\delta$ 的内折壁面时，在壁面的折转处会产生一道微弱压缩波。研究证明，当超声速气流流经微弱压缩波后，气体的压力、温度与密度将会变大，流速则会降低。不过这些气体的流动性质与流速变化都非常小，可认为微弱压缩波是一个等熵，也就是可逆绝热过程，如图 5-14 所示。

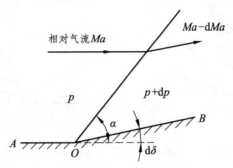

图 5-14　单一微弱压缩波形成

如果超声速气流沿着流动的方向在 O_1、O_2、O_3……O_n 的壁面处逐渐地向内偏折细微的内凹角度 θ_1、θ_2、θ_3……θ_n，则超声速气流每流经过一个细微的内凹角度，都会产生一道微弱压缩波，气体的流速会逐渐降低，而压力、密度和温度会逐渐升高，因此气流的马赫数 Ma 会逐渐减小，而马赫角 α 会逐渐增大，也就是 $Ma_1 > Ma_2 > Ma_3 > \cdots\cdots > Ma_n$ 与 $\alpha_1 < \alpha_2 < \alpha_3 < \cdots\cdots < \alpha_n$，如图 5-15（a）所示。由此可以推知，超声速气流沿着内凹的弯曲壁面流动相当于沿无限多个向内偏折角度壁面流动，在内凹的弯曲壁面每一点都将会产生一道微弱压缩波，气体的流动性质、流速与折转角都会产生有限量的变化且往下游延伸的所有微弱压缩波系会逐渐聚拢，如图 5-15（b）所示。超声速飞机发动机中的扩压进气道内壁有时便设计成内凹曲壁面的形式，因为这样气流的减速增压过程最接近于等熵过程，气体的总压损失最小。超声速飞机发动机的压缩机组件中的叶栅剖面，也有一段设计成内凹的弯曲壁面形式以减少气流的动能损失，从而提高发动机压缩机组件的效率。

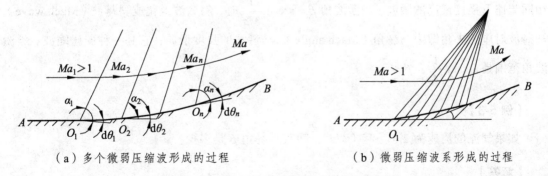

（a）多个微弱压缩波形成的过程　　　　　　（b）微弱压缩波系形成的过程

图 5-15　微弱压缩波系形成过程的示意图

由于超声速气流流经内凹弯曲壁面，气流接连向内折转，往下游延伸的所有微弱压缩波系会逐渐聚拢，当这些微弱压缩波系产生的压缩效应聚集到某一程度时会形成一定程度的斜激波（Oblique shock wave），此时气体的流动性质与流速会产生一定程度的变化，因此气流流经斜激波的过程不再视为等熵过程，如图 5-16（a）所示。当然除了超声速气流流经内凹的弯曲壁面的流动，如果超声速气流流经某有限角度 δ 的内凹壁面时，壁面突然地向上转折对气流产生的压缩作用大到一定程度，也会产生斜激波，如图 5-16（b）所示。

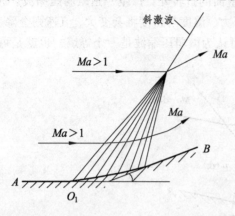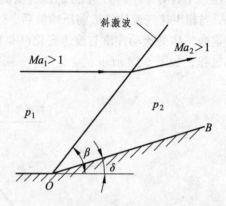

（a）超声速气流流经内凹弯曲壁面时
形成的斜激波

（b）超声速气流流经有限角度内凹壁面时
形成的斜激波

图 5-16　斜激波形成原因

如图 5-16 所示，斜激波与超声速气流方向之间的夹角称为激波角（Shock wave angle），用符号 β 表示，其大小与斜激波的强度有关。超声速气流会造成气体的压力陡增，速度骤减，因此气流流经斜激波过程不可以视为等熵过程。

2．气流特性

斜激波是因为超声速气流流经内凹壁面造成气流偏折而对气流产生压缩作用的物理现象。激波角大小与斜激波的强度有关，对于相同超声速气流，激波角越大则斜激波强度越强，气体流速的减少量与压力的增加量也就最多。由此推知，当激波角 $\beta = \dfrac{\pi}{2}$ 时，斜激波的波面会与相对气流方向垂直，此时的激波称为正激波（Normal shock wave），它是超声速气流在相同流速下强度最高的激波。当激波角 $\beta = \arcsin \dfrac{1}{Ma}$ 时，斜激波退化成马赫波（Mach wave），马赫波对应的夹角即为马赫角（Mach angle）。马赫波的强度最弱，它是一种弱压缩波。斜激波角范围是 $\arcsin \dfrac{1}{Ma} < \beta \leqslant \dfrac{\pi}{2}$。

【例 5-3】

如果气流的流速为 2.0 马赫（Ma），问其马赫角 β 是多少？

【解答】

马赫角 β 定义为 $\beta = \arcsin \dfrac{1}{Ma}$，因为气流流速为 2.0 马赫（$Ma$），所以 $\beta = \arcsin \dfrac{1}{2}$，可以得到 $\beta = 30°$。

3．气流前后物理量的计算

超声速气流通过斜激波时，气体在波前与波后的性质与流速变化剧烈，所以不可以将此过程视为可逆。既然这过程不可逆，必然会有能量损耗。这种能量损耗并非气体的摩擦（黏性）造成，而由气体通过高密度分子造成，这种能量损耗并非热能损耗，而是压力能损耗，超声速气流通过斜激波过程，虽然不可以当成等熵，但可以当成绝热。如图 5-17 所示超声速气流流经一个有限角度 δ 的内凹壁面时形成的斜激波，波前马赫数为 Ma_1，而波后马赫数为 Ma_2。从几何关系中，可以看出波前和波后垂直于斜激波的马赫数 Ma_{1n} 和 Ma_{2n} 与 Ma_1 和 Ma_2 之间的关系式为 $Ma_{1n} = Ma_1 \sin\beta$ 和 $Ma_{2n} = Ma_2 \sin(\beta - \delta)$。

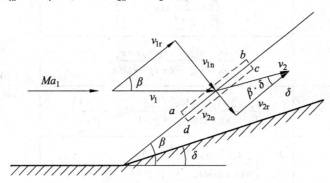

图 5-17　推导气流通过斜激波时速度折转

由于过程为绝热，在 ab 和 cd 表面气流满足质量方程 $\rho_1 v_{1n} = \rho_2 v_{2n}$、动量方程 $P_1 + \rho_1 v_{1n}^2 = P_2 + \rho_2 v_{2n}^2$ 以及能量方程 $h_1 + \dfrac{v_1^2}{2} = h_2 + \dfrac{v_2^2}{2}$。

从表 5-1 中可知，对于已知或给定的理想气体，只要知道波前气流马赫数 Ma_1 和气流折转角 β（或内凹壁面偏折角 δ）就可以知道 Ma_2、V_{2n}/V_{1n}、ρ_{2n}/ρ_{1n}、T_2/T_1、P_2/P_1、P_{t2}/P_{t1} 和 δ（或 β）等物理量和气流参数比。更确切说，只要已知这九个物理量和气流参数比中的任意两个的值，便可由计算公式求出其他七个值。对于正激波，气流折转角 $\beta = \pi/2$，所以 $Ma_{1n} = Ma_1 \sin\beta = Ma_1$。只需要知道波前气流马赫数 Ma_1，并将 $\beta = \pi/2$ 与 $Ma_{1n} = Ma_1$ 代入计算公式就可以求得 Ma_2、V_{2n}/V_{1n}、ρ_{2n}/ρ_{1n}、T_2/T_1、P_2/P_1、P_{t2}/P_{t1} 等六个物理量和气流参数比（对于正激波，$\beta = \pi/2$ 与 $\delta = 0$ 为已知）。

（1）正激波与马赫波的发生时机。从关系式 $\tan\delta = \dfrac{(Ma_1^2 \sin^2\beta - 1)\cot\beta}{Ma_1^2[(\gamma + 1)/2 - \sin^2\beta] + 1}$ 中发现，当 $Ma_1^2 \sin^2\beta - 1 = 0$ 时，如果 $\beta = \sin^{-1}\dfrac{1}{Ma_1}$，激波角等于马赫角，斜激波将蜕变退化成马赫波。如果 $\beta = \pi/2 = 90°$，该斜激波称为正激波，激波的波面与波前的超声速气流垂直。

（2）强斜激波与弱斜激波的发生时机。从计算式 $\tan\delta = \dfrac{(Ma_1^2 \sin^2\beta - 1)\cot\beta}{Ma_1^2[(\gamma + 1)/2 - \sin^2\beta] + 1}$ 中发现，对于已知或给定的 Ma_1 与 δ 值，都会有两个 β 值。大 β 值对应的斜激波是强斜激波，而小 β 值对应的斜激波是弱斜激波。实际情况是哪种激波，要视具体条件而定。一般而言，通常出现的斜激波是弱斜激波，除非有高压力比条件规定的外部流动和内部流动，例如高背压的喷嘴出口才有可能出现强斜激波。

表 5-1　斜激波前后对应的气流参数比公式

计算项目	计算公式	备注
斜激波前后的总温度比	$T_{t2} = T_{t1}$ 或 $\dfrac{T_{t2}}{T_{t1}} = 1.0$	由于气流通过斜激波的过程是绝热过程，所以气流的总温度不变
斜激波后的马赫数 Ma_2	$Ma_2 = \sqrt{\dfrac{2 + (\gamma-1)Ma_1^2}{2\gamma Ma_{1n}^2 - (\gamma-1)} + \dfrac{2Ma_1^2 \cos^2\beta}{2 + (\gamma-1)Ma_{1n}^2}}$	
斜激波前后的压力比	$\dfrac{P_2}{P_1} = \dfrac{2\gamma}{\gamma+1} Ma_{1n}^2 - \dfrac{\gamma-1}{\gamma+1}$	
斜激波前后的密度比与速度比	$\dfrac{\rho_2}{\rho_1} = \dfrac{V_{1n}}{V_{2n}} = \dfrac{(\gamma+1)Ma_{1n}^2}{2 + (\gamma-1)Ma_{1n}^2}$	$Ma_{1n} = Ma_1 \sin\beta$ $Ma_{2n} = Ma_2 \sin(\beta - \delta)$
斜激波前后的温度比	$\dfrac{T_2}{T_1} = \dfrac{2 + (\gamma-1)Ma_{1n}^2}{(\gamma+1)Ma_{1n}^2}\left(\dfrac{2\gamma}{\gamma+1}Ma_{1n}^2 - \dfrac{\gamma-1}{\gamma+1}\right)$	
斜激波前后的总压力比	$\dfrac{P_{t2}}{P_{t1}} = \left[\dfrac{2 + (\gamma-1)Ma_{1n}^2}{(\gamma+1)Ma_{1n}^2}\right]^{\frac{\gamma}{\gamma-1}}\left[\left(\dfrac{2\gamma}{\gamma+1}Ma_{1n}^2 - \dfrac{\gamma-1}{\gamma+1}\right)\right]^{\frac{1}{1-\gamma}}$	
气流折转角 β 与内凹壁面角度 δ 间的关系	$\tan\delta = \dfrac{(Ma_1^2 \sin^2\beta - 1)\cot\beta}{Ma_1^2[(\gamma+1)/2 - \sin^2\beta] + 1}$	

【例 5-4】

如图 5-18 所示，超声速气流流经有限角度 δ 的内凹壁面时，如果 $Ma_1 = 2.0$，$\delta = 10°$，问波后马赫数 Ma_2 与斜激波前后的压力比 $\dfrac{P_2}{P_1}$ 是多少？

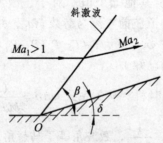

图 5-18　斜激波前后参数变化

【解答】

（1）从题目可知，$Ma_1 = 2.0$，$\delta = 10°$，且超声速气流流经有限角度 δ 的内凹壁面及无高压力比条件规定的外部流动，因此产生的是几何边界条件形成的弱斜激波。

（2）将 $Ma_1 = 2.0$ 和 $\delta = 10°$ 代入如表 5-1 所示关系式 $\tan\delta = \dfrac{(Ma_1^2 \sin^2\beta - 1)\cot\beta}{Ma_1^2[(\gamma+1)/2 - \sin^2\beta] + 1}$ 中，并取其中的小 β 值，可得 $\beta = 39.31°$。

（3）再将 $Ma_1 = 2.0$，$\delta = 39.31°$ 代入如表 5-1 所示公式中，可以得到超声速气流通过斜激波之后 $Ma_2 = 1.64$ 与 $\dfrac{P_2}{P_1} = 1.706$。

（4）从计算结果中可以看出，超声速气流通过斜激波前的 Ma_1 大于 1.0，而波后 Ma_2 仍然大于 1.0，也就是超声速气流通过斜激波后的气流仍然为超声速流。事实上，在弱斜激波的范围内，除了壁面的偏折角 δ 大到一定程度，斜激波后的气流都是超声速流，Ma_2 随 Ma_1 的增大而增大。而在强斜激波的范围内，波后的气流都是亚声速流，Ma_2 随 Ma_1 的增大而减小。

【例 5-5】

如图 5-19 所示，如果超声速气流流经有限角度 δ 的内凹壁面时形成了斜激波，请问斜激波前的总温度 T_{t1} 是否等于斜激波后的总温度 T_{t2}？并论述其原因。

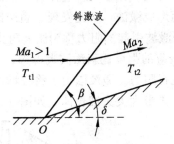

图 5-19　斜激波前后总温变化

【解答】

因为在研究超声速气流通过斜激波的过程时假设这种过程为绝热，也就是假设无热能损耗，因此超声速气流通过斜激波过程的总温度不变，所以 $T_{t1} = T_{t2}$。

5.2.3　激波脱体的发生原因

实验与研究发现，超声速气流以一个固定的马赫数 Ma_1 流经有限角度 δ 的内凹壁面时，如果 δ 大到一定程度且继续增加，形成的斜激波就会产生脱体现象；同样地，对于固定的 δ，超声速气流的马赫数 Ma_1 达到某一定值后继续增加，激波也会发生脱体现象。脱体激波的形状呈现弓形：位于物体前方的激波接近于正激波，沿着气流流向的后方延伸逐渐变为斜激波，而延伸到后方某个位置时会退化为马赫波，如图 5-20 所示。

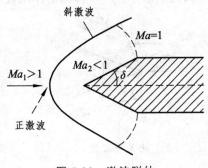

图 5-20　激波脱体

如果飞行器的头部是钝头形状（偏折角 δ 非常大），则在作超声速飞行时，脱体激波（Extracorporeal shock wave）就会产生，如图 5-21 所示。

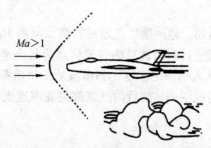

图 5-21　飞机头部激波（脱体激波）

飞机在空中超声速飞行，相对气流则以超声速流过飞机的外部表面，受到机头和机翼前缘的阻挡会产生压缩效应，因而形成激波。研究发现，超声速气流流经激波产生的压缩效应造成飞行阻力的增加，这种因为激波引起的阻力称为激波阻力（Shock wave drag），简称波阻（Wave drag）。正激波产生压缩效应的强度比斜激波大得多，因此可以推知飞机在做超声速飞行时如果产生脱体激波，飞机飞行阻力（激波阻力）将会增加。为了减小波阻，超声速飞机的机头与机翼设计成尖头薄翼，机身为尖头细长体，如图 5-22 所示。

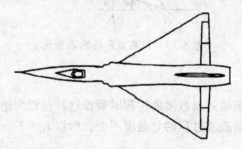

图 5-22　超声速飞机气动外形

5.2.4　激波的种类与特性

如前所述，根据激波的几何形状将激波分类，分成正激波（Normal shock wave）、斜激波（Oblique shock wave）与曲线激波（Curve Shock wave，又称弓形激波）三种类型，如图 5-23 所示。根据激波与物体有没有接触分类，可以分成附体激波（Attached shock wave）与脱体激波类型。如图 5-23 所示激波类型中，（b）即为附体激波，（c）则为脱体激波。

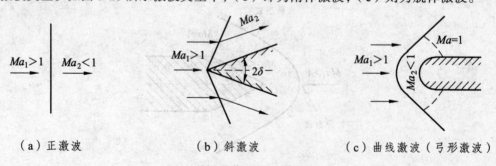

（a）正激波　　　　　（b）斜激波　　　　　（c）曲线激波（弓形激波）

图 5-23　激波分类的示意图

正激波的波面与相对气流的方向垂直，也就是激波角 $\beta = \dfrac{\pi}{2}$。它是一种强压缩波（Strong compression wave），超声速气流流经正激波后，波后气流一定是亚声速。斜激波的波面与相对气流方向的夹角小于 90°，也就是激波角 $\beta < \dfrac{\pi}{2}$，超声速气流流经斜激波后，波后气流可能是超声速，也可能是亚声速流，视斜激波的强度而定。只有较强的斜激波，其波后气流才会是亚声速。如果超声速气流流经过大的内折表面，激波会产生脱体现象，此时物体的前方激波为正激波，而沿着气流流向的后方会逐渐变为斜激波。

【例 5-6】

试简述激波与激波角的定义。

【解答】

（1）先绘出如图 5-16（b）所示斜激波。

（2）所谓激波是指超声速气流流经一定角度的内折壁面，产生的气体压力、密度与温度等突然升高和气体的流速突然降低的分界面。

（3）所谓激波角是指激波与超声速气流速度方向之间的夹角，如果激波的波面与气流的方向垂直，称为正激波；如果激波的波面与气流方向的夹角小于 90°，称为斜激波。

5.3 飞机的飞行速度

如果气流流动的速度小于声速，称之为亚声速流。如果气流流动的速度大于声速，称之为超声速流。但是飞机飞行时，流经飞机各部件的气流流速，也就是流经飞机的局部气流的速度，不一定都等于飞机的飞行速度，例如流经机翼表面的各处气流流速就不会都等于飞机飞行速度。飞机在做高亚声速飞行时，流经机翼表面局部气流的流速可能就已经超过声速，而如果气体的流速大于或等于声速，即 $Ma \geq 1.0$，气体流动特性会出现一些与亚声速气体流动在本质上的差异，也就是会有激波产生。

5.3.1 相对运动原理的概念

前面讲过，空气动力学的研究离不开相对气流，不管是气体静止而物体运动或是物体静止而气体流动，只要物体和气体之间有相对运动，就会产生空气动力。研究指出，在其他条件不变的情况下，只要相对速度相同，两者产生的空气动力就会相同。作用于飞机上空气动力的施力者是相对气流，因此为了简化理论研究，广泛地采用相对运动原理来研究飞机空中飞行时产生的空气动力问题，也就是将飞机在空中飞行时的空气动力问题，根据相对运动原理转换成相对气流流经静止飞机表面的空气动力问题，如图 5-24 所示。

图 5-24　相对运动原理

5.3.2 临界马赫数的概念

根据相对运动原理，飞机在空中以速度 V 飞行时，其产生的空气动力效应等于以同样流速 V 的相对气流流过静止飞机的表面。相对气流流经飞机上翼面的突起会造成流管收缩，从而导致上翼面的气流产生局部的加速，其速度会大于飞机飞行速度，如图 5-25 所示。

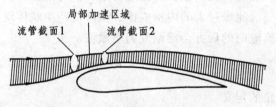

图 5-25　飞机上翼面局部气流加速

由于相对气流流经飞机机翼气流的局部加速，亚声速飞机飞行的速度虽然小于声速，但是机翼上翼面的气流仍然有可能超过声速，且因为气流上折而产生激波，所以定义飞机的飞行速度导致流经飞机机翼上翼面的局部气流达到声速时的马赫数为临界马赫数（Critical Mach number），用符号 Ma_{cr} 表示，如图 5-26 所示。

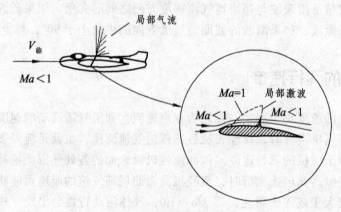

图 5-26　临界马赫数

飞机飞行速度达到临界马赫数时会产生局部激波（Local shock wave），从而产生激波阻力，所以为了避免激波阻力的产生，亚声速飞机的飞行速度必须小于临界马赫数。正因为如此，现代高亚声速飞机的设计，通常考虑提高临界马赫数，从而增加飞机飞行速度，使得飞机飞行性能更进一步提升。

【例 5-7】

什么是临界马赫数？请论述其代表的物理意义。此外，它与飞机的最佳巡航速度有何关系？

【解答】

（1）所谓临界马赫数是指飞机接近声速飞行时，流经飞机机翼上翼面局部气流的速度会达到声速的飞行速度，该飞行速度对应的马赫数称为临界马赫数。

（2）高亚声速飞机的马赫数到达或超过临界马赫数时，机翼上翼面的局部气流会形成局部激波，从而导致激波阻力。

（3）飞机到达临界马赫数时，流经飞机机翼的局部气流形成局部激波，从而导致激波阻力产生，在此速度下飞行会消耗大量的燃油，并且存在飞行安全和噪声问题，因此飞机的最佳巡航速度必须比临界马赫数稍低一些。

5.3.3　飞机飞行速度区间的划分

飞机的飞行速度到达临界马赫数时，会产生局部激波现象，所以为了方便研究飞行的空气动力特性，依照局部激波产生与否将飞机的飞行速度分为亚声速流、跨声速流与超声速流三个速度区间。

1．亚声速流的速度区间（ $0 < Ma < Ma_{cr}$ ）

当飞行马赫数 Ma 小于临界马赫数 Ma_{cr} 时，流经飞机表面相对气流的流速都一定小于声速，称之为亚声速流速度区间（Subsonic velocity interval）。飞机在 $0 \sim Ma_{cr}$ 内飞行周围流场不会有局部激波产生，不需要考虑声障与波阻的问题。

2．跨声速流的速度区间（ $Ma_{cr} \leqslant Ma \leqslant 1.2$ ）

当飞行马赫数 Ma 大于临界马赫数 Ma_{cr} 时，流经飞机机翼的局部气流就会有局部激波产生，相对气流会同时存在着亚声速与超声速气流两种不同形态，直到飞行速度超过大约 1.2 马赫（ Ma ）时，亚声速气流才消失，因此 $Ma_{cr} \sim 1.2$ 的范围称为跨声速流的速度区间（Transonic flow velocity interval）。因为两种流场混合，飞机在跨声速区间飞行时，机翼会产生剧烈的振动，操纵性能大大降低甚至发生过机毁人亡的惨剧。

3．超声速流的速度区间（ $1.2 < Ma$ ）

飞机飞行马赫数 Ma 超过 1.2 时，相对气流都是超声速，因此 $Ma > 1.2$ 的速度范围称为超声速流速度区间（Supersonic velocity interval）。飞机在超声速的区间飞行时，周围流场并无亚声速流的存在，整个流场都是超声速。

5.3.4　高亚声速飞机提升飞行速度的方法

一般而言，航空界依据飞机的飞行速度将亚声速飞机定义为低速飞机和高亚声速飞机两种。如果飞机飞行速度低于 0.3 马赫（ Ma ），称为低速飞机（有些书定义低于 400 km/h 的为低速飞机），如果飞行速度接近并略低于临界马赫数 Ma_{cr} 时，称为高亚声速。人们从飞机发展的实践与研究中发现，当飞行速度达到临界马赫数 Ma_{cr} 时，飞机周围流场内相对气流的流速就会达到声速，从而导致局部激波产生并造成飞行阻力陡增以及相关的飞行安全问题。如果进一步提高速度，流经机翼和机身表面的相对气流会变得非常混乱，从而使飞机产生剧烈抖动，操纵十分困难，甚至会导致飞机坠毁。所以要提升高亚声速飞机的飞行速度，必须延迟飞机达到临界马赫数 Ma_{cr}，也就是使得临界马赫数变得更大或者设法消除机翼上曲面的局部超声速现象。以前传统的飞机临界马赫数在 0.65 左右，但是现代飞机的制造技术突飞猛进，可以用后掠翼与超临界翼型延迟达到临界马赫数或消除局部超声速现象，其原理将在后续的章节中加以说明。后掠翼与超临界翼型等技术的采用，使得现代大型客机（高亚声速飞机）的巡航速度越来越快。例如波音 747，采用后掠翼的设计来提高临界马赫数，从原来传统飞机 0.65 左右的临界马赫数提升至约 0.85，所以其可以略低于 0.85 马赫（Ma）的巡航速度在大气层中飞行，不仅不会产生局部激波，而且使得旅客能够享受更快速、舒适及安全的航程，如图 5-27 所示。

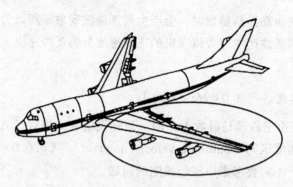

图 5-27　波音 747 后掠翼设计

5.3.5　超声速飞机造成的声爆现象

当飞机以超声速飞行时，机头或机身、机翼与尾翼等突出部分都会产生强烈的激波，从而引起周围空气发生急剧的压力变化。在试飞实验中，人们发现飞机做超声速飞行时，飞机各部分产生的激波会彼此干扰，然后汇集成一道包罗机头的前激波和一道尾随机尾的后激波，并向前传播至地面，而前激波与后激波间的区域是膨胀波区，如图 5-28 所示。在飞行高度不高的情况下，地面上的人在激波经过的瞬间会听到类似响雷或炮弹爆炸般的巨响，因此，将这种超声速飞机飞行产生激波引发的现象称为声爆（Sonic boom）。

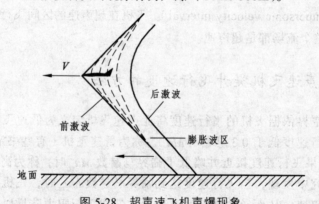

图 5-28　超声速飞机声爆现象

声爆现象对地面影响的强弱与飞行高度和飞行马赫数有关，飞机做超声速飞行时，如果飞行马赫数越大或者飞行高度越低，声爆现象对地面造成的影响强度就越大；反之，飞行马赫数越小或者飞行高度越高,声爆现象造成的影响强度就越弱。当飞机做超声速低空飞行时,不仅地面的人畜能听到震耳欲聋的巨响,而且过强的声爆还会震碎玻璃,损坏不坚固的建筑物,造成直接的损失。飞行高度超过一定后,地面基本不会受到声爆的影响,所以以飞机做超声速飞行时高度不得低于规定的高度。

5.3.6 超声速飞机形成的声爆云现象

当飞机的飞行速度超过临界马赫数,飞机机翼就会产生局部激波现象,从而产生激波阻力,导致加速困难以及机身剧烈振动等飞行障碍与飞行安全的问题,这种现象称为声障(Sound barrier)。飞机加速通过声障会有一定的概率看到机身周围如同白色纱裙一般的锥形薄雾,这个物理现象称为声爆云(Sonic boom cloud)。声爆云是与局部激波相伴而生的现象,但是它并不总是伴随着声爆而产生,同时也不是声障被突破产生的冲击波。它只是一种在某些特定的天气条件下才会产生的特殊物理现象,而且最多只能持续几秒钟,如图5-29所示。

声爆云只是航空界常用的一般性说法,其正式的名称应为普朗特-葛劳尔特凝结云(Prandtl-Glauert condensation clouds)。如同前面所述,其形成的原因在于气流通过激波时,由于激波后方的气流压力急剧增高,压缩周围的空气,从而使空气中的水汽凝结,并且随着气流的流动,形成了一种以飞机为中心轴,

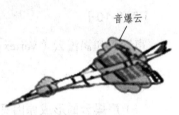

音爆云

图 5-29 超声速飞机形成的
声爆云现象

从机翼前段开始向四周均匀扩散的圆锥状云团。大部分的声爆云形成于刚好加速穿过声障速度临界的一刹那,在合适条件下,接近声速的飞机也可以产生声爆云。例如B-52飞机在飞行达到0.8马赫(Ma)时就可能产生声爆云。

【例5-8】

声爆与声爆云的定义如何?是否声爆云总是伴随着声爆现象而产生?

【解答】

(1)所谓声爆是指飞机做超声速飞行时,机头或机身、机翼与尾翼等突出部分都会产生强烈的激波。而在飞机做超声速低空飞行时,激波彼此之间的干扰影响传至地面从而形成一种如雷鸣的爆炸声响以及对地面产生振荡的物理现象。声爆现象对地面影响的强弱与飞行高度和飞行马赫数有关,当飞行高度超过一定后,地面基本上不会受到声爆的影响。

(2)所谓声爆云是指飞机加速超过跨声速流的速度区间时,在某些特定的天气条件下形成的锥形薄雾,其形成的原因在于当气流通过激波,由于激波后方的气流压力急剧增高,压缩周围的空气,从而使空气中的水汽凝结,并且随着气流的流动,形成了一种以飞机为中心轴、从机翼前段开始向四周均匀扩散的圆锥状云团的物理现象。

(3)声爆与声爆云都是飞机的飞行马赫数超过临界马赫数产生局部激波时相伴而生的物理现象,但是两者的形成原因与表现的物理现象均有本质上的不同,而且如果飞机的飞行马赫数太低或飞行高度太高,地面基本上不会受到声爆的影响,声爆云并不总是伴随着声爆现象而产生。

【例 5-9】

高亚声速飞机飞行时是否都不可能产生声爆云现象？请论述其理由。

【解答】

（1）所谓声爆云是指飞机的飞行马赫数超过临界马赫数而产生局部激波时相伴而生的一种物理现象，当气流通过局部激波，由于激波后方气流的压力急剧增高，压缩周围的空气，从而使空气中的水汽凝结，并且随着气流的流动而形成了圆锥状云团。

（2）虽然大部分的声爆云形成于刚好加速穿过声障速度临界的一刹那，不过在合适条件下，接近声速的飞机也可以产生声爆云，例如 B-52 飞机在飞行马赫数到达 0.8 时就有可能产生声爆云，所以并非高亚声速飞机做亚声速飞行时就不可能产生声爆云的物理现象。

【例 5-10】

声爆云和涡流云（Vortex cloud）的形成原因如何？

【解答】

（1）声爆云的形成原因见例 5-9 中相关内容。

（2）所谓涡流云是指当飞机突然大攻角飞行或急速机动飞行时，气流会从机翼上表面分离出来，形成低压脱体涡流，而在涡流内部因为高速流动形成低温区，使得水汽凝结而在机翼上翼面形成一层水雾的物理现象。

（3）声爆云和涡流云表现出的物理现象看上去很像，但是在形成原因上却有本质上的不同，不可以混为一谈。

5.4 超声速管流的加减速特性

低速流体在管道内流动时，流体流经管道截面的流速与管道截面面积成反比，此现象对于高亚声速气流仍然适用，但是对于超声速气流，流经管道截面的气流流速随着管道截面面积变化的规律与亚声速气流截然不同。这导致亚声速气流管道与超声速气流管道的设计有极大的差异，例如飞机发动机喷管的设计。

5.4.1 喷管面积法则

超声速气流与亚声速气流在管道内的流速随着管道截面面积变化的规律，两者在本质上截然不同，关于这种现象可以用喷管面积法则（Nozzle area rule）加以说明。

1. 公式推导

对于低速气体流经管道的问题，稳态流动必须满足体积流率守恒方程，也就是 $Q = AV = \text{constant}$，式中 A 与 V 分别代表管道的截面面积与气流的平均流速，因此可以得出低速流体在管道内流动时，流体流速与截面面积成反比，但是这是不考虑气体压缩性的结果。气体实际上具有压缩性，如果考虑压缩性，对于气体流经管道的问题，气体的稳态流动必须满足质量流率守恒方程，也就是 $\dot{m} = \rho A V$，式中 $\dot{m}$、ρ、A 与 V 分别代表气流的质量流率、气体密度、管道的截面面积与气流的平均流速。在研究稳态一维的气体流经管道问题时，首先将质量流率守恒方程与伯努利方程分别微分就得到稳态一维的质量守恒微分方程 $\dfrac{\mathrm{d}\rho}{\rho} + \dfrac{\mathrm{d}A}{A} + \dfrac{\mathrm{d}V}{V} = 0$ 与动量守恒微分方程 $\mathrm{d}P + \rho V \mathrm{d}V = 0$。再加上声速 a 的数学定义 $a^2 = \dfrac{\mathrm{d}P}{\mathrm{d}\rho}$ 能够得到 $\dfrac{\mathrm{d}\rho}{\rho} = -Ma^2\dfrac{\mathrm{d}V}{V}$，$\dfrac{\mathrm{d}A}{A} = (M_a^2 - 1)\dfrac{\mathrm{d}V}{V}$，此关系式即称为喷管面积法则。

2．物理定义

喷管面积法则是稳态一维气流流经管道时，截面面积的变化量与流速的变化量和马赫数之间的通用关系式。如果气流为亚声速，$M_a^2 - 1$ 是负值。因此当气体流经管道，管道的截面面积变大会造成管内气体的流速降低。反之，管道的截面面积变小会造成管内气体的流速增加。如果气流的流速为超声速，也就是气体的流速高于声速，即 $M_a^2 - 1$ 是正值。因此当气体流经管道，管道的截面面积变大会造成管内气体的流速增加。反之，管道的截面积变小会造成管内气体的流速减小，这与低速管流的流动规律相反，如图 5-30 所示。

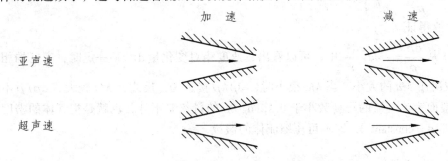

图 5-30　气体流经管道时流速随面积变化

5.4.2　超声速气流管道的设计

从喷管面积法则可以看出，气体流经管道产生超声速气流的必要条件之一是管道的截面必须先收缩后扩张。这就是要产生亚声速气流，发动机的喷管必须使用渐缩喷管（Converging nozzle），而要产生超声速气流，发动机的喷管必须使用收敛-扩张型喷管（Convergeing-diverging nozzle，或称细腰喷管或者拉伐尔喷管）的原因，两种喷管如图 5-31 所示。

从图 5-31 中可以看出，在细腰喷管中，亚声速流（$Ma < 1.0$）必定发生在收缩段中，超声速气流（$Ma > 1.0$）只能出现在扩张段中，而声速气流（$Ma = 1.0$）则出现在最窄的截面处，称之为喷管喉道（Nozzle throat）。此外还发现，细腰喷管中喉道气流到达声速后，气流质量流率会被局限在声速时的质量流率，也就是喷管喉部的气流超过声速后，气流的质量流率将会保持相同，并维持在最大值，这种现象称为阻塞条件（Choked condition）。

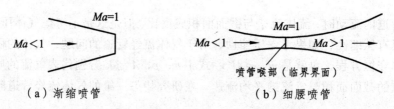

（a）渐缩喷管　　　　　　　　　（b）细腰喷管

图 5-31　渐缩喷管与收敛-扩张型喷管

【例 5-11】

试证明 $\dfrac{\mathrm{d}\rho}{\rho} = -Ma^2\dfrac{\mathrm{d}V}{V}$，并探讨马赫数 Ma 对气体的压缩性的关系。

【解答】

（1）公式证明：

① 根据稳态一维的动量守恒微分方程 $\mathrm{d}P + \rho V\mathrm{d}V = 0$，可以得到 $\mathrm{d}P = -\rho V\mathrm{d}V$，从而得到 $\dfrac{\mathrm{d}\rho}{\rho}\dfrac{\mathrm{d}P}{\mathrm{d}\rho} = -V^2\dfrac{\mathrm{d}V}{V}$。

② 因为声速的数学定义 $a^2 = \dfrac{\mathrm{d}P}{\mathrm{d}\rho}$，代入 $\dfrac{\mathrm{d}\rho}{\rho}\dfrac{\mathrm{d}P}{\mathrm{d}\rho} = -V^2\dfrac{\mathrm{d}V}{V}$ 中，因此可以得到 $a^2\dfrac{\mathrm{d}\rho}{\rho} = -V^2\dfrac{\mathrm{d}V}{V} \Rightarrow \dfrac{\mathrm{d}\rho}{\rho} = -\dfrac{V^2}{a^2}\dfrac{\mathrm{d}V}{V} = -Ma^2\dfrac{\mathrm{d}V}{V}$。

③ 故得证。

（2）从 $\dfrac{\mathrm{d}\rho}{\rho} = -Ma^2\dfrac{\mathrm{d}V}{V}$ 中，可以看出，速度相对变化量 $\mathrm{d}V/V$ 一定时，密度的相对变化量 $\mathrm{d}\rho/\rho$ 取决于 Ma 的大小，当 Ma 很小时，$\mathrm{d}\rho/\rho$ 接近 0，反之，Ma 较大，$\mathrm{d}\rho/\rho$ 不能够被忽略。一般而言，气流的马赫数小于 0.3，$\mathrm{d}\rho/\rho$ 的量忽略不计，也就是把气体的密度视为一个常数（即 $\rho = \text{constant}$），即不可压缩流体的假设。

【例 5-12】

试叙述当气体流经管道时，亚声速流与超声速流在管道内的流速与压力随着管道截面面积变化的规律。

【解答】

从喷管面积法则 $\dfrac{\mathrm{d}A}{A} = (M_a^2 - 1)\dfrac{\mathrm{d}V}{V}$ 与稳态一维的动量守恒微分方程式 $\mathrm{d}P + \rho V\mathrm{d}V = 0 \Rightarrow \mathrm{d}p = -\rho V\mathrm{d}V$ 中可以得到

（1）当气体流经管道时，如果气流为亚声速流，管道截面面积变大会造成管内气体流速降低与压力升高。反之，管道的截面面积变小时会造成管内气体的流速增加与压力降低。

（2）当气体流经管道时，如果气流为超声速流，管道的截面面积变大会造成管内气体的增加与压力降低。反之，管道的截面面积变小会造成管内气体的流速减小与压力升高。

5.4.3 超声速喷管内的流动性质变化

要使管道内的气流达到超声速，必须使用收敛-扩张型喷管。工程上，收敛-扩张型喷管在超声速和超高声速风洞以及超声速飞机、火箭的发动机中得到广泛应用。根据喷管面积法则、动量守恒微分方程、理想气体方程以及阻塞现象可以推知，当收敛-扩张型喷管正常工作时，管道内流动的气体首先会在收敛段不断膨胀，气流的速度沿着气流的流向不断地增加，而压力、温度和密度不断地减小，至最小截面（喉道）处，速度达到声速，气体的质量流率因阻塞现象达到最大值；在扩散段，气流速度沿着气流流向进一步增加到超声速，而压力、温度和密度进一步减小直到与外界大气相同。温度、压力、速度和密度变化的情形如图 5-32 所示，至于亚声速喷管，也就是渐缩喷管内的流动性质变化，可以依照第 3 章与第 4 章的内容自行推导，在此不多论述。

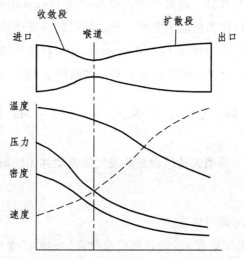

图 5-32 收敛-扩张型喷管在正常工作时的性质变化情形

【例 5-13】

如图 5-32 所示，如果收敛-扩张型喷管的气流在扩散段为超声速，喷口喉道处的马赫数为多少？

【解答】

根据喷管面积法则，如果收敛-扩张型喷管的气流在扩散段为超声速，在喷管喉道处的马赫数刚好为 1.0。

5.4.4 气体在喷管内的流动状态与特点

由喷管面积法则可知，如果要使喷管出口处的气流不超过声速，必须使用渐缩喷管，而如果要使喷管出口处的气流达到超声速，则必须使用收敛-扩张型喷管。研究指出，气体在喷管内的流动状态主要由喷管内气体的总压 P_t 与喷管出口处压力 P_e 或喷管出口的外界压力 P_b 之间的关系来决定。

1. 气体在喷管内的流动参数

工程应用中的喷管一般都比较短，可以将管内视为无黏绝热气体流动过程，也就是等熵流动过程，同时为了简化问题研究，通常使用平均速度的概念，并将其视为稳态一维的流动，因此对喷管气体流动状态的讨论可使用稳态一维等熵流动公式来研究。当然采用收敛-扩张型喷管产生超声速气流时，气体流动过程可能会有激波的出现。在不出现激波，或出现激波时的激波前后的流动区域都可视为等熵流动。在渐缩喷管出口处的最大流速为声速，也就是其马赫数为1.0，而如果收敛-扩张型喷管内有超声速气体流动，则收敛-扩张型喷管喉道处，流动马赫数必须为1.0。所以研究喷管内气体的流动状态时，马赫数等于1.0的气体状态最为重要，称为临界状态。

（1）停滞参数的定义与计算。所谓气体的停滞参数（Stagnation parameter）是探讨气体在等熵过程中将动能全部转化为热能的参数，也就是研究将气体流动速度降到零时的状态参数，一般也常将停滞参数称为总参数（Total parameter）。有关停滞参数的讨论，重点通常放在气体等熵流动时，停滞压力 P_t、停滞温度 T_t 和停滞密度 ρ_t 与气流的压力 P、温度 T 和密度 ρ 以及气流的马赫数 Ma 之间的关系式 $\frac{P_t}{P} = \left(1 + \frac{\gamma-1}{2}Ma^2\right)^{\frac{\gamma}{\gamma-1}}$ ；$\frac{T_t}{T} = 1 + \frac{\gamma-1}{2}Ma^2$ ；$\frac{\rho_t}{\rho} = \left(1 + \frac{\gamma-1}{2}Ma^2\right)^{\frac{1}{\gamma-1}}$ 。由于等熵流动过程是假设气体流动并无能量的损耗，所以其总压 P_t 和总温 T_t 保持不变。

（2）临界状态参数的定义与计算。

不管是亚声速喷管（渐缩喷管）或者是超声速喷管（收敛-扩张型喷管）在马赫数等于1.0时的气体状态都称为临界状态，而该状态对应的压力 P、温度 T 和密度 ρ 称为临界压力、临界温度和临界密度，分别用符号 P^*、T^* 和 ρ^* 表示。因此将 $Ma = 1.0$ 代入描述气体等熵状态流动的关系式中即可以得到 $\frac{P_t}{P^*} = \left(\frac{\gamma+1}{2}\right)^{\frac{\gamma}{\gamma-1}}$、$\frac{T_t}{T^*} = \frac{\gamma+1}{2}$ 以及 $\frac{\rho_t}{\rho^*} = \left(\frac{\gamma+1}{2}\right)^{\frac{1}{\gamma-1}}$。对于空气而言，如果 $\gamma = 1.4$，则 $P^* = 0.528\,3P_t$、$T^* = 0.833\,3T_t$ 以及 $\rho^* = 0.633\,9\rho_t$。

2. 亚声速喷管内气体的流动状态

渐缩喷管加速的最大界限是喷管出口处的速度达到声速，因此渐缩喷管主要用于亚声速范围，又称为亚声速喷管。如图5-33所示渐缩喷管实验的示意图，渐缩喷管外接一个高压储气箱，里面气体停滞压力 P_t、停滞温度 T_t 和停滞密度 ρ_t。在此定义气体喷管出口处的压力与喷管出口后的外界压力分别为 P_e 和 P_b，而马赫数 Ma 等于1.0的出口压力为 P^*。实验发现，气体压力在喷管出口处到达 P^* 之前，随着 P_e/P_t 或 P_b/P_t 的值变小，气体速度增加。

研究指出，气体在渐缩喷管中的流动状态，可以分成亚声速流动状态与临界流动状态两种，如图5-34所示。

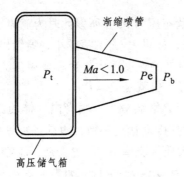

Pe—喷管出口压力；P^*—当 $Ma=1.0$ 时的喷管出口处压力；

P_b—喷管出口后外界压力（背压）；

P_t—停滞压力（总压）。

图 5-33　渐缩喷管实验

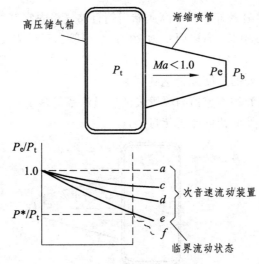

Pe—喷管出口压力；P^*—当 $Ma=1.0$ 时的喷管出口处压力；

P_b—喷管出口后外界压力（背压）；

P_t—停滞压力（总压）。

图 5-34　渐缩喷管内流动状态类型

（1）参考压力的选取。如果要判定喷管内气体的流动状态，首先必须找出判定流动状态所需的参考压力值 $P_{参考}$，然后由气体在喷管出口处压力 P_e 与总压 P_t 的比值或者气体在喷管出口后的外界压力 P_b 与总压 P_t 的比值来决定气体在喷管内的流动状态。气体在渐缩喷管出口处的最大流速为声速，该状态的压力值即选择为参考压力值 $P_{参考}$，也就是气体在渐缩喷管流动时选取的参考压力值为临界流动状态压力 P^*，并以 P_e/P_t 或 P_b/P_t 的值为判定依据。

（2）流动状态类型的区分与特点。研究指出，在渐缩喷管中的气流，可以分成亚声速流动与临界流动。

① 亚声速流动状态。如果喷管内气体流速均为亚声速，则称为亚声速流动状态，例如：当气流 $P_e/P_t=1.0$ 时，气体在喷管内的流速为 0，也就是整个喷管内无流动，如图 5-34 线条 a 所示。在 $P_e/P_t>P^*/P_t$ 的出口处，随着 P_e/P_t 值变小，喷管出口处气流速度会增加，因为喷管

出口处的压力 P_e 大于临界流动状态压力 P^*，所以此时为亚声速流动状态，如图 5-34 中线条 b 和线条 c 所示。必须注意的是，如果 P_e/P_t 的值越小，喷管出口处气体速度就越大，所以线条 c 比线条 b 的气体在喷管出口处的速度要大。而在亚声速流动状态下，喷管出口后的外界压力会与喷管出口处的压力相等，也就是 $P_e = P_b$。

② 临界流动状态。随着 P_e/P_t 继续减少，喷管内气体的流速不断增加。当 P_e/P_t 减少到 P^*/P_t 时，气体在喷管出口处的速度会达到声速，也就是喷管出口处速度的马赫数等于 1.0，此时喷管内的质量流率 $\dot{m}$ 为最大质量流率 $\dot{m}_{max}$，$P_e = P_b$，而气体在该状态称为临界流动状态。当喷管出口处 $Ma = 1.0$，也就是 $P_e/P_t = P^*/P_t$ 时，如果 $P_b < P_e$，则气体在喷管内并未达到完全膨胀（Complete expansion），于是气体在喷管出口产生膨胀波，通过膨胀波，气体压力才会和外界压力相等，这种流动状态通常称为欠膨胀流动状态（Under expansion flow state）。

【例 5-14】

如图 5-35 所示，渐缩喷管外接一个高压储气箱且储气箱内空气的压力为 2.5×10^5 pa，密度为 2.64 kg/m³，温度为 300 K，出口面积为 20 cm²，喷管出口外界压力（背压）P_b 为 10^5 Pa，在此假设等熵指数 $\gamma = 1.4$，请问

（1）气体在喷管出口处的速度能否达到声速？

（2）气体在喷管出口处的声速值与喷管内的质量流率是多少？

（3）气体在喷管出口外的速度能否超过声速？

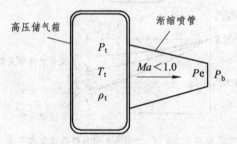

图 5-35　渐缩喷管外接高压储气箱

【解答】

（1）因为储气箱中气体的压力、温度和密度即为气体在渐缩喷管中的停滞压力 P_t、停滞温度 T_t 和停滞密度 ρ_t，所以 $\dfrac{p_b}{P_t} = \dfrac{10^5}{2.5 \times 10^5} = 0.4 < 0.5283$。

（2）$\dfrac{p_b}{P_t} < 0.528\,3$ 时，气体在出口处的速度为声速，在喷管内的质量流率为最大质量流率，其计算方式为

① 声速 $a = \sqrt{\gamma R T^*} = \sqrt{\gamma R(0.833\,3T_t)} = 332.4$ m/s。

② 质量流率 $\dot{m} = \rho^* A_e V_e = \rho^* \times A_e \times a = 0.633\,9\rho_t \times A_e \times a = 1.122$ kg/s。

（3）在出口处 $\dfrac{p_b}{P_t} < \dfrac{p^*}{P_t}$，因此气体在喷管出口处的速度为声速，并且在出口处会产生膨胀波。又因为气流通过膨胀波后，流速还会再增加，所以气体在喷管出口外的速度会超过声速。

3．超声速喷管内气体的流动状态

如果要使管道内的气流达到超声速，必须使用收敛-扩张型喷管，因此收敛-扩张型喷管又称为超声速喷管。在工程上，收敛-扩张型喷口在超声速和超高声速风洞以及超声速飞机和火箭的发动机中得到广泛应用。实验发现，虽然收敛-扩张型喷管可以使喷管出口处达到超声速，但是是否能够实现还必须视喷管出口处压力 P_e 与总压 P_t 的比值而定。

（1）收敛-扩张型喷管的实验说明。如图 5-36 所示收敛-扩张型喷管实验的示意图，喷管外接一个高压储气箱，储气箱中气体的压力、温度和密度即为气体在收敛-扩张型喷管中流动时的停滞压力 P_t、停滞温度 T_t 和停滞密度 ρ_t。在此定义气体在喷管出口处的压力与喷管出口后的外界压力分别为 P_e 和 P_b，而喷管喉道处的压力为 P^*。

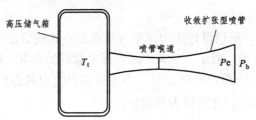

Pe—喷管出口压力；P^*—当 $Ma=1.0$ 时的喷管喉道处压力；
P_b—喷管出口后外界压力（背压）；
P_t—停滞压力（总压）。

图 5-36　收敛-扩张型喷管实验

从实验中发现，气体在喷管内的流动状态会随着 P_e/P_t 与 P_b/P_t 值的降低而发生改变，其可以分成亚声速流动、临界流动、过度膨胀流动、完全膨胀流动与欠膨胀流动五种类型，如图 5-37 所示。

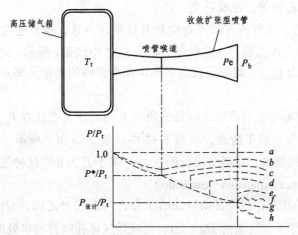

Pe—喷管出口压力；P^*—当 $Ma=1.0$ 时的喷管喉道处压力；
P_b—喷管出口后外界压力（背压）；P_t—停滞压力
（总压）；$P_{临界}$—喷管在临界流动状态时的
出口压力；$P_{设计}$—喷管在完全膨胀
流动状态时的出口压力。

图 5-37　收敛-扩张型喷管内流动状态类型

（2）参考压力的选取。

和亚声速喷管（渐缩喷管）判定喷管内气体的流动状态一样，如果想判定超声速喷管（收敛-扩张型喷管）内气体的流动状态，首先必须找出判定流动状态所需的参考压力，不同的是超声速喷管必须选取两个参考压力：一个是临界流动状态时的出口压力 $P_{e临界}$；另一个则是设计压力 $P_{设计}$。

① 临界流动状态时出口压力的定义。在超声速喷管内的流动状态中，气体在喷管喉道处的速度首先达到声速，称为气体的临界流动状态，此时对应的喷管出口压力称为临界流动状态出口压力，用符号 $P_{e临界}$ 表示。当喷管内的 P_e/P_t 值从 1.0 降到 $P_{e临界}/P_t$ 值时，如果 P_e/P_t 值继续降低，喷管内的气体质量流率 $\dot{m}$ 会保持在最大质量流率 $\dot{m}_{max}$ 的状态，这种现象称为阻塞。

② 设计压力的定义。所谓设计压力是指气体在超声速喷管出口处的速度开始保持在超声速的出口压力，用符号 $P_{设计}$ 表示，也就是超声速喷管开始正常工作时的出口压力。

判定超声速喷管内气体的流动状态时，必须以临界流动状态出口压力 $P_{e临界}$ 和设计压力 $P_{设计}$ 为参考，并以 P_e/P_t 或 P_b/P_t 的值为判定依据。

（3）流动状态类型的区分与特点。研究指出，气流在超声速喷管中的状态，可以分成亚声速流动、临界流动、过度膨胀流动、完全膨胀流动与欠膨胀流动五种。

① 亚声速流动状态。当气流在超声速喷管出口处的压力 P_e 与总压 P_t 之比 $P_e/P_t=1.0$ 时，气体在管内的流速为 0，也就是整个喷管内无流动，如图 5-38 中线条 a 所示。当喷管出口处的压力 P_e 大于 $P_{e临界}$ 时，随着 P_e/P_t 值变小，喷管出口处气体的速度增加。当气体在喷管内的 P_e/P_t 值在 $1.0\sim P_{e临界}/P_t$ 时，气体在超声速喷管中的流速均为亚声速，如图 5-37 中线条 b 所示。所以 P_e/P_t 值在 $1.0\sim P_{e临界}/P_t$ 的流动状态称为亚声速流动状态，且喷管出口后的外界压力 P_b 会与喷管出口处的压力 P_e 相等，也就是 $P_e=P_b$。

② 临界流动状态。当气流在超声速喷管开始到达声速，也就是在喷管喉道的压力开始达到 P^* 时的状态称为气体的临界流动状态，如图 5-37 中线条 c 所示。此时对应的出口压力为临界流动状态出口压力 $P_{e临界}$。此流动状态下气体在喷管内的质量流率 $\dot{m}$ 是喷管内能达到的最大值 $\dot{m}_{max}$。

③ 过度膨胀流动状态。当喷管出口处的压力 P_e 与总压 P_t 之比在 $P_{e临界}/P_t\sim P_{设计}/P_t$ 时，气流会在适当的位置产生一道正激波，如图 5-37 中线条 d、e 和 f 所示，而线条 g 因为无适当位置所以会产生一系列激波，直到出口处的压力 P_e 等于 P_b 为止。这种气体的流动状态称为过度膨胀流动状态（Upper expansion flow state）。

④ 完全膨胀流动状态：当喷管出口处的压力 P_e 与总压 P_t 之比 $P_e/P_t=P_{设计}/P_t$ 时，气流在喷管出口处达到完全膨胀，气流的 $Ma>1.0$，也就是气体在喷管出口处的流动速度为超声速。因此对应的流动状态称为完全膨胀流动状态（Fully expanded flow state）。

⑤ 欠膨胀流动状态。当 $P_e/P_t=P_{设计}/P_t$ 时，如果 $P_b<P_e$，则气体在喷管内并未达成完全膨胀（Complete expansion），气体在喷管出口处会产生膨胀波，气流通过膨胀波后，压力才会和外界压力 P_b 相等，所以这种流动状态通常称为欠膨胀流动状态（Under expansion flow state），且气流通过膨胀波，流速还会增加。

【例 5-15】

如图 5-38 所示，收敛-扩张型喷管外接一个高压储气箱且储气箱内空气的压力为 2.5×10^5 pa，密度为 2.64 kg/m³，温度为 300 K，如果气体在喷管出口处的流动速度为超声速，问气体在喷管喉道的马赫数与压力值是多少？假设等熵指数 $\gamma = 1.4$。

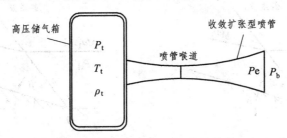

图 5-38 收敛-扩张型喷管外接高压储气箱

【解答】

（1）因为气体在喷管出口处的流动速度为超声速，所以喷管喉道的马赫数 $Ma = 1.0$。

（2）因为气体在喷管喉道的马赫数为 1.0，对于等熵指数 $\gamma = 1.4$ 的空气，气体在喷管喉道的压力 $P^* = 0.528\ 3 P_t = 0.528\ 3 \times 2.5 \times 10^5 = 1.320\ 75 \times 10^5$ (pa)。

课后练习

（1）什么是马赫数？什么是飞行马赫数？什么是局部马赫数？

（2）以相同的速度飞行时，飞机的飞行高度和温度对飞行马赫数有何影响？

（3）空气的压缩性与马赫数的大小有什么关系？

（4）在扰动传递过程中，亚声速气流与超声速气流之间的最大差异是什么？

（5）试述膨胀波的形成原因与气流流经膨胀波前后性质的变化情形。

（6）试述普朗特-迈耶角 $\nu(Ma)$ 的定义是什么？

（7）试述普朗特-迈耶角 $\nu(Ma)$ 计算公式的不适用范围在哪里？

（8）如果超声速气流通过膨胀波区，起始气流 $Ma_1 = 2$，最终气流 $Ma_2 = 2.1$，等熵指数 $\gamma = 1.4$，问气流偏折角 $\Delta\theta$ 是多少？

（9）试述激波的形成原因以及气流流经激波前后性质的变化情形。

（10）超声速飞机发动机内压缩机组件中的叶栅剖面，其中有一段设计成内凹的弯曲壁面形式，其原因为何？

（11）什么是激波角？激波角的范围如何？激波的强度与激波角的关系如何？

（12）马赫角的大小与马赫数的关系如何？

（13）脱体激波的形成原因是什么？

（14）超声速飞机的机头与机翼设计成尖头薄翼的原因是什么？

（15）如图 5-39 所示，如果超声速气流流经有限角度 δ 的内凹壁面时，如果 $Ma_1 = 2.0$，$\delta = 10°$，问激波角、波后马赫数以及激波前后压力比、温度比和总压比是多少？

（16）在研究超声速气流通过斜激波的过程时可以假设它为等熵过程吗？请论述其原因。

（17）在研究超声速气流通过斜激波的过程时可以假设它为绝热过程吗？请论述其原因。

（18）如图 5-40 所示，如果超声速气流流经有限角度 δ 的内凹壁面时形成了斜激波，问斜激波前的总压力 P_{t1} 是否等于波后的总压力 P_{t2}？请论述其原因。

（19）超声速气流通过弱斜激波时，马赫数的变化规律是什么？

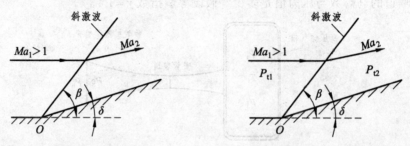

图 5-39　斜激波前后流动性质　　　　　图 5-40　斜激波前后总压变化

（20）超声速气流通过强斜激波时，马赫数的变化规律是什么？

（21）临界马赫数的意义如何？

（22）现代高亚声速飞机的飞行速度必须低于临界马赫数的原因是什么？

（23）现代高亚声速飞机提高临界马赫数，从而增加飞机飞行速度的原理是什么？

（24）飞机飞行的速度区间划分原则是什么？

（25）在飞机飞行速度区间的划分中，跨声速流的速度区间大约是多少？请论述为什么飞机无法在跨声速流的速度区间内持续飞行。

（26）高亚声速飞机延迟临界马赫数的方法是什么？

（27）声爆现象对地面造成影响的强度与飞行高度和飞行马赫数的关系如何？

（28）声爆云是否总是伴随着声爆现象产生？

（29）声爆云是否只有在飞机做超声速飞行时才会产生？

（30）飞机的头部激波（脱体激波）是怎样产生的？

（31）发动机的喷管要产生超声速气流必须使用细腰喷管的原因是什么？

（32）当气体流经管道，亚声速流和超声速流在管道内的流速变化与管道截面面积变化之间的关系如何？

（33）如果气体在发动机喷管内产生超声速，其在喷管喉道的速度是多少？

（34）如图 5-41 所示，渐缩喷管外接高压储气箱，储气箱内空气的压力为 $1.65 \times 10^5\,\text{Pa}$，喷管出口外界压力（背压）$P_{b}$ 为 $10^5\,\text{Pa}$，假设等熵指数 $\gamma = 1.4$，在喷管出口处的速度能否达到声速？

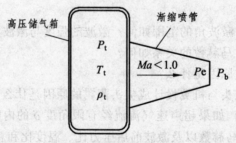

图 5-41　渐缩喷管接高压储气箱之流及参数

（35）如图 5-42 所示，收敛-扩张型喷管外接高压储气箱且储气箱内空气的压力为 $2.5 \times 10^5 \, \text{Pa}$，密度为 $2.64 \, \text{kg/m}^3$，温度为 300 K，如果气体在喷管喉道处的压力值为 $1.6 \times 10^5 \, \text{Pa}$，空气在喷管内的流动是何种状态？

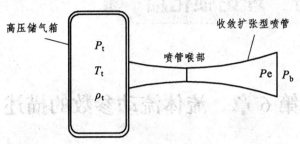

图 5-42　收敛-扩张型喷管接高压储箱之流场参数

（36）如图 5-42 所示，收敛-扩张型喷管外接一个高压储气箱且储气箱内空气的压力为 $2.5 \times 10^5 \, \text{Pa}$，密度为 $2.64 \, \text{kg/m}^3$，温度为 300 K，如果气体在喷管喉道处的压力值为 $1.320\,75 \times 10^5 \, \text{Pa}$，空气在喷管内流动时是否会发生阻塞条件？

第6章　流体流动参数的描述

在流体力学理论研究的早期，为了简化问题研究的难度，往往使用流管和平均流速的概念将流体流速的问题简化成沿着流管截面平均流速的变化，从而求出流体流动压力、温度、密度等变化关系。随着流体力学理论日趋完善、工程精度的要求越来越高以及计算越来越复杂，用平均流速的概念去求解、计算与分析高精度与高复杂度的工程问题几乎不可能了。在研究过程中发现，要想对流体力学问题进一步或更精确、更细密研究，首先必须针对流体流场进行流动参数描述，并明确地将流体的流动状态及其变化予以定位，然后才能找出流体的运动规律。

6.1　流体流场与其流动参数的定义

在整个工程研究过程中，流体流动都是在一定的空间内进行的，流动占据的空间称为流场，流场状态则由流体的压力 P、温度 T 和密度 ρ 等流体性质来描述，也就是用来描述流体流场状态的物理特性就称为流场性质（Property），用来描述流体运动情况的物理量，例如流场的速度、加速度、动量与动能等统称为流体运动参数（Kinematic parameter）。流体性质与运动参数又统称为流体流动参数（Flow parameter），以描述流体流动时的流场状态与运动情况。

6.2　系统与平衡状态的概念

在研究流体流动问题时，必须先确定问题研究区域并对流体流动情况进行描述，然后才能对问题的重点进行研究。整个研究的过程中这个研究区域称为系统。选取是研究流体问题最初也是最重要的步骤，选取错误会造成问题难度增加，不仅可能造成求解的困难，而且有时根本就无法找到答案。流体流动研究中，研究重点主要在于讨论系统平衡状态随流速的改变情况。

6.2.1 系统、环境与边界的定义

流动研究关注的区域范围称为系统（System），系统以外的一切事物统称为环境（Surrounding），将系统和外界分开的真实或者假想表面称为系统的边界（Boundary），如图6-1所示。

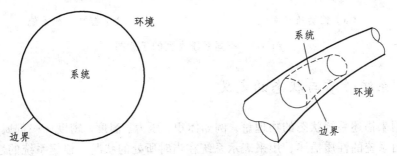

图 6-1　系统、环境与边界的示意图

系统的选取主要依研究关注的重点而定，例如老师在课堂授课关心的是学生学习状况与课堂秩序，教室就成为系统，教室以外的一切事物就是环境，而教室与教室之间由教室的门、墙以及窗户来分隔，因此它们就是边界。如果老师在课堂授课时关心的不是学生学习状况，而是督学是否有无经过查课，此时教室外的一切事物才是系统，而教室反而变成环境（Surrounding）。实践表明问题研究过程中，如果系统选取错误，可能造成求解过程的困难，甚至可能根本无法求解。正如同老师在教学中把教室以外的事物当作系统时，这个老师就已经丧失在课堂教学的资格、本质与意义。由此可知，系统的选取在整个问题研究的过程中是最初也是最重要的步骤，在整个问题求解的过程中扮演着非常重要且具有决定性的角色。

6.2.2 系统的类型

根据系统与系统边界之间的质量交换关系可以将研究区域分成控制质量系统与控制体积系统两种类型。

1．控制质量系统

所谓控制质量系统（Control mass system，CM）是指在过程进行时，本身与外部边界并不发生质量交换作用的系统，在热力工程的计算中，它又称为封闭系统（Closed system）。控制质量系统内部流体的质量维持不变，可能改变的只有系统本身的位置、体积或形状，如图6-2（a）所示。

2．控制体积系统

所谓控制体积系统（Control volume system，CV）是指在过程进行时，内部的质量因为流体流过系统边界或者控制表面（Control surface）而发生改变的系统。在热力工程的计算中，它又称为开放系统（Open system）。控制体积系统本身与外部边界或控制表面发生质量的交换作用，如图6-2（b）所示。

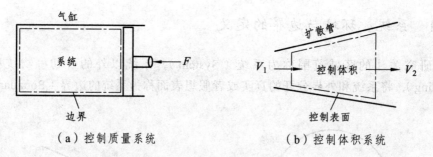

（a）控制质量系统　　　　　　　　　　（b）控制体积系统

图 6-2　不同系统类型的示意图

6.2.3　系统性质与状态的定义

性质是用来描述系统状态的物理量，例如体积、压力、温度、密度……都属于系统性质。系统状态是由系统的性质描述，用来表示系统在当时所处的状况。根据系统的性质是否与系统内的质量相关可以将系统的性质分成外延性质与内延性质两种类型。

（1）外延性质。外延性质（Extensive property）指与系统内部质量有关的性质，例如系统的体积、质量等都属于系统的外延性质。

（2）内延性质。内延性质（Intensive property）指与系统内部质量无关的性质，例如系统的压力、温度、密度等都属于系统的内延性质。

如果将系统的外延性质除以系统总质量称为系统的比性质（Specific property），例如 $v=\dfrac{\forall}{m}$，在公式中，v 为系统的比容（specific volume），$\forall$ 为系统的体积，而 m 为系统的总质量。

6.2.4　系统平衡状态与过程的定义

从微观的角度看来，系统的性质会不断地发生变化，但是从宏观的角度看来，系统的状态也就是整个系统性质的平均值几乎是维持不变的话，此时系统状态就称为平衡状态（Equilibrium state）。研究工程热力学、流体力学以及空气动力学等工程问题时，通常是把系统在过程发生的前后平衡状态的改变情况当作问题研究关注的重点。在工程计算中，如果要研究或描述流体流动过程，通常观察过程发生前后的压力、温度与密度等物理性质的改变量。除此之外，流速也是研究的重点。在稳态一维的流动中，流体的流速采用平均速度的概念进行近似处理，所以是一个标量。然而实际的流体流动问题中流速是一个向量，如果要进一步掌握流体流动问题，就必须了解标量与向量的区分。

6.3　标量与向量的介绍

流体过程中通常有流体压力、温度、密度等性质以及速度、加速度和动量等物理量来描述流体状态与运动情况。其中压力、温度、密度属于标量，而速度、加速度和动量则属于向量。这里以直角坐标为例，针对标量与向量的定义、向量的大小、向量的计算以及梯度运算做主要说明。

6.3.1 标量的定义

所谓标量是指坐标变换下保持不变的物理量，也就是在使用不同的坐标系时，标量的值都相同，例如，在两个固定点之间的距离，不论从直角坐标系、圆柱坐标系或圆球坐标系来看，它的值都维持不变。因此标量（Scalar quantity）定义为只有大小而没有方向的物理量。

6.3.2 向量的定义

所谓向量（Vector）又称为矢量，它是指具有大小又有方向的物理量，例如位移、速率、加速度、力、力矩、动量、冲量等物理量，都是属于向量，向量存在的三要素为起点、大小与方向。向量同时具有大小与方向的双重属性，通常会在相应物理量上面加上箭号符号表示向量，例如的流动速度用符号 $\vec{V}$ 来表示，就是指研究流体流动的问题时，流速必须同时显示大小与方向，而如果用符号 V 来表示，就只表示它的大小，并不显示方向（本书为不妨碍理解，也部分保留 V 表示矢量速度）。有些书籍为了编辑方便，以粗体字表示向量，例如向量 $\vec{V}$ 用符号 $\mathbf{V}$ 表示。

6.3.3 向量的表示法

对于一个直角坐标系，可以将向量 $\vec{A}$ 表示为 $\vec{A}=(a_1,a_2,a_3)=a_1\vec{i}+a_2\vec{j}+a_3\vec{k}$ 。式中 a_1、a_2、a_3 分别是向量 $\vec{A}$ 在直角坐标系中 x 轴、y 轴与 z 轴的分量，也就是 $\vec{A}$ 分别在 x 轴、y 轴与 z 轴的投影量。$\vec{i}$、$\vec{j}$、$\vec{k}$ 分别表示 x 轴方向、y 轴与 z 轴方向的单位向量。

6.3.4 向量大小的计算

向量 $\vec{A}$ 的大小 $|\vec{A}|$ 可以用计算公式 $|\vec{A}|=\sqrt{(a_1{}^2+a_2{}^2+a_3{}^2)}$ 表示，式中，a_1、a_2、a_3 分别是直角坐标系中 x 轴、y 轴与 z 轴的分量。

6.3.5 向量的平行、相等与相反的定义

向量具有大小与方向的双重属性，因而在此描述与说明向量平行、相等与相反。

1. 向量平行的定义

如果 $\vec{A}$ 与 $\vec{B}$ 为两个非零向量，所指的方向相同或相反，则此两向量称为平行向量（Parallel vector），彼此不会相交。

2. 向量相等的定义

如果 $\vec{A}$ 和 $\vec{B}$ 为两个非零向量，且大小与方向都相等，则此两向量称为相等向量（Equal vector），可以用数学式 $\vec{A}=\vec{B}$ 表示。

3．向量相反的定义

如果 $\vec{A}$ 和 $\vec{B}$ 为两个非零向量，且大小相等方向相反，则此两向量称为相反向量（Opposite vector），可以用数学式 $\vec{A}=-\vec{B}$ 表示。

6.3.6 向量的计算

常用的向量计算包括向量的加法、减法、点积与叉积等。这里以 $\vec{A}=a_1\vec{i}+a_2\vec{j}+a_3\vec{k}$ 和 $\vec{B}=b_1\vec{j}+b_2\vec{j}+b_3\vec{k}$ 两个直角坐标向量为例来说明。

1．向量的加法计算

$\vec{A}=a_1\vec{i}+a_2\vec{j}+a_3\vec{k}$ 与 $\vec{B}=b_1\vec{i}+b_2\vec{j}+b_3\vec{k}$ 两个向量相加的计算式可以表示为 $\vec{A}+\vec{B}=(a_1+b_1)\vec{i}+(a_2+b_2)\vec{j}+(a_3+b_3)\vec{k}$。相加后的向量大小为 $|\vec{A}+\vec{B}|=\sqrt{(a_1+b_1)^2+(a_2+b_2)^2+(a_3+b_3)^2}$。

2．向量的减法计算

两个向量相减的计算式可以表示为 $\vec{A}-\vec{B}=(a_1-b_1)\vec{i}+(a_2-b_2)\vec{j}+(a_3-b_3)\vec{j}$。相减后的向量大小为 $|\vec{A}-\vec{B}|=\sqrt{(a_1-b_1)^2+(a_2-b_2)^2+(a_3-b_3)^2}$。

3．向量的点积计算

两个向量的点积计算可以用符号 $\vec{A}\cdot\vec{B}$ 来表示，计算式为 $\vec{A}\cdot\vec{B}=a_1b_1+a_2b_2+a_3b_3$。向量点积得到的结果为标量，也就是只有大小而没有方向的物理量，所以向量点积（Vector dot product）又称为标量积（Scalar product）。

4．向量的叉积计算

两个向量的叉积计算可以用符号 $\vec{A}\times\vec{B}$ 来表示，计算公式为

$$\vec{A}\times\vec{B}=\begin{vmatrix} \vec{i} & \vec{j} & \vec{k} \\ a_1 & a_2 & a_3 \\ b_1 & b_2 & b_3 \end{vmatrix}=(a_2b_3-a_3b_2)\vec{i}+(a_3b_1-a_1b_3)\vec{j}+(a_1b_2-a_2b_1)\vec{k}$$

向量叉积得到的结果仍然为向量，也就是具有大小与方向的物理量，所以向量叉积（Vector cross product）又称为向量积（Vector product）。

6.3.7 梯度符号定义

为了描述流体流动参数的函数沿着指定方向的变化率，这里采用梯度运算的数学概念来表示。对于直角坐标系，梯度运算定义为 $\nabla=\dfrac{\partial}{\partial x}\vec{i}+\dfrac{\partial}{\partial y}\vec{j}+\dfrac{\partial}{\partial z}\vec{k}$，所以函数 $f(x,y,z)$ 的梯度运算为 $\nabla f=\dfrac{\partial f}{\partial x}\vec{i}+\dfrac{\partial f}{\partial y}\vec{j}+\dfrac{\partial f}{\partial z}\vec{k}$。式中，$\dfrac{\partial f}{\partial x}$、$\dfrac{\partial f}{\partial y}$ 与 $\dfrac{\partial f}{\partial z}$ 分别为函数 $f(x,y,z)$ 在 x 轴方向、y 轴方向

与 z 轴方向的变化率，而 $\vec{i}$、$\vec{j}$、$\vec{k}$ 分别表示三个轴的单位方向向量。使用梯度运算时，要注意 $\frac{\partial}{\partial x}$、$\frac{\partial}{\partial y}$ 与 $\frac{\partial}{\partial z}$ 是偏微分符号而非全微分符号。

6.4　流体运动情形的描述方法

流体由无数流体质点组成，而流体流动占据的空间称为流场。流体的性质、速度、加速度、动量与动能等物理量统称为流体流动参数，而要描述流体运动状态就要设法表达流动参数的变化，主要目的是找出流动变化的规律、流体和物体之间的相互作用与彼此的影响。根据问题研究关注的对象不同，可以分别采用拉格朗日法与欧拉法。

6.4.1　拉格朗日法介绍

拉格朗日法（Lagrangian approach）描述流体流动时从"单一流体质点"的角度来描述流动问题，也就是从微观的角度去研究个别流体质点的流动参数随着时间变化的规律，然后综合所有流体质点的流动参数变化，经过统计后，得到流体质点系统整体上随着时间变化的流动规律。拉格朗日法将注意力集中在流场某一特定质点并且描述该质点在其流动轨迹上相关流动参数，例如流体质点的压力、温度和密度等物理性质及其速度、加速度、动量与动能等物理量随时间的变化。流体质点所在的位置是时间的因变量，可以表示为时间的函数，例如在直角坐标系中 x、y 和 z 可以分别表示为 $x = x(t)$, $y = y(t)$, $z = z(t)$ 的函数形式，因此流体的流动参数 B 将仅为时间的函数，可以用 $B = B(t)$ 的形式来表示。这种方法多用于描述物体重心或质心的运动，因为其个别质点即代表整个物体进行运动。由于问题复杂性，拉格朗日法在数学处理上通常会遇到很多困难，所以在研究流体流动时多不采用，只用于处理某些特定的微观流体力学或微观空气动力学问题。

6.4.2　欧拉法介绍

欧拉法是从"流体流场观点"的角度来描述与研究流体流动的问题，也就是从宏观角度来研究流动参数随着流场的位置与时间变化的规律。欧拉法用于研究流动参数在固定区域中随着时间的变化，流动参数 B 可以表示为位置与时间的函数，即 $B = B(x, y, z, t)$。

6.4.3　综合比较

流体视为连续体，由此流动参数可以表示为流场的位置和时间的连续函数，随着流场的位置和时间的不同而有所变化。流体连续性的假设使得在同一时刻，不同空间位置的流动参数也不一定相同，因此从宏观流体力学的角度来看，拉格朗日法用来描述流动参数就不合适。除了飞行器在稀薄的大气飞行和高真空技术的问题研究，研究者几乎都是从宏观流体力学与空气动力学的角度来处理流体流动的问题，也就是将流体当成连续体来看待，并且使用微积分方法去处理流体在静止或流动时的性质变化，藉以降低问题研究过程时遭遇到的难度。所以研究流体工作者通常都使用欧拉法来描述流体的流动参数，也就是把流动参数 B 表示为位置与时间的函数，即 $B = B(x, y, z, t)$。

【例 6-1】

试说明为何从宏观流体力学的角度来看，使用拉格朗日法描述气体流动参数的变化并不合适。

【解答】

因为宏观流体力学的观点是将气体视为连续体，气体的流动参数是时间与气体流场位置的连续函数，而非只是时间的函数，所以拉格朗日法并不适用于宏观流体力学。

【例 6-2】

如果流体的流速可以用 $\vec{V} = \vec{V}(x, y, z, t)$ 表示，试问此描述法为欧拉法，还是拉格朗日法，其理由为何？

【解答】

因为流体的流速以流体流场的位置与时间的函数形式表示，而非只是用时间的函数表示，所以描述法为欧拉法。

6.5 流体的速度与加速度

由于流体的速度与加速度是描述流体运动的两个主要运动参数，这里对它们做重点说明。

6.5.1 流体的速度

所谓流体的流动速度用来描述流体朝着某一个方向运动快慢程度的物理量，是一个具有大小与方向的物理量，自然可以用向量来表示。流动速度 $\vec{V}$ 表示为 $\vec{V} = u\vec{i} + v\vec{i} + w\vec{k}$，式中，$u$、$v$ 和 w 分别表示直角坐标系中 x 轴、y 轴与 z 轴的速度分量，而 $\vec{i}$、$\vec{j}$、$\vec{k}$ 分别表示 x 轴、y 轴与 z 轴指向的单位向量。流动参数 B 可以表示为 $B = B(x, y, z, t)$。因此 $\vec{V} = \vec{V}(x, y, z, t) = u(x, y, z, t)\vec{i} + v(x, y, z, t)\vec{j} + w(x, y, z, t)\vec{k}$。举例来说，如果空气的流速可以表示为 $\vec{V} = x^2\vec{i} + y^2 t\vec{j}$，则式中 x^2 项与 $y^2 t$ 项就分别代表 $u(x, y, z, t)$ 项与 $v(x, y, z, t)$ 项。

6.5.2 流体的加速度

所谓流体的加速度（Acceleration）用来描述流体的流动速度随着时间改变的程度。如果流体的流动速度随着时间的改变而改变,则此运动称为变速度运动(Variable velocity motion)。因为速度是一个向量，同时具有大小和方向，所以只要速度的大小或方向改变，都属于变速度。因为 $\vec{V} = \vec{V}(x,y,z,t) = u(x,y,z,t)\vec{i} + v(x,y,z,t)\vec{j} + w(x,y,z,t)\vec{k}$，因此其加速度要用到链式法则（Chain rule）。

1．计算公式的描述

在流体力学与空气动力学的问题研究中，使用 $\vec{a} = \dfrac{d\vec{V}}{dt} = \dfrac{\partial \vec{V}}{\partial t} + (\vec{V} \cdot \nabla)\vec{V}$ 来表示流体的加速度。式中，$\vec{a}$ 为流体的加速度，$\vec{V}$ 为流体的速度，$\dfrac{d}{dt}$ 是对时间的全导数，$\dfrac{\partial}{\partial t}$ 是对时间的偏微分，∇ 则是梯度运算符号。

2．计算公式的推导

流体的加速度采用链式法则推导过程描述如下。

（1）流体的流速用位置与时间的函数来表示。对于直角坐标系，流速使用 $\vec{V} = \vec{V}(x,y,z,t) = u(x,y,z,t)\vec{i} + v(x,y,z,t)\vec{j} + w(x,y,z,t)\vec{k}$ 的函数形式来表示。

（2）使用链式法则对流体流速加以处理。因为 $\vec{V} = \vec{V}(x,y,z,t)$，所以根据链式法则，可以得到 $d\vec{V} = \dfrac{\partial \vec{V}}{\partial t}dt + \dfrac{\partial \vec{V}}{\partial x}dx + \dfrac{\partial \vec{V}}{\partial y}dy + \dfrac{\partial \vec{V}}{\partial z}dz$。

（3）将流体流速微分关系式的两边对时间微分。因为流体加速度 $\vec{a}$ 的定义为 $\vec{a} = \dfrac{d\vec{V}}{dt}$，所以想得到流体加速度的计算公式必须对（2）的关系式 $d\vec{V} = \dfrac{\partial \vec{V}}{\partial t}dt + \dfrac{\partial \vec{V}}{\partial x}dx + \dfrac{\partial \vec{V}}{\partial y}dy + \dfrac{\partial \vec{V}}{\partial z}dz$ 的两边对时间求导，得到 $\vec{a} = \dfrac{d\vec{V}}{dt} = \dfrac{\partial \vec{V}}{\partial t}\dfrac{dt}{dt} + \dfrac{\partial \vec{V}}{\partial x}\dfrac{dx}{dt} + \dfrac{\partial \vec{V}}{\partial y}\dfrac{dy}{dt} + \dfrac{\partial \vec{V}}{\partial z}\dfrac{dz}{dt} = \dfrac{\partial \vec{V}}{\partial t} + u\dfrac{\partial \vec{V}}{\partial x} + v\dfrac{\partial \vec{V}}{\partial y} + w\dfrac{\partial \vec{V}}{\partial z}$，此式就是流体加速度的计算公式。

（4）将梯度运算符号的定义代入求得其计算通式。因为 $\nabla = \dfrac{\partial}{\partial x}\vec{i} + \dfrac{\partial}{\partial y}\vec{j} + \dfrac{\partial}{\partial z}\vec{k}$，再加上 $\vec{a} = \dfrac{\partial \vec{V}}{\partial t} + u\dfrac{\partial \vec{V}}{\partial x} + v\dfrac{\partial \vec{V}}{\partial y} + w\dfrac{\partial \vec{V}}{\partial z}$，因此可得流体加速度的计算通式为 $\vec{a} = \dfrac{\partial \vec{V}}{\partial t} + u\dfrac{\partial \vec{V}}{\partial x} + v\dfrac{\partial \vec{V}}{\partial y} + w\dfrac{\partial \vec{V}}{\partial z} = \dfrac{\partial \vec{V}}{\partial t} + (\vec{V} \cdot \nabla)\vec{V}$。

此推导过程对所有流动参数都适用，处理流体参数对时间的导数时，都可以将 $\dfrac{d}{dt} = \dfrac{\partial}{\partial t} + (\vec{V} \cdot \nabla)$ 用于计算。

3．计算公式代表的物理意义

流体加速度的计算通式为 $\vec{a} = \dfrac{d\vec{V}}{dt} = \dfrac{\partial \vec{V}}{\partial t} + (\vec{V} \cdot \nabla)\vec{V}$。式中，$\dfrac{\partial \vec{V}}{\partial t}$ 项与位置无关，称为当地加速度（Local acceleration）；$(\vec{V} \cdot \nabla)\vec{V}$ 项则是流体流速随着流场位置的变化而产生，是由于流场的流速不均匀而产生的，所以称为对流加速度（Convective acceleration）。流体加速度的计算

公式代表的物理意义因而为"流体流动的加速度＝当地加速度＋对流加速度"。有人常误以为如果流体流动为稳态流动，则流体的加速度就一定为 0，这是一个错误的。因为流体流动为稳态，流体的当地加速度为 0，但是流体的对流加速度不一定为 0，因此流体的加速度也不一定为 0。

【例 6-3】

假设空气的流动为稳态，空气气流的加速度是否一定为 0？

【解答】

（1）所谓稳态流动是假设流体在流动过程中，流体的流动性质与流速并不会随着时间的变化而改变，也就是 $\frac{\partial}{\partial t}=0$。

（2）因为流体加速度的计算公式为 $\vec{a}=\frac{\partial \vec{V}}{\partial t}+(\vec{V}\cdot\nabla)\vec{V}$，所以在稳态流动过程中，空气气流加速度的计算公式为 $\vec{a}=(\vec{V}\cdot\nabla)\vec{V}$。式中，$(\vec{V}\cdot\nabla)\vec{V}$ 项为空气的对流加速度项，它由空气流速随着流场的位置变化而产生，如果空气的流速在流场内因空间位置的不同而导致气流流速变化很大，则空气对流加速度也会很大，所以即使在稳态流动的过程中，空气气流加速度也不一定为 0。

【例 6-4】

已知流体的给定速度分量分别为 $u=x+t$，$v=-y-t$ 以及 $w=0$，求流体的流速。

【解答】

流体流速的表示式为 $\vec{V}=u\vec{i}+v\vec{j}+w\vec{k}$，依题意 $u=x+t$，$v=-y-t$ 以及 $w=0$，所以流体流速可以表示为 $\vec{V}=(x+t)\vec{i}+(-y-t)\vec{j}$。

【例 6-5】

假设空气的流动过程为稳态流动，且气流的流速可以表示为 $\vec{V}=x^2\vec{i}+y^2\vec{j}$，求空气气流的加速度。

【解答】

（1）因为流体加速度公式为 $\vec{a}=\frac{\partial \vec{V}}{\partial t}+(\vec{V}\cdot\nabla)\vec{V}$，且空气的流动为稳态过程，所以加速度关系式可以简化为 $\vec{a}=(\vec{V}\cdot\nabla)\vec{V}=u\frac{\partial \vec{V}}{\partial x}+v\frac{\partial \vec{V}}{\partial y}+w\frac{\partial \vec{V}}{\partial z}$。

（2）因为 $\vec{V}=u\vec{i}+v\vec{j}+w\vec{k}=x^2\vec{i}+y^2\vec{j}$，所以 $u=x^2$、$v=y^2$ 与 $w=0$。代入流体加速度公式中可以得到气流加速度为 $\vec{a}=u\frac{\partial \vec{V}}{\partial x}+v\frac{\partial \vec{V}}{\partial y}=x^2(2x\vec{i})+y^2(2y\vec{j})=2x^3\vec{i}+2y^3\vec{j}$。

6.6 圆柱坐标的向量介绍

在流体力学的问题研究中，除了使用直角坐标系，也常常会因为研究需要使用圆柱坐标系来研究流体流动。

6.6.1 直角坐标与圆柱坐标之间的关系

在直角坐标系上流体的流动性质与流体流速等物理量用流场内 x 轴、y 轴及 z 轴三个方向的分量来表示，而在圆柱坐标中流动物理量用流场内径向距离 r、方位角 θ 以及高度 z 三个参数的函数来表示。如图 6-3 所示为圆柱与直角坐标之间的关系，从图中可以看出，直线 $\overline{OP}$ 的圆柱坐标与直角坐标之间距离关系可以用 $x = r\cos\theta$; $y = r\sin\theta$ 与 $z = z$ 表示。在关系式中，x、y 与 z 分别代表直角坐标上 x 轴、y 轴与 z 轴的距离分量，而 r、θ 与 z 则分别代表圆柱坐标上的径向距离、方位角与高度。点 P 与点 Q 分别可以用圆柱坐标 $P(r, \theta, z)$ 和 $Q(r, \theta, 0)$ 表示。

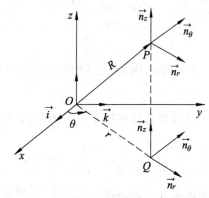

图 6-3　圆柱坐标与直角坐标之间的关系

6.6.2 圆柱坐标的速度表示式

在直角坐标系中，流体流速为 $\vec{V} = \vec{V}(u, v, w) = u\vec{i} + v\vec{j} + w\vec{k}$，而在圆柱坐标中则是 $\vec{V} = (v_r, v_\theta, v_z) = v_r\vec{n}_r + v_\theta\vec{n}_\theta + v_z\vec{n}_z$。式中，$\vec{i}$、$\vec{j}$ 和 $\vec{k}$ 分别表示直角坐标 x 轴、y 轴与 z 轴三个方向的单位向量以及 u、v 和 w 分别是三个方向的速度分量，而 $\vec{n}_r$、$\vec{n}_\theta$ 和 $\vec{n}_z$ 分别表示圆柱坐标径向距离 r、方位角 θ 以及高度 z 等三个方向的单位向量以及 v_r、v_θ 和 v_z 分别是在 $\vec{n}_r$、$\vec{n}_\theta$ 和 $\vec{n}_z$ 方向的速度分量。

6.6.3 圆柱坐标的梯度运算符号定义

直角坐标系中梯度运算符号的定义为 $\nabla = \dfrac{\partial}{\partial x}\vec{k} + \dfrac{\partial}{\partial y}\vec{j} + \dfrac{\partial}{\partial z}\vec{k}$，而在圆柱坐标系中梯度运算符号的定义为 $\nabla = \dfrac{\partial}{\partial r}\vec{n}_r + \dfrac{1}{r}\dfrac{\partial}{\partial \theta}\vec{n}_\theta + \dfrac{\partial}{\partial z}\vec{n}_z$。

6.6.4 圆柱坐标中梯度运算符号与流速的点积计算式

在直角坐标系中梯度运算符号与流速点积公式为 $\nabla \cdot \vec{V} = \dfrac{\partial u}{\partial x} + \dfrac{\partial v}{\partial y} + \dfrac{\partial w}{\partial z} = 0$，而在圆柱坐标系中为 $\nabla \cdot \vec{V} = \dfrac{1}{r}\dfrac{\partial}{\partial r}(rv_r) + \dfrac{1}{r}\dfrac{\partial}{\partial \theta}(v_\theta) + \dfrac{\partial v_z}{\partial z}$。

6.6.5　圆柱坐标中梯度运算符号与流速的叉积计算式

在直角坐标系中梯度运算符号与流速叉积公式为 $\nabla \times \vec{V} = \begin{vmatrix} \vec{i} & \vec{j} & \vec{k} \\ \dfrac{\partial}{\partial x} & \dfrac{\partial}{\partial y} & \dfrac{\partial}{\partial z} \\ u & v & w \end{vmatrix}$，而在圆柱坐标系

中为 $\nabla \times \vec{V} = \dfrac{1}{r} \begin{vmatrix} \vec{n}_r & r\vec{n}_\theta & \vec{n}_z \\ \dfrac{\partial}{\partial r} & \dfrac{\partial}{\partial \theta} & \dfrac{\partial}{\partial z} \\ v_r & rv_\theta & v_z \end{vmatrix}$。

6.6.6　圆柱坐标的对流时间导数计算式

流体在直角坐标系中对流时间导数计算式为 $\vec{V} \cdot \nabla = u\dfrac{\partial}{\partial x} + v\dfrac{\partial}{\partial y} + w\dfrac{\partial}{\partial z}$，而在圆柱坐标中为

$\vec{V} \cdot \nabla = v_r \dfrac{\partial}{\partial r} + \dfrac{v_\theta}{r} \dfrac{\partial}{\partial \theta} + v_z \dfrac{\partial}{\partial z}$，所以流体加速度的计算通式为 $\vec{a} = \dfrac{\mathrm{d}\vec{V}}{\mathrm{d}t} = \dfrac{\partial \vec{V}}{\partial t} + (\vec{V} \cdot \nabla)\vec{V}$。在直角坐

标系中加速度公式使用 $\vec{a} = \dfrac{\partial \vec{V}}{\partial t} + u\dfrac{\partial \vec{V}}{\partial x} + v\dfrac{\partial \vec{V}}{\partial y} + w\dfrac{\partial \vec{V}}{\partial z} = \dfrac{\partial \vec{V}}{\partial t} + (\vec{V} \cdot \nabla)\vec{V}$，而在圆柱坐标系中，则使

用 $\vec{a} = \dfrac{\partial \vec{V}}{\partial t} + v_r \dfrac{\partial \vec{V}}{\partial r} + \dfrac{v_\theta}{r} \dfrac{\partial \vec{V}}{\partial \theta} + v_z \dfrac{\partial \vec{V}}{\partial z}$。

【例 6-6】

若流体流速以 $\vec{V} = \vec{V}(u, v, w) = u\vec{i} + v\vec{j} + w\vec{k}$ 表示，试证明 $\nabla \cdot \vec{V} \neq \vec{V} \cdot \nabla$。

【解答】

因为直角坐标系的梯度运算符号定义为 $\nabla = \dfrac{\partial}{\partial x}\vec{i} + \dfrac{\partial}{\partial y}\vec{j} + \dfrac{\partial}{\partial z}\vec{k}$，且依题意流体流速以

$\vec{V} = \vec{V}(y, v, w) = u\vec{i} + v\vec{j} + w\vec{k}$ 表示，所以可得 $\nabla \cdot \vec{V} = \dfrac{\partial u}{\partial x} + \dfrac{\partial v}{\partial y} + \dfrac{\partial w}{\partial z}$ 与 $\vec{V} \cdot \nabla = u\dfrac{\partial}{\partial x} + v\dfrac{\partial}{\partial y} + w\dfrac{\partial}{\partial z}$，显然

$\nabla \cdot \vec{V} \neq \vec{V} \cdot \nabla$，得证。

课后练习

（1）描述流体流动情况的主要物理量有哪些？
（2）系统、环境与边界的定义如何？
（3）控制质量系统与控制体积系统的定义如何？
（4）控制表面的定义如何？
（5）系统外延性质与内延性质的定义如何？

（6）描述流体流动的方法有哪些？

（7）为何在宏观流体力学中，拉格朗日法并不适用于流体流动参数的描述。

（8）列出流体加速度的计算公式并说明其公式中各项的物理意义。

（9）流体为稳态流动时，流体的对流加速度是否为 0，其原因为何？

（10）已知一流体的给定速度分布 $u=x+t$，$v=-y-t$，$w=0$，在此 u、v 和 w 分别表示流体流速在直角坐标系统中 x 轴、y 轴与 z 轴的速度分量，问该流体流场的本地加速度、对流加速度与加速度是什么？

（11）$\vec{V}\cdot\nabla$ 是否等于 $\nabla\cdot\vec{V}$？

（12）假设 B 为流体的物理性质，如果以拉格朗日法描述，则 $\mathrm{d}B=\left[\dfrac{\mathrm{d}B}{\mathrm{d}t}\right]\mathrm{d}t$，但是如果以欧拉法描述，则 $\mathrm{d}B=\dfrac{\partial B}{\partial x}\mathrm{d}x+\dfrac{\partial B}{\partial y}\mathrm{d}y+\dfrac{\partial B}{\partial z}\mathrm{d}z+\dfrac{\partial B}{\partial t}\mathrm{d}t$，试问其原因为何？

（13）如果已知的二维流场在 x 轴与 y 轴的方向之速度分量分别为 $u=-x$，$v=y$，问流体的速度向量如何表示？

（14）如果流场的速度向量可以表示为 $\vec{V}=(t^2+5t)\vec{i}+(y^2-z^2-1)\vec{j}-(y^2+2yz)\vec{k}$，问此流场是否为稳态流场，其原因为何？

（15）如果流场的速度向量可以表示为 $\vec{V}=(t^2+5t)\vec{i}+(y^2-z^2-1)\vec{j}-(y^2+2yz)\vec{k}$，问流体在 $t=2$ 时点（1,1,1）的加速度是多少？

（16）如果已知的三维流场在 x 轴、y 轴与 z 轴的方向之速度分量分别为 $u=x+3t$，$v=-y^2$，$w=yz^2+t$，问局部加速度、对流加速度与实质加速度分别是多少？

（17）如果已知的三维流场在 x 轴、y 轴与 z 轴的方向之速度分量分别为 $u=x+3t$，$v=-y^2$，$w=yz^2+t$，问流体在 x 轴、y 轴与 z 轴之加速度分量分别是多少？

第 7 章　控制体积法

如前所述，流体力学的研究目的是研究液体和气体在流场内流动参数变化的基本规律以及流体流动与研究区域之间的相互作用造成的影响。早期研究流动问题时，对于简单而不复杂的工程计算和流动基本规律的推导通常使用流管与平均流速的概念并利用各种假设将实际流动问题化简成稳态一维流动问题。但是随着流体力学理论的日趋完善，研究中发现要利用稳态一维流动简化模式在现有已发展完成的理论基础上做更进一步研究，几乎是不可能的，必须考虑控制体积法做计算。根据研究关注点不同，控制体积法可以分为积分控制体积法以及微分控制体积法两种类型。积分控制体积法关注的重点主要在于研究区域表面或者控制体积内的质量变化率，流体与控制体积之间的相互作用力及其影响，关注的范围为有限体积大小的区域。微分控制体积法关注的重点则在于流体在流场内各个位置的压力、温度与密度等流动性质以及流速随着流体位置和运动时间的变化，关注的范围为非常微小体积的区域。这两种方法关注点、使用的计算式以及探讨的目标截然不同。

7.1　控制体积法的分类与特性

控制体积法根据求解流体流动问题时使用的计算方程形态可以分为积分控制体积法与微分控制体积法两种类型。这里对这两种类型的研究目的与方法做比较、归纳与说明。

7.1.1　控制体积法的分类与定义

1. 积分控制体积法

所谓积分控制体积法（Integral control volume method）是因为求解流体流动时问题的计算方程由积分方程形态或者积分方程式转换后所得公式而得名。这种方法在研究时关注的重点是整个研究区域，也就是控制体积，所以研究范围是一个有限体积大小的区域，积分控制体积法又称为有限体积分析法（Finite volume analysis）。

2. 微分控制体积法

微分控制体积法（Differential control volume method）因为求解流体流动问题时使用的计算方程为微分方程形式故得名。这种方法在研究时关注的重点是流体在流场内各个位置的压力、温度与密度与流速随着流体位置和运动时间的变化等情形，关注的范围是一个非常微小体积的区域，也就是研究流场内各点流体微团（Fluid micromass）的运动过程，微分控制体积法又称为无限小体积分析法（Infinitesimal volume analysis）。

7.1.2 控制体积法的研究目的与方法

1．研究目的

研究流体流动问题时，如果使用积分控制体积法，其研究的目的主要是计算流体在研究区域表面或者控制体积内产生的质量变化率或者研究流体流动对研究区域造成的影响。如果使用微分控制体积法，其研究的目的则主要是求解流体在流场内各个位置的流动性质与流体流速等随着流体位置与运动时间的变化，也就是研究流场内各点的流体微团运动过程。

2．研究方法

使用积分控制体积法求解流体流动问题时，主要用理论解析法（Theoretical analytic method）计算，也就是以人工方式去求解。而使用微分控制体积法，则是在求解的过程中，使用数值算法（Numerical algorithm）来运算。只有少数的问题可以通过人工计算的方式来求解，大多数的问题则必须使用计算机通过数值模拟或仿真软件来运算求解。

7.1.3 综合结论

积分控制体积法将流场或者流动问题关注的研究范围视为一个整体，使用的计算方程是积分方程式或者由积分方程转换后的公式，其研究目的是求出流动对整个研究区域造成的影响，例如，流体在工程管道中流动时对管道产生的作用力以及气体储存箱中质量变化。但是积分控制体积法得到的研究结果对研究区域内各点的细节有缺失，也就是无法得知研究区域中各点的压力、温度、密度与速度等物理量变化信息。而微分控制体积法求解流体流动问题时使用的计算方程为微分方程式，目的是研究流体在流场内各个位置的流动性质与流动物理量随着位置与时间的变化情形，也就是研究流场内各流体微团的运动过程。这种方法可以找出研究区域内各点变化细节，但无法得知流体流动对整体研究区域的影响。

7.2 积分控制体积法

积分控制体积法使用的计算方程为雷诺转换公式，关注的重点是转换公式的应用以及公式的推导和简化。工程计算中经常使用的是质量守恒方程与动量守恒方程，描述如下。

7.2.1 雷诺转换公式

基于流体力学问题研究特性，处理流体流动问题时先将整个流体系统的质量、动量以及动量矩等分析转换成流体在特定研究区域的相应物理量的分析，也就是将第6章内容提及的控制质量系统（Control mass system）转换成控制体积系统（Control volume system）。如果要达到此目的，就必须将物理量的计算方程转换成适合于某特定研究区域内，而非某个固定质量系统的计算方程，这种转换用到的定理称为雷诺转换定理（Reynolds transformation theorem）。换句话说，雷诺转换定理在研究流体运动时，扮演着将流体在整个流体质量系统内物理量分析转换成在控制体积系统内的角色。这定理能够运用于所有基本定律的转换，而用到的公式即称为雷诺转换公式（Reynolds transformation equation）。由于积分控制体积法中使用的计算方程都由雷诺转换公式推导而出，雷诺转换公式又称为一般守恒方程式（General conservation equation）。

1．公式介绍

雷诺转换公式的主要作用是让整个流体质量系统的物理量分析转换成控制体积系统的物理量分析，其目的是将流体流动问题的计算聚焦在某个特定区域
控制体积的边界称为控制表面（Control surface），如图 7-1 所示。

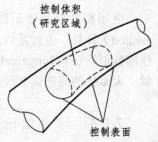
控制体积
（研究区域）
控制表面

图 7-1　雷诺转换定理观念

如前所述，雷诺转换定理使用的转换公式称为雷诺转换公式，它是积分控制体积法使用的通用公式，也就是说其适用于所有控制体积内的流动参数的转换。积分控制体积法使用的计算公式都由雷诺转换公式推导而来，所以雷诺转换公式称为一般守恒方程式。其公式的形式为 $\left.\dfrac{dN}{dt}\right|_{S} = \left.\dfrac{\partial N}{\partial t}\right|_{CV} + \iint_{cs} n\rho \vec{V} d\vec{A}$，式中，S 表示流体整体质量系统，CV 表示控制体积或是研究区域，CS 表示控制体积或者研究区域的控制表面或边界。$N = \iiint n\rho dV$，其代表的是流体的外延性质或动量 $m\vec{V}$ 或动量矩 $\vec{r} \times m\vec{V}$；$n = \dfrac{\partial N}{\partial m}$ 为流体的比性质或单位流体质量的动量 $\vec{V}$ 或动量矩 $\vec{r} \times \vec{V}$；ρ、m、$\vec{V}$ 与 A 分别表示为流体的密度、质量、流速以及流体流经控制表面的面积。式中还定义流出控制体积或者控制表面或边界时的 n 为正值，反之，流入控制体积或控制表面或边界，其 n 值则为负。

2．公式代表的物理意义

雷诺转换公式的形式为 $\left.\dfrac{dN}{dt}\right|_{S} = \left.\dfrac{\partial N}{\partial t}\right|_{CV} + \iint_{cs} n\rho \vec{V} d\vec{A}$，其中 $\left.\dfrac{dN}{dt}\right|_{S}$ 项为整体质量系统中 N 值对时间的变化率，$\left.\dfrac{\partial N}{\partial t}\right|_{CV}$ 项为在控制体积或研究区域中 N 值的累积率，$\iint_{cs} n\rho \vec{V} d\vec{A}$ 项为流经控制体积或研究区域表面或边界的 N 值总流出率。可以得到雷诺转换公式代表的物理意义为，流体在整体质量系统内 N 值对时间的变化率等于流体在控制体积或研究区域中 N 值的累积率与流经控制表面或研究区域表面 N 值流出率的总和，在此 N 为流体的外延性质或动量、动量矩。

如果流动为稳态，雷诺转换公式能够简化成 $\left.\dfrac{dN}{dt}\right|_{S} = \iint_{cs} n\rho \vec{V} d\vec{A}$，从而推知，如果流体为稳态流动时，在质点系统中某种物理量 N 对时间的变化率仅与流经控制表面 N 值的总流率有关，与控制体积中 N 值的变化无关。

3．雷诺转换公式的应用

雷诺转换公式在流体力学与空气动力学中多应用于质量守恒方程与动量守恒方程的转换。

【例 7-1】

试证明雷诺转换公式 $\dfrac{\mathrm{d}N}{\mathrm{d}t}\Big|_{\mathrm{S}} = \dfrac{\partial N}{\partial t}\Big|_{\mathrm{CV}} + \iint_{\mathrm{cs}} n\rho\vec{V}\mathrm{d}\vec{A}$ 。

【解答】

（1）雷诺转换公式的目的是为了让整个流体质量系统的物理量分析转换成控制体积系统。令 N 为流体的外延性质或者动量 $m\vec{V}$、动量矩 $\vec{r}\times m\vec{V}$，而 n 为流体的内延性质或者单位流体质量的动量 $\vec{V}$、动量矩 $\vec{r}\times\vec{V}$，整个流体质量系统与控制体积系统的物理量随着时间的变化率如图 7-2 所示。

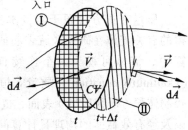

（2）时间 t 的控制体积如实线所示，并随着时间移动与变形。时间为 $t+\Delta t$ 时，系统所在的范围以虚线表示。阴影部分的面积即显示流入控制体积的内流（Inflow）与流出控制体积的外流（Outflow），从图中可知 $N_{\mathrm{sys}}(t) = N_{\mathrm{CV}}(t)$ 及
$N_{\mathrm{sys}}(t+\Delta t) = N_{\mathrm{CV}}(t+\Delta t) - N_{\mathrm{I}}(t+\Delta t) + N_{\mathrm{II}}(t+\Delta t)$ 。

图 7-2　系统与控制体积之构图

（3）在时间 δt 内系统内物理量的改变率可写为

$$\frac{\delta N_{\mathrm{sys}}}{\delta t} = \frac{N_{\mathrm{sys}}(t+\delta t) - N_{\mathrm{sys}}(t)}{\delta t} = \frac{[N_{\mathrm{c.v}}(t+\delta t) - N_{\mathrm{I}}(t+\delta t) + N_{\mathrm{II}}(t+\delta t)] - N_{\mathrm{cv}}(t)}{\delta t}$$

$$= \frac{[N_{\mathrm{cv}}(t+\delta t) - N_{\mathrm{cv}}(t)]}{\delta t} + \frac{[N_{\mathrm{II}}(t+\delta t) - N_{\mathrm{I}}(t+\delta t)]}{\delta t}$$

上式取极限值得 $\dfrac{\mathrm{d}N_{\mathrm{sys}}}{\mathrm{d}t} = \lim\limits_{\delta t\to 0}\left[\dfrac{\delta N}{\delta t}\right]$，而式中 $N_{\mathrm{CV}} = \iiint_{\mathrm{CV}} n\rho\mathrm{d}V$，由此可得

$$\frac{\mathrm{d}N_{\mathrm{sys}}}{\mathrm{d}t} = \lim_{\delta t\to 0}\left[\frac{\delta N}{\delta t}\right] = \frac{\partial N}{\partial t} + (N_{\mathrm{out}} - N_{\mathrm{in}}) = \frac{\mathrm{d}N}{\mathrm{d}t}\Big|_{\mathrm{S}} = \frac{\partial N}{\partial t}\Big|_{\mathrm{CV}} + \iint_{\mathrm{CS}} n\rho\vec{V}\mathrm{d}\vec{A}$$

（4）故得证。

【例 7-2】

试述雷诺转换公式 $\dfrac{\mathrm{d}N}{\mathrm{d}t}\Big|_{\mathrm{S}} = \dfrac{\partial N}{\partial t}\Big|_{\mathrm{CV}} + \iint_{\mathrm{cs}} n\rho\vec{V}\mathrm{d}\vec{A}$ 的使用目的和公式中各项代表的物理意义。

【解答】

（1）雷诺转换公式的目的是将整个流体质量系统转换成控制体积系统的物理量分析。它是一种将流体流动问题的计算锁定在研究者关注的区域以探讨物理量变化之计算思维的转换方式。

（2）在雷诺转换公式中各项代表的物理意义如下。

① $\dfrac{\mathrm{d}N}{\mathrm{d}t}\Big|_{\mathrm{S}}$：物理量 N 的全变化率，也就是流体质量系统中物理量 N 随时间的变化率。

② $\left.\dfrac{\partial N}{\partial t}\right|_{\mathrm{CV}}$：局部的物理量 N 随时间变化率，也就是流体在研究区域或控制体积中物理量 N 的累积率。

③ $\iint_{\mathrm{CS}} n\rho\vec{V}\mathrm{d}\vec{A}$：物理量 N 进出控制系统引起的变化率，也就是流体通过控制体积表面或研究区域表面的物理量 N 流出率的总和。

7.2.2 质量守恒方程式

质量守恒方程源于质量本身不可创造或毁灭原理并利用雷诺转换定理进行转换推导而得的有关流体在研究区域表面或控制体积内质量变化率公式。根据流体的连续性，在工程计算中，流体可视为一个连续且没有空隙的介质，所以质量守恒方程又称为连续方程式（Continuity equation）。质量守恒方程多用来处理流体在控制体积（研究区域）内质量变化率，控制体积（研究区域）表面，也就是控制表面或边界上的质流率、体流率和流体密度、速度，以及经有效截面的物理量计算问题。

1．公式推导

推导的过程中，仅需将雷诺转换公式 $\left.\dfrac{\mathrm{d}N}{\mathrm{d}t}\right|_{\mathrm{S}}=\left.\dfrac{\partial N}{\partial t}\right|_{\mathrm{CV}}+\iint_{\mathrm{CS}} n\rho\vec{V}\mathrm{d}\vec{A}$ 中的物理量 N 用质量 m 代替即可。设定雷诺转换公式中 $N=m$ 与 $n=\dfrac{\partial N}{\partial m}=1$，从而可以导出质量守恒方程的积分形式为 $\left.\dfrac{\mathrm{d}m}{\mathrm{d}t}\right|_{\mathrm{S}}=\left.\dfrac{\partial m}{\partial t}\right|_{\mathrm{CV}}+\iint_{\mathrm{CS}}\rho\vec{V}\mathrm{d}\vec{A}$。根据质量守恒定律，在整个流体质量系统中，质量是不可以增加或减少的，因此 $\left.\dfrac{\mathrm{d}m}{\mathrm{d}t}\right|_{\mathrm{S}}=0$。质量守恒的积分方程 $\left.\dfrac{\mathrm{d}m}{\mathrm{d}t}\right|_{\mathrm{S}}=\left.\dfrac{\partial m}{\partial t}\right|_{\mathrm{CV}}+\iint_{\mathrm{CS}}\rho\vec{V}\mathrm{d}\vec{A}$ 可以写成 $\left.\dfrac{\partial m}{\partial t}\right|_{\mathrm{CV}}+\iint_{\mathrm{CS}}\rho\vec{V}\mathrm{d}\vec{A}=0$，此方程适用于静止不动或做等速运动的惯性坐标系。必须注意的是，如果控制体积以等速度 $\vec{V}_{\mathrm{CV}}$ 运动，则原先的质量守恒积分方程中速度 $\vec{V}$ 必须使用相对速度 $\vec{V}_{\mathrm{r}}$ 代替，也就是将其修正为 $\left.\dfrac{\partial m}{\partial t}\right|_{\mathrm{CV}}+\iint_{\mathrm{CS}}\rho\vec{V}_{\mathrm{r}}\mathrm{d}\vec{A}=0$。为了简化问题的难度，通常引入平均流速 $\overline{V}=\dfrac{Q}{A}=\dfrac{\iint_A V_n\mathrm{d}A}{A}$，在流体流动问题的公式计算中，$\overline{V}$ 上的横杠往往不标出，而直接用 V 表示平均流速。平均流速的引入，原先的质量守恒积分方程再次转换成 $\left.\dfrac{\partial m}{\partial t}\right|_{\mathrm{CV}}+\sum\dot{m}_{\mathrm{e}}-\sum\dot{m}_{\mathrm{i}}=0$ 的形式。式中 $\dot{m}_{\mathrm{e}}$ 与 $\dot{m}_{\mathrm{i}}$ 分别表示流体流出与流入控制体积表面的质量流率，所以 $\sum\dot{m}_{\mathrm{e}}-\sum\dot{m}_{\mathrm{i}}$ 为流经控制体积表面的质量总流出率。

2．物理意义

在质量守恒方程 $\left.\dfrac{\partial m}{\partial t}\right|_{\mathrm{CV}}+\sum\dot{m}_{\mathrm{e}}-\sum\dot{m}_{\mathrm{i}}=0$ 中，$\left.\dfrac{\partial m}{\partial t}\right|_{\mathrm{CV}}$ 项为流体在控制体积（研究区域）中质量的累积率，而 $\sum\dot{m}_{\mathrm{e}}-\sum\dot{m}_{\mathrm{i}}$ 项为流经控制体积（研究区域）表面或边界上的质量总流出率。

因此质量守恒方程的物理意义可表示为"流体在控制体积内的质量累积率和流体流经控制体积表面质量总流出率的总和为 0"。当然也可以将质量守恒方程进一步转换成 $\dfrac{\partial m}{\partial t}\Big|_{CV} = -(\sum \dot{m}_e - \sum \dot{m}_i) = \sum \dot{m}_i - \sum \dot{m}_e$，从而质量守恒方程可理解为"流体在控制体积或研究区域中质量的累积率等于流体流经控制体积或研究区域表面的质量总流入率"。由于流体的质量是个标量，而非向量，所以由雷诺转换公式推导的质量守恒方程是个标量方程。

3．简化与应用

质量守恒方程根据流体流动的类型分为非稳态可压缩流动问题、非稳态不可压缩流动问题、稳态可压缩流动问题以及稳态不可压缩流动问题四类的计算。

（1）非稳态可压缩流体流动问题。

如果流体的性质与速度随时间的变化率以及流体密度的改变量不可以忽略不计，也就是流体的性质与速度满足 $\dfrac{\partial}{\partial t} \neq 0$ 与 $\rho \neq C$ 的条件，那么这种流动称为非稳态可压缩流动问题。质量守恒方程 $\dfrac{\partial m}{\partial t}\Big|_{CV} + \sum \dot{m}_e - \sum \dot{m}_i = 0$ 保持不变，亦可用 $\dfrac{\partial m}{\partial t}\Big|_{CV} = \sum \dot{m}_i - \sum \dot{m}_e$ 来计算。$\dot{m}_i$ 与 $\dot{m}_e$ 分别为 $\dot{m}_i = \rho_i A_i V_i$ 和 $\dot{m}_e = \rho_e A_e V_e$，式中，$\rho$、$A$ 与 V 分别为流体的密度、流体流经控制表面出入口处的截面面积和流体平均流速。

（2）非稳态不可压缩流体流动问题。如果流体的性质与速度随着时间的变化率不可以忽略，但是流体密度的变化量非常小而忽略不计，也就是流体的性质与速度满足 $\dfrac{\partial}{\partial t} \neq 0$ 与 $\rho = C$ 的条件，那么这种流动称为非稳态不可压缩流动问题。质量守恒方程 $\dfrac{\partial m}{\partial t}\Big|_{CV} + \sum \dot{m}_e - \sum \dot{m}_i = 0$ 转换成 $\dfrac{\partial m}{\partial t}\Big|_{CV} = \sum \dot{m}_e - \sum \dot{m}_i = \rho(\sum Q_i - \sum Q_e)$ 的形式，Q_i 与 Q_e 的计算公式分别为 $Q_i = A_i V_i$ 和 $Q_e = A_e V_e$。式中，A 与 V 分别表示流体流经控制表面出入口处的截面面积和平均流速。

（3）稳态可压缩流体流动问题。气体马赫数高于 0.3 时，流体的密度的改变量不可以忽略不计，也就是气体的性质与流速随着时间的变化率非常小以致于忽略不计，高速气体流动将满足 $\dfrac{\partial}{\partial t} = 0$ 与 $\rho \neq C$ 的条件，那么这种气体流动称为稳态可压缩流体流动问题。质量守恒方程 $\dfrac{\partial m}{\partial t}\Big|_{CV} + \sum \dot{m}_e - \sum \dot{m}_i = 0$ 可以简化为 $\sum \dot{m}_i - \sum \dot{m}_e = 0$。$\dot{m}_i = \rho_i A_i V_i$ 和 $\dot{m}_e = \rho_e A_e V_e$，式中，$\rho$、$A$ 与 V 分别表示气体的密度、气流流经控制表面出入口处的截面面积和气体的平均流速。所以在稳态可压缩流体流动问题中，质量守恒方程进一步转换为 $\sum \rho_i A_i V_i = \sum \rho_e A_e V_e$ 形式。对于气体在只有单一进口与出口的流管或管道流动来说，质量守恒方程又再进一步地简化成 $\dot{m}_i = \dot{m}_e \Rightarrow \rho_i A_i V_i = \rho_e A_e V_e$ 形式，这就是第 3 章与第 4 章提及的质量流率守恒公式。

（4）稳态不可压缩流体流动问题。

对于液体与低速气体流动的问题，流体的密度的改变量可以忽略不计，那么如果流体的性质与速度随着时间的变化率非常小以致于忽略不计，流体流动将满足 $\dfrac{\partial}{\partial t} = 0$ 与 $\rho = C$ 的条件，这种流动称为稳态不可压缩流体流动问题。因为流体在稳态不可压缩流场中，其流动性质与流速度等物理量满足 $\frac{\partial}{\partial t}=0$ 与 $\rho=C$ 的条件，所以质量守恒方程简化为 $\sum Q_i - \sum Q_e = 0$。 $Q_i = A_i V_i$ 以及 $Q_e = A_e V_e$，A 与 V 分别是流体流经控制表面出入口处的截面积和平均流速。对于低速流体在只有单一进口与出口的流管或工程管道的流动问题来说，质量守恒方程再进一步简化成 $Q_i = Q_e \Rightarrow A_i V_i = A_e V_e$，这就是第 3 章讨论的体积流率守恒公式。

【例 7-3】

如图 7-3 所示，不可压缩流体在半径为 R 的圆管进口处速度为 V_1，经过一定距离，在管内以速度 $V_2 = V_{max}\left(1 - \frac{r^2}{R^2}\right)$ 作稳定的层流流动，试求

（1）流体经过调适后的平均速度。

（2）V_1 与 V_{max} 之间的关系。

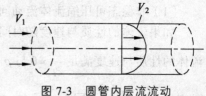

图 7-3　圆管内层流流动

【解答】

（1）因为平均速度计算公式为 $V = \frac{Q}{A} = \frac{\iint_{c.s} \vec{V}\mathrm{d}\vec{A}}{A}$，所以依题意流体的平均速度为 $V = \frac{Q}{A} = $

$$\frac{\iint_{cs} \vec{V}\mathrm{d}\vec{A}}{A} = \frac{2\pi \int_0^R V_{max}\left(1 - \frac{r^2}{R^2}\right)r\,\mathrm{d}r}{\pi R^2} = \frac{2\pi V_{max}\frac{R^2}{4}}{\pi R^2} = \frac{V_{max}}{2}。$$

（2）在稳态不可压缩单一进出口的流管问题中，流体流动必须满足体积流率守恒公式 $Q_i = A_i V_i = Q_e = A_e V_e$，所以 $V_1 \times \pi R^2 = \frac{V_{max}}{2} \times \pi R^2$，获得 V_1 与 V_{max} 之间的关系为 $V_1 = \frac{V_{max}}{2}$。

【例 7-4】

如图 7-4 所示，如果玻璃球由截面 1 充气，其截面积为 A_1，速度为 V_1，密度为 ρ_1，玻璃球半径为 R，试求玻璃球内密度 $\rho_b(t)$ 的瞬时变化率。

【解答】

（1）玻璃球在充气过程中，球内气体的质量会越来越多，密度也就越来越大，所以在玻璃球内空气质量随着时间的改变与密度的变化不可以忽略，这问题属于非稳态可压缩流动问题类型。

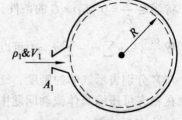

图 7-4　玻璃球进气

（2）因为质量守恒方程式 $\left.\frac{\partial m}{\partial t}\right|_{CV} = \sum \rho_i A_i V_i - \sum \rho_e A_e V_e$，且玻璃球内气体的质量为

$$m = \rho_b(t) \times \frac{4}{3}\pi R^3。$$

（3）根据质量守恒方程，玻璃球内气体密度的瞬时变化率 $\dfrac{\partial \rho_b}{\partial t}$ 满足 $\dfrac{\partial}{\partial t}\left(\rho_b \times \dfrac{4}{3}\pi R^3\right) = \rho_1 A_1 V_1$，因此可以得到玻璃球内气体密度的瞬时变化率为 $\dfrac{\partial \rho_b}{\partial t} = \dfrac{3}{4\pi R^3}\rho_1 A_1 V_1$。

【例 7-5】

如图 7-5 所示，假设桶内（控制体积）所装液体为水，试写出其流动过程中的质量守恒方程与该方程代表的物理意义。

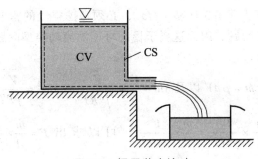

图 7-5　桶里装水流动

【解答】

（1）因为桶内（CV）所装液体为水，可视为不可压缩流体，又因为在桶内质量随着时间的增加而逐渐减少，所以 $\left.\dfrac{\partial m}{\partial t}\right|_{CV} \neq 0$，$\dfrac{\partial}{\partial t} \neq 0$，这个问题属于非稳态不可压缩流动类型。只有单一出口，而没有入口，所以质量守恒方程可写成 $\left.\dfrac{\partial m}{\partial t}\right|_{CV} + \dot{m}_e = 0$。

（2）因为 $\dfrac{\partial m}{\partial t} = -\dot{m}_e$，从这个方程可以知道，桶内水随着时间减少的量是水的流出率。

【例 7-6】

如图 7-6 所示，假设桶内所装液体为水，桶的面积是 A，流出孔的面积是 A_1，水面的高度是 h，水流出的速度是 V，试推导桶内水流时间 t 与高度 h 和水流速度 V 的关系式。

【解答】

（1）因为这是非稳态不可压缩流动类型问题，且只有单一出口，而没有入口，所以桶内（控制体积 CV 中）所装液体（水）的质量守恒方程式可写成 $\left.\dfrac{\partial m}{\partial t}\right|_{CV} + \dot{m}_e = 0 \Rightarrow \dfrac{\partial m}{\partial t} = -\dot{m}_e$。

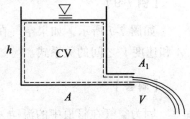

图 7-6　桶内水流动

（2）因为桶内水的累积率 $\left.\dfrac{\partial m}{\partial t}\right|_{CV} = -\rho_w A \dfrac{\partial h}{\partial t}$，而控制体积表面的流出率 $\dot{m}_e$ 为 $\rho_w A_1 V$，因此从质量守恒方程可推导出 $-\rho_w A \partial h = -\rho_w A_1 V \partial t$。

（3）将关系式 $-\rho_w A \partial h = \rho_w A_1 V \partial t$ 两边积分后整理可得 $-\dfrac{\rho_w A h}{t} = -\rho_w A_1 V$，所以得 $t = \dfrac{Ah}{A_1 V}$。

【例 7-7】

空气流过单一进出口的工程管道时，截面面积 $A = 6.5\ \mathrm{cm}^2$，速度 $V = 300\ \mathrm{m/s}$，马赫数 = 0.6，质量流率 $\dot{m} = 1.2\ \mathrm{kg/s}$，试写出流体质量守恒方程并求出该截面上空气的静压 P 值。

【解答】

（1）因为气体的流速大于 0.3 马赫（Ma），必须考虑空气的密度变化，而工程计算中常将流体流动过程视为稳态问题，因此这属于稳态可压缩流动类型问题，流体质量守恒方程可写成 $\dot{m} = \rho A V = C$。

（2）因为 $P = \rho R T$，$\dot{m} = \rho A V$ 以及 $Ma = \dfrac{V}{a} = \dfrac{V}{\sqrt{\gamma R T}} \Rightarrow Ma^2 = \dfrac{V^2}{\gamma R T} \Rightarrow R T = \dfrac{V^2}{\gamma Ma^2}$，所以得

到 $P = \rho R T = \dfrac{\dot{m}}{AV} R T = \dfrac{\dot{m}}{AV} \times \dfrac{V^2}{\gamma Ma^2} = \dfrac{\dot{m}}{A} \times \dfrac{V}{\gamma Ma^2}$，可以求出 $P = \dfrac{\dot{m}}{A} \times \dfrac{V}{\gamma Ma^2} = \dfrac{1.2 \times 300}{0.065 \times 1.4 \times 0.6^2} =$

$1.098\ 9 \times 10^4 (\mathrm{Pa})$。

【例 7-8】

如图 7-7 所示，如果空气在管道中的流动为一个稳态可压缩流动过程，试写出流场内密度 ρ、比容 γ、面积 A 以及速度 V 之间的关系式。

【解答】

空气在管道中流动为稳态可压缩流动过程，在空气流场内密度 ρ、比容 γ、面积 A 以及速度 V 之间的关系必须满足质量守恒定律 $\dot{m}_1 = \rho_1 A_1 V_1 = \dfrac{A_1 V_1}{\gamma_1} = \dot{m}_2 = \rho_2 A_2 V_2 = \dfrac{A_2 V_2}{\gamma_2}$。如果空气流场为稳态不可压缩流，则流动的过程必须满足 $A_1 V_1 = A_2 V_2$。

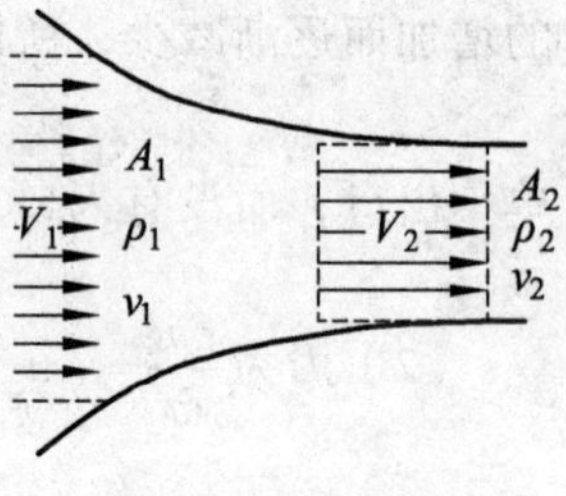

图 7-7　管道流动

【例 7-9】

如图 7-7 所示，如果空气在管道中的流动为稳态不可压缩流动过程，试写出流场内面积 A 和速度 V 之间的关系式。

【解答】

因为空气在管道中的流动为一个稳态不可压缩流动过程，所以在空气流场内密度 ρ、比容 γ、面积 A 以及速度 V 之间的关系必须满足质量守恒定律 $\dot{m}_1 = \rho_1 A_1 V_1 = \dfrac{A_1 V_1}{\gamma_1} = \dot{m}_2 =$

$\rho_2 A_2 V_2 = \dfrac{A_2 V_2}{\gamma_2}$ 以及 $\rho_1 = \rho_2$ 和 $\nu_1 = \nu_2$ 的条件，可以推导出 $A_1 V_1 = A_2 V_2$。

【例 7-10】

如图 7-8 所示，从喷管喷出的水流密度为 ρ，速度为 V 射流冲击到一个具有转向角 β 且以稳定的速度 U 移动的叶片，假设叶片安装在导轨上受到力 F，问水柱流经进出口截面的质量流率表示式是什么？

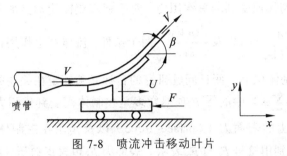

图 7-8　喷流冲击移动叶片

【解答】

（1）假设流动的过程是稳态，并忽略净压力作用与重力效应以及射流运动时产生的机械能损失，并假设水柱沿着叶片经过的截面积为定值，因此沿着叶片水流的速度为均值。

（2）质量流率的求解：根据质量守恒方程式 $\iint_{c.s} \rho \vec{V}_r \mathrm{d}\vec{A} = 0 \Rightarrow \rho A(V_{r2} - V_{r1}) = 0$，由此可以推知 $V_{r1} = V - U$ 以及 $\dot{m}_1 = \dot{m}_2 = \rho(V - U)A$。

7.2.3　动量守恒方程式

动量守恒方程是物理学中动量定理在流体力学中的具体表现，它反映了流体流动过程中的动量变化以及流动产生的作用力和作用力造成的影响。动量守恒方程是利用牛顿第二运动定律并由雷诺转换定理进行转换推导而得流动作用力的计算公式。在工程实际中，动量守恒方程多用于处理流动与控制体积之间相互作用力的计算，例如流动对弯管的作用力或者射流对平板的冲击力等问题的计算都使用动量守恒方程。

1．公式推导

根据牛顿第二运动定律，流体受到作用力 $\vec{F}$ 的计算公式为 $\vec{F} = m\vec{a} = \dfrac{\mathrm{d}(m\vec{V})}{\mathrm{d}t} = m\dfrac{\mathrm{d}\vec{V}}{\mathrm{d}t}$。在动量守恒方程推导中，仅需将雷诺转换公式中的物理量 N 用动量 $m\vec{V}$ 代替即可。也就是设定雷诺转换公式的 $N = m\vec{V}$ 与 $n = \dfrac{\partial N}{\partial m} = \vec{V}$ 导出动量守恒方程的积分形式为 $\sum \vec{F} = \left.\dfrac{\partial(m\vec{V})}{\partial t}\right|_{CV} +$ $\iint_{cs} \vec{V}\rho\vec{V}\mathrm{d}\vec{A}$，此方程适用于静止不动或做等速运动的惯性坐标系。必须注意的是，与质量守恒积分方程计算一样，如果控制体积以等速度 $\vec{V}_{CV}$ 运动的话，则原先的动量守恒积分方程式 $\sum \vec{F} = \left.\dfrac{\partial(m\vec{V})}{\partial t}\right|_{CV} + \iint_{cs} \vec{V}\rho\vec{V}\mathrm{d}\vec{A}$ 中的速度 $\vec{V}$ 必须用相对速度 $\vec{V}_r$ 代替，即修正为 $\sum \vec{F} = \left.\dfrac{\partial(m\vec{V}_r)}{\partial t}\right|_{CV} +$

$\iint_{cs} \vec{V_r} \rho \vec{V_r} \mathrm{d}\vec{A}$。在工程实际中，为了简化动量守恒方程计算复杂度，通常将 $\left.\dfrac{\partial(m\vec{V})}{\partial t}\right|_{cv}$ 视为 0，

并且引进平均速度 $V = \dfrac{\iint_{cs} \vec{V}\mathrm{d}\vec{A}}{A}$ 将原动量守恒方程再转换成 $\sum\vec{F} = \sum\dot{m_e}\vec{V_e} - \sum\dot{m_i}\vec{V_i}$ 的形式，式

中，$\sum\vec{F}$ 为流体或控制体积受到的总作用力。对于稳态流体流动且加入平均速度概念的工程

计算，流动必须满足 $\left.\dfrac{\partial m}{\partial t}\right|_{cv} = 0$ 以及 $\left.\dfrac{\partial(m\vec{V})}{\partial t}\right|_{cv}$ 两个条件，流体产生作用在整个质量系统上的作

用力可视为作用在控制体积上，而且问题研究的目标必须锁定在关注的区域上，所以动量守

恒方程 $\sum\vec{F} = \sum\dot{m_e}\vec{V_e} - \sum\dot{m_i}\vec{V_i}$ 中的 $\sum\vec{F}$ 项通常多是控制体积受到作用力的总和，这些作用力

包括作用在控制表面上的表面力（Surface force）以及作用在控制体积内质量上的物体力

（Body force），它们分别用符号 F_S 与 F_B 表示。表面力 F_S 包含正向压（拉）应力以及剪应力，

物体力 F_B 则包括重力（Gravity force）及电磁场力（Electromagnetic field force），本书对电磁

场力不予讨论，提的物体力 F_B 仅表示重力。动量守恒方程中的 $\dot{m_e}\vec{V_e}$ 和 $\dot{m_i}\vec{V_i}$ 项分别表示流体

流入与流出控制表面的动量通量（Flux）。从动量守恒方程中可以发现，使用方程时，不必知

道流体内部的流动情况，只需知道流体在控制表面上的流动情况，就能够计算出流体与控制

体积之间的相互作用力。

2．物理意义

动量守恒方程式 $\sum\vec{F} = \sum\dot{m_e}\vec{V_e} - \sum\dot{m_i}\vec{V_i}$ 代表的物理意义为"作用在控制体积的力总和等于

流体流经控制表面或研究区域表面的动量总流出率"。由于流体动量与流动产生的作用力为向

量，而非标量，所以由雷诺转换公式推导出的动量守恒方程为向量，而非标量。在实际的工

程计算中，建议先选定一个坐标系，以便找出各个作用力在控制体积各方向的分量大小及作

用方向，与流经控制表面的各部分动量通量的关系。

【例 7-11】

试述动量守恒方程 $\sum\vec{F} = \left.\dfrac{\partial(m\vec{V})}{\partial t}\right|_{cv} + \iint_{cs} \vec{V}\rho\vec{V}\mathrm{d}\vec{A}$ 与 $\sum\vec{F} = \sum\dot{m_e}\vec{V_e} - \sum\dot{m_i}\vec{V_i}$ 的使用目的是

什么？

【解答】

动量守恒方程的主要目的是用来处理流动流体与控制体积之间相互作用力的计算，通常

为了降低计算的复杂度，在研究流体流动问题时，引入平均速度的概念及使用稳态流体流动

的假设，将原有的动量守恒方程式 $\sum\vec{F} = \left.\dfrac{\partial(m\vec{V})}{\partial t}\right|_{cv} + \iint_{cs} \vec{V}\rho\vec{V}\mathrm{d}\vec{A}$ 简化为 $\sum\vec{F} = \sum\dot{m_e}\vec{V_e} - \sum\dot{m_i}\vec{V_i}$

的形式。

【例 7-12】

试述动量守恒方程 $\sum \vec{F} = \dfrac{\partial(m\vec{V})}{\partial t}\bigg|_{CV} + \iint_{cs} \vec{V} \rho \vec{V} \mathrm{d}\vec{A}$ 与 $\sum \vec{F} = \sum \dot{m}_e \vec{V}_e - \sum \dot{m}_i \vec{V}_i$ 的使用目的以及各项代表的物理意义。

【解答】

（1）动量守恒方程的主要目的是用来处理流动流体与控制体积之间的相互作用力的计算问题。

（2）在动量守恒方程 $\sum \vec{F} = \dfrac{\partial(m\vec{V})}{\partial t}\bigg|_{CV} + \iint_{cs} \vec{V} \rho \vec{V} \mathrm{d}\vec{A}$ 中各项代表的物理意义描述如下。

① $\sum \vec{F}$：在公式中 $\sum \vec{F} = \dfrac{\mathrm{d}(m\vec{V})}{\mathrm{d}t}\bigg|_{S}$，它代表的是物理量 $m\vec{V}$ 的全变化率，也就是流体质量系统中物理量 $m\vec{V}$ 随时间的变化率。

② $\dfrac{\partial(m\vec{V})}{\partial t}\bigg|_{CV}$：局部物理量 $m\vec{V}$ 随时间的变化率，也就是流体在研究区域或控制体积中物理量 $m\vec{V}$ 的变化率。

③ $\iint_{cs} \vec{V} \rho \vec{V} \mathrm{d}\vec{A}$：物理量 $m\vec{V}$ 进出控制系统引起的变化率，也就是流体通过控制体积表面或研究区域表面的物理量 $m\vec{V}$ 的总流出率。

（3）工程实际中，为了研究的需要与降低计算的复杂度通常引入平均速度的概念及使用稳态流体流动的假设，将动量守恒方程 $\sum \vec{F} = \dfrac{\partial(m\vec{V})}{\partial t}\bigg|_{CV} + \iint_{cs} \vec{V} \rho \vec{V} \mathrm{d}\vec{A}$ 简化为 $\sum \vec{F} = \sum \dot{m}_e \vec{V}_e - \sum \dot{m}_i \vec{V}_i$ 的形式，式中各项代表的物理意义描述如下。

① $\sum \vec{F}$：控制体积受到的总作用力，也就是作用在控制表面上的表面力以及作用在控制体积内物体的力总和。

② $\sum \dot{m}_e \vec{V}_e - \sum \dot{m}_i \vec{V}_i$：流体通过控制体积表面或研究区域表面的物理量 $m\vec{V}$ 的总流出率，也就是控制表面上的总动量流出通量。

【例 7-13】

如图 7-9 所示，静态推力测试台是设计用来测试喷射（气）发动机（Jet engine）的静态推力装置，如果某喷射（气）发动机的测试数据为 $V_1 = 200 \text{ m/s}$、$V_2 = 500 \text{ m/s}$、$P_1 = 78.5 \text{ kPa}$、$P_2 = 101 \text{ kPa}$、$A_1 = 1.0 \text{ m}^2$ 以及 $T_1 = 268 \text{ K}$，问该喷射（气）发动机的质量流率与推力是多少？

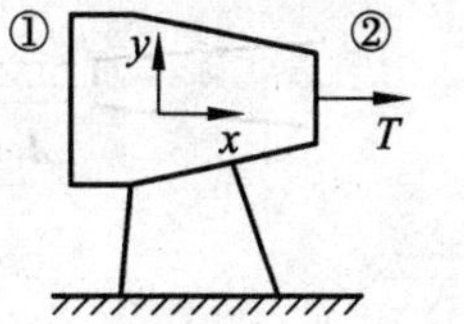

【解答】

图 7-9　静态推力测试台

（1）设定问题研究的假设以方便求解：假设问题中流动的过程为稳态一维流动。

（2）质量流率的求解过程：根据质量守恒的积分方程，如果气体流动为稳态一维可压缩过程，必须满足 $\left.\dfrac{\partial m}{\partial t}\right|_{\mathrm{CV}}=0$ 的条件，所以质量守恒方程可转换成 $\dot{m}=\dot{m}_1=\dot{m}_2 \Rightarrow \rho_1 A_1 V_1 = \rho_2 A_2 V_2$，又假设此气体为理想气体，也就是气体行为满足 $P=\rho RT$ 的状态方程，求得该喷射（气）发动机的质量流率为 $\dot{m}=\dot{m}_1=\rho_1 A_1 V_1=\left[\dfrac{P_1}{RT_1}\right]A_1 V_1 = \dfrac{78.5\times10^3\times1\times200}{287\times268}=204.12\,\mathrm{kg/sec}$。

（3）喷射气流产生的推力求解过程：在稳态流动且加入平均速度概念的工程计算中，流体流动必须满足 $\left.\dfrac{\partial m}{\partial t}\right|_{\mathrm{CV}}=0$ 以及 $\left.\dfrac{\partial(m\vec{V})}{\partial t}\right|_{\mathrm{CV}}$ 两个条件，流体因为流动产生作用在整个质量系统上的作用力可视为作用在控制体积上的作用力并可以将动量守恒方程简化为 $\sum\vec{F}=\sum\dot{m}_e\vec{V}_e-\sum\dot{m}_i\vec{V}_i$，因此求解推力的过程包括确定控制体积与其上的作用力，代入动量守恒方程计算求解这两个步骤。

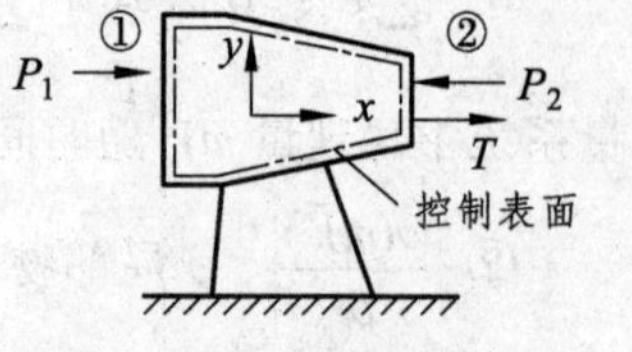

① 确定控制体积与其上的作用力。如图 7-10 所示，控制体积的取法如虚线所示区域范围。流动产生作用于控制体积上的作用力，包括推力以及流体压力在截面①与截面②上产生的作用力。

图 7-10　确定静态推力测试台控制体积及作用力

② 代入动量守恒方程式中计算求解。流体流动在控制体积上的作用力必须满足动量守恒方程 $\sum\vec{F}=T+P_1A_1-P_2A_2-$ $P_{\mathrm{atm}}(A_1-A_2)=T+P_1A_1-P_2A_2-P_2(A_1-A_2)=\dot{m}(V_2-V_1)$，从而推知 $T=\dot{m}(V_2-V_1)+P_2A_2-P_1A_1+$ $P_2A_1-P_2A_2=\dot{m}(V_2-V_1)+P_2A_1-P_1A_1$，因此可求得 $T=\dot{m}(V_2-V_1)+(P_2-P_1)A_1 = 204.12\times(500-$ $200)+(101-78.5)\times10^3$，最终推力 $T=61\,236+22\,500=83\,736\,(\mathrm{N})=83.736\,(\mathrm{kN})$。

【例 7-14】

如图 7-11 所示，密度为 ρ、速度为 V_1 和流量（体积流率）为 Q 的自由射流冲击到静止的板上，水流向四周散开，假设截面 2 和截面 3 的截面面积分别为 A_2 和 A_3 以及流经截面 2 和截面 3 平均流速分别为 V_2 和 V_3，且 $A_2=A_3=A_1/2$ 以及 $V_2=V_3$，试求图中（a）和（b）的射流对挡板的冲击力。自由射流指从喷管或者孔口射入大气的一股流束，特点是流束上的压力为大气压力。

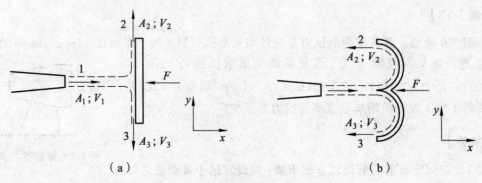

图 7-11　射流冲击静止板

【解答】

（1）设定问题研究的假设以方便求解：假设流动过程是稳态，并忽略重力效应以及射流运动时的机械能损失。

（2）质量流率的求解过程：由于流动为稳态且 $A_2 = A_3 = \dfrac{A_1}{2}$，根据质量守恒的积分方程式，可以求出截面 1、截面 2 和截面 3 的流量（体积流率）和流速之间的关系为 $Q_2 = Q_3 = \dfrac{Q_1}{2}$ 以及 $V_2 = V_3 = V_1$。

（3）冲击力的求解过程：自由射流冲击到图中（a）的静止挡板在 x 方向的流速为 0，冲击到图中（b）的静止挡板在 x 方向的流速为与 V_1 大小相等方向相反，且挡板后的水流上下对称，在 y 方向上产生的作用力彼此抵消，这样 $F_y = 0$。因此只有 x 方向上的作用力，也就是 F_x。

① 在图（a）之射流对挡板冲击力的计算。根据动量守恒方程式 $\sum \vec{F} = \sum \dot{m}_e \vec{V}_e - \sum \dot{m}_i \vec{V}_i$ 可求出 $-F = 0 - \rho Q V_1 = -\rho Q V_1$，所以 $F = \rho Q V_1$。

② 在图（b）之射流对挡板冲击力的计算。在截面 2 和截面 3 的流量（体积流率）关系式为 $Q_2 = Q_3 = \dfrac{Q_1}{2}$ 以及 $V_2 = V_3 = V_1$。根据动量守恒方程 $\sum \vec{F} = \sum \dot{m} \vec{V}_e - \sum \dot{m}_i \vec{V}_i$ 可求出 $-F = \rho Q_2(-V_2) - \rho Q_3(-V_3) - \rho Q_1(-V_1) = 2\rho Q_1(-V_1)$，所以 $F = 2\rho Q V_1$。

（4）比较图（a）与图（b）中射流对挡板冲击力的计算结果可以发现，图（b）中射流对反向曲面产生的冲击力是图（a）中平板的两倍，所以为了充分利用水流的动力，在冲击式水轮机上采用反向曲面作为叶片形状，不过为了回水方便，反向角通常采用 $160° \sim 170°$。

【例 7-15】

如图 7-12 所示，从喷管喷出密度为 ρ 及速度为 V 的水流冲击到一个具有转向角 β 且以稳定的速度 U 移动的叶片，假设叶片安装在导轨上并受到一个约束力 F，请问约束力 F 做功最大时的 U/V 值是多少？

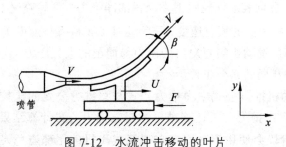

图 7-12　水流冲击移动的叶片

【解答】

（1）设定问题研究的假设以方便求解：假设流体流动的过程是稳态流动，并忽略净压力作用与重力效应以及射流运动时产生的机械能损失，并假设水柱沿着叶片经过的截面积为定值，因此沿着叶片水流的平均速度为均值。

（2）确定控制体积与其上的作用力：控制体积的取法如图 7-13 中虚线所示区域范围，因叶片为水平移动，所以可以推知控制体积受到 y 方向的作用力为 0，也就是 $F_y = 0$。

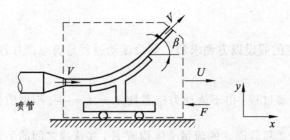

图 7-13　水流冲击问题的控制体积选取

（3）质量流率的求解过程：根据质量守恒方程 $\iint_{cs} \rho \vec{V_r} \mathrm{d}\vec{A} = 0 \Rightarrow \rho A(V_{r2} - V_{r1}) = 0$，由此可以推知 $V_{r1} = V - U = V_{r2}$ 以及 $\dot{m}_1 = \dot{m}_2 = \rho(V - U)A$。

（4）动量流率的求解过程：可知 $F_y = 0$，根据动量守恒方程 $\sum \vec{F} = \sum \dot{m}_e \vec{V}_{re} - \sum \dot{m}_i \vec{V}_{ri}$ 可求出静止挡板作用力，得 $F = \dot{m}_1 V_{r1x} - \dot{m}_2 V_{r2x}$。从图中可知 $V_{r1x} = V - U$ 和 $V_{r2x} = (V - U)\cos\beta$，则叶片受力为 $F = \rho A(V - U)^2(1 - \cos\beta)$。

（5）因为功率 $P = FU$，所以 $P = \rho AU(V - U)^2(1 - \cos\beta)$。又由于功率最大时 $\dfrac{\partial P}{\partial U} = 0$，经计算可得 $U = V$（不合题意）及 $U = V/3$，所以功率最大时的 U/V 值为 1/3。

3．涡轮喷射发动机的推力

喷射发动机推力的计算公式由动量守恒积分方程 $\sum \vec{F} = \sum \dot{m}_e \vec{V}_e - \sum \dot{m}_i \vec{V}_i$ 再加上控制表面或研究区域表面上因为非均匀压力产生作用力 $\sum \vec{F} = -\iint (P - P_a)\vec{n}\mathrm{d}A$ 共同推导得出。涡轮喷射发动机的推力公式经过转换得到，是一个标量公式，其目的是用来测量涡轮喷射发动机推力的大小以及研究推力的因素。

（1）公式介绍。涡轮喷射发动机的推力公式包括净推力与总推力公式：净推力公式为 $T_n = \dot{m}_a(V_j - V_a) + A_j(P_j - P_{\text{atm}})$；总推力公式为 $T_g = \dot{m}_a(V_j) + A_j(P_j - P_{\text{atm}})$。式中，$T_n$、$T_g$、$\dot{m}_a$、$V_j$、$V_a$、$A_j$、$P_j$ 与 P_{atm} 分别表示涡轮喷射发动机的净推力、涡轮喷射发动机的总推力、空气的质量流率、涡轮喷射发动机的喷射速度、飞行空速（飞机飞行速度）、涡轮喷射发动机喷管的出口面积以及涡轮喷射发动机喷管出口的压力与周围的大气压力。

（2）公式计算结果相同的必要条件。

通过涡轮喷射发动机推力公式中净推力公式与总推力公式的比较，可以发现只有在当飞行空速 V_a 等于 0 时，净推力公式计算结果才与总推力公式计算结果相等。喷气式飞机在维修过程中地面试车阶段会使用钢绳固定在喷气式飞机的尾部避免飞机移动，防止飞机突然向前冲出造成人员、装备以及飞机本身的损伤，此时飞机飞行速度自然为 0。把涡射发动机拆下来放在试车台上测试，当然也不会有飞机飞行速度。因此不论喷气式飞机在地面试车或涡喷发动机在试车台试车，飞机飞行速度 V_a 等于 0，发动机总推力自然等于净推力。据此，得出结论：涡喷发动机的净推力公式与总推力公式计算结果相同的必要条件是飞机飞行速度为 0，也就是飞机在静止的时候，净推力公式与总推力公式的计算结果才会相同。一般情况下，只有喷气式飞机在地面试车或者把涡喷发动机拆下来放在试车台试车时，净推力才会等于总推力。

（3）影响推力的因素。

涡喷发动机推力受到空气质量流率、飞机飞行速度、喷气（射）速度以及喷管出口面积的影响。空气质量流率受飞机飞行高度以及大气的密度、温度、压力和湿度等因素影响，且喷气（射）速度又是发动机转速的函数。因此涡喷发动机的影响因素包括发动机进气量、转速与发动机喷管出口面积、飞机飞行高度与飞行速度以及飞机飞行时的大气密度、温度、压力与湿度等。这些因素与推力的关系受限于篇幅且多属航空发动机的课程范围，通常不在流体力学中讨论，学生可以自行翻阅航空发动机相关书籍。

7.3 微分控制体积法

7.3.1 微分控制方程式的种类

微分控制体积法使用微分方程求解流体流动问题。一般而言，研究重点放在流场内各点的压力、密度、温度与速度的变化，用到的微分控制方程包括质量微分守恒方程、动量守恒微分方程与能量微分守恒方程三种类型。能量守恒微分方程多用于处理有关燃烧与热传的流体问题，求解其他流体流动问题时，通常采用质量守恒微分方程和动量守恒微分方程。这里只针对质量守恒微分方程与动量守恒微分方程进行描述。

7.3.2 质量守恒微分方程式

质量守恒微分方程求解流体流动问题，重点大多利用手工计算方式求解流体在研究区域内各点的速度变化，或者将其与动量守恒微分方程一起通过计算机仿真与演算研究区域内各点的压力、密度与速度等物理量的变化。

1．公式介绍

质量守恒微分方程式又称为微分形式的连续方程，其形式为 $\frac{\partial \rho}{\partial t} + \nabla \rho \vec{V} = 0$。质量守恒微分方程是标量，并不是向量。

2．简化与应用

按照流体流动时流场的类型将质量守恒微分方程（连续微分方程）分为非稳态可压缩流场、稳态可压缩流场与不可压缩流场三种问题求解。至于手工计算求解部分，重点大多放在质量守恒微分方程的简化与应用。

（1）非稳态可压缩流场。对于非稳态可压缩流场问题，因为 $\frac{\partial}{\partial t} \neq 0$ 以及 $\rho \neq C$，质量守恒微分方程 $\frac{\partial \rho}{\partial t} + \nabla \rho \vec{V} = 0$ 保持不变。

（2）稳态可压缩流场。对于稳态可压缩流场问题，因为 $\frac{\partial}{\partial t} = 0$ 但是 $\rho \neq C$，质量守恒微分

方程 $\dfrac{\partial \rho}{\partial t} + \nabla \rho \vec{V} = 0$ 可以简化为 $\nabla \rho \vec{V} = 0$。

（3）不可压缩流场。对于不可压缩流场问题，因为 $\rho = C$，所以 $\dfrac{\partial \rho}{\partial t} = 0$ 与 $\nabla \rho \vec{V} = \rho \nabla \cdot \vec{V}$，质量守恒微分方程 $\dfrac{\partial \rho}{\partial t} + \nabla \rho \vec{V} = 0$ 可以简化为 $\nabla \cdot \vec{V} = 0$，此方程又称为不可压缩流动过程的判定方程。

3．讨　论

在质量守恒微分方程简化过程中可以发现，当气流流场为不可压缩时，$\nabla \cdot \vec{V} = 0$，于是判定气体流动过程是否为不可压缩有两种方法：一种是看气体的马赫数是否小于 0.3；另一种是看判定方程 $\nabla \cdot \vec{V}$ 是否为 0。如果 $Ma < 0.3$ 或 $\nabla \cdot \vec{V} = 0$，则可将此气体流动当成不可压缩流动过程。

【例 7-16】

可压缩流和不可压缩流的定义是什么？一般民航机在巡航（Cruise）时，其机身外面的空气流场属于可压缩流场还是不可压缩流场？试解释说明之。

【解答】

（1）所谓可压缩流是指流体在流动时，流体的密度变化不可以忽略不计，也就是流体密度 $\rho \neq \text{constant}$；而不可压缩流动则是假设流体在流动时，流体的密度变化可以忽略不计。

（2）流体力学研究发现，对于马赫数大于 0.3 气流，气体密度变化不可以忽略不计，而一般民航机在巡航时，飞机飞行马赫数均大于 0.3（$Ma > 0.3$），由此可知机身外面的空气流场属于可压缩流场。

【例 7-17】

如果流体流场的速度可以表示为 $\vec{V} = x\vec{i} + y\vec{j}$，试判定该流场是否不可压？

【解答】

（1）因为不可压缩流场的判定式为 $\nabla \cdot \vec{V} = 0$，而对于一个直角坐标系的速度向量表示式为 $\vec{V} = u\vec{i} + v\vec{j} + w\vec{k}$，从题干可知 $u = x$，$v = y$ 以及 $w = 0$。

（2）因为 $\nabla \cdot \vec{V} = \dfrac{\partial u}{\partial x} + \dfrac{\partial v}{\partial y} + \dfrac{\partial w}{\partial z} = \dfrac{\partial x}{\partial x} + \dfrac{\partial y}{\partial y} = 1 + 1 = 2 \neq 0$，所以该流场不是不可压缩，而是可压流场。

7.3.3　动量守恒微分方程式

工程实际中，动量守恒微分方程通常是配合质量守恒微分方程，使用计算机仿真或演算的方式求解流体研究区域内各点的压力、密度以及速度等物理量的变化情况，也就是利用数值计算法（Numerical algorithm）或计算机仿真程序（Simulation program）来解决真实流体流动问题。

1．公式介绍

动量守恒微分方程是基于流体的连续性以及假设为牛顿流体推导而出的计算方程，其微分形式为 $\rho\dfrac{\mathrm{d}\vec{V}}{\mathrm{d}t}=\rho\vec{g}-\nabla P+\mu\nabla^2\vec{V}$。式中，$\rho$ 为流体密度，g 为重力加速度、P 为流场的压力、μ 为流体的绝对黏度、$\vec{V}$ 为流体流动速度。动量守恒微分方程是向量，并不是标量，关于这点，必须特别加以注意。

2．简化方式

为了简化问题，将流体假设为非黏性，即假设 $\mu=0$，动量守恒微分方程能进一步简化为 $\rho\dfrac{\mathrm{d}\vec{V}}{\mathrm{d}t}=\rho\vec{g}-\nabla P$。

【例 7-18】

问 $\rho\dfrac{\mathrm{d}\vec{V}}{\mathrm{d}t}=\rho\vec{g}-\nabla P+\mu\nabla^2\vec{V}$ 与 $\rho\dfrac{\mathrm{d}\vec{V}}{\mathrm{d}t}=\rho\vec{g}-\nabla P$ 所做的流体假设是什么？

【解答】

（1）方程 $\rho\dfrac{\mathrm{d}\vec{V}}{\mathrm{d}t}=\rho\vec{g}-\nabla P+\mu\nabla^2\vec{V}$ 基于流体连续性以及牛顿流体假设推导而得。

（2）欧拉方程 $\rho\dfrac{\mathrm{d}\vec{V}}{\mathrm{d}t}=\rho\vec{g}-\nabla P$ 基于流体连续性以及流体为非黏性的假设推导而得。

7.4　流线函数与速度势函数

这里引入流线函数与速度势函数的概念，用来求解二维流场的速度分布情况，流线函数与速度势函数在工程上对流体流动问题的研究占有极其重要的地位与作用。例如在平面不可压缩流体以及无旋流体的流动问题中，可以先从流线函数或速度势函数求出速度场，再应用伯努利方程求得压力场，如此使研究问题的难度大幅地降低。

7.4.1　流线函数

流线函数在早期平面不可压缩势流理论问题的研究中占有非常重要的地位，因为使用流线函数可以求解二维理想流体的流速变化，从而获得流场内的压力变化，并进一步找出二维理想流体的运动规律。

1. 流线函数的定义与存在条件

流线函数（Stream function）是二维不可压缩流体流动过程的质量守恒微分方程形式，也就是从连续微分方程 $\nabla \cdot \vec{V} = 0$ 推导而得的一个特殊函数。这里以 x-y 二维不可压缩流场为例说明该函数的定义、推导方式以及推导过程中得到的几个推论。

（1）存在条件与定义。对于 x-y 二维不可压缩流场，满足流体流动过程的质量守恒微分方程，也就是连续微分方程 $\dfrac{\partial \rho}{\partial t} + \nabla \rho \vec{V} = 0$ 能够简化为 $\nabla \cdot \vec{V} = \dfrac{\partial u}{\partial x} + \dfrac{\partial v}{\partial y} = 0$，从方程式 $\dfrac{\partial u}{\partial x} + \dfrac{\partial v}{\partial y} = 0$ 中可以找到一个函数 φ 使得 $u = \dfrac{\partial \varphi}{\partial y}$ 与 $v = -\dfrac{\partial \varphi}{\partial x}$，就是流线函数。据此可以推知，如果流体流场为二维不可压缩，则流线函数 φ 必定存在，且流线函数 φ 与流体在 x 轴的速度分量 u 以及 y 轴方向的速度分量 v 的关系式分别为 $u = \dfrac{\partial \varphi}{\partial y}$ 与 $v = -\dfrac{\partial \varphi}{\partial x}$。

（2）流线函数存在与否的判定式。如果 $\nabla \cdot \vec{V} = 0$，则流线函数 φ 必定存在；反之，如果 $\nabla \cdot \vec{V} \neq 0$，则流线函数 φ 就不存在。因此 $\nabla \cdot \vec{V}$ 是流体流动过程是否为不可压也是流线函数 φ 存在与否的判定方程。如果流体流场是二维不可压缩流场，则流体流动过程必定满足 $\nabla \cdot \vec{V} = 0$ 的判定方程且流线函数 φ 必定存在。

2. 流线函数的应用

根据流线函数 φ 的定义，可以利用流线函数求得流体流速的速度分量从而描述流体在二维不可压缩流场内的速度分布，或者从二维不可压缩流场的速度表达式或速度分量中求得流线函数。

（1）利用流线函数 φ 求得速度分量。因为 $\nabla \cdot \vec{V} = \dfrac{\partial u}{\partial x} + \dfrac{\partial v}{\partial y} = 0$，可以得到速度分量 u、v 与流线函数 φ 之间的关系式分别为 $u = \dfrac{\partial \varphi}{\partial y}$ 与 $v = -\dfrac{\partial \varphi}{\partial x}$。对于 x-y 二维不可压缩流场，如果知道一个给定流线函数 φ 的表达式，就可以求得速度分量 u 和 v，并进一步求出流体流场的流速表达式：$\vec{V} = u\vec{i} + v\vec{j}$。

（2）从流场速度求得流线函数 φ。从 $u = \dfrac{\partial \varphi}{\partial y}$ 与 $v = -\dfrac{\partial \varphi}{\partial x}$ 这两个微分关系式可以推导出流线函数 φ 的计算公式为 $\varphi = \displaystyle\int^{(y)} u\,\mathrm{d}y - \int^{(x)} v\,\mathrm{d}x = C$。

【例 7-19】

试说明流线函数存在条件与是否存在判定方程式。

【解答】

（1）如果流体流场是二维不可压缩流场，则流线函数 φ 必定存在，因此可以推知，流线函数存在条件是流体流场必须是一个二维（平面）不可压缩流场。

（2）因为流线函数的存在条件是流体流场必须是一个二维（平面）不可压缩流场，而如果流场是二维（平面）不可压缩流场，则流体流速必须满足二维质量守恒微分方程或二维连续微分方程 $\nabla \cdot \vec{V} = 0$，因此可以推得，流线函数是否存在的判定为 $\nabla \cdot \vec{V}$ 是否为 0。如果 $\nabla \cdot \vec{V} = 0$，则流线函数存在；如果 $\nabla \cdot \vec{V} \neq 0$，则流线函数不存在。

【例 7-20】

如果流场为稳态，流动速度为 $\vec{V} = x^2 \vec{i} + y^2 \vec{j}$，是否存在流线函数 φ？为什么？

【解答】

（1）因为流场速度的表示式为 $\vec{V} = u\vec{i} + v\vec{j} + w\vec{k} = x^2\vec{i} + y^2\vec{j}$，所以从题目中得知 $u = x^2$ 和 $v = y^2$。

（2）由于流线函数判定式 $\nabla \cdot \vec{V} = \dfrac{\partial u}{\partial x} + \dfrac{\partial v}{\partial y} = 2x + 2y \neq 0$，所以流线函数 φ 不存在。

【例 7-21】

已知密度为 ρ 的不可压缩无黏流体，以均匀流速 U_0 流经一个圆柱（二维），其流线分布可用流线函数 $\varphi(x, y) = \left(U_0 y - D\dfrac{y}{x^2 + y^2} \right)$ 表示，试求流体流场的速度表达式。

【解答】

（1）流体流场为二维不可压，可以判定流线函数必定存在，且流线函数 φ 与流动 x 的速度分量 u、v 的关系式分别为 $u = \dfrac{\partial \varphi}{\partial y}$ 和 $v = -\dfrac{\partial \varphi}{\partial x}$。

（2）可以分别求出流动流体在 x 轴方向的速度分量为 $u = \dfrac{\partial \varphi}{\partial y} = U_0 - D\dfrac{x^2 - y^2}{(x^2 + y^2)^2}$ 与 y 轴方向的速度分量为 $v = -\dfrac{\partial \varphi}{\partial x} = D\dfrac{2xy}{(x^2 + y^2)^2}$。

（3）根据流场的速度表达式 $\vec{V} = u\vec{i} + v\vec{j} + w\vec{k}$，求得 $\vec{V} = u\vec{i} + v\vec{j} + w\vec{k} = \left[U_0 - D\dfrac{x^2 - y^2}{(x^2 + y^2)^2} \right]\vec{i} + \left[D\dfrac{2xy}{(x^2 + y^2)^2} \right]\vec{j}$。

【例 7-22】

如果流场的速度为 $\vec{V} = u_0\vec{i} + v_0\vec{j}$，$u_0$ 与 v_0 均为一个固定常数，问是否存在流线函数 φ？如果流线函数存在，流线函数的表达式是什么？

【解答】

（1）因为流场的速度表达式为 $\vec{V} = u\vec{i} + v\vec{j} + w\vec{k} = u_0\vec{i} + v_0\vec{j}$，因此可以从题目中得知 $u = u_0$ 与 $v = v_0$。

（2）由于流线函数判定式 $\nabla \cdot \vec{V} = \dfrac{\partial u}{\partial x} + \dfrac{\partial v}{\partial y} = 0 + 0 = 0$，所以流线函数 φ 存在。

（3）根据流线函数计算公式 $\varphi = \int^{(y)} u \mathrm{d}y - \int^{(x)} v \mathrm{d}x = C$ 可以求出流线函数的表达式为 $\varphi = \int^{(y)} u \mathrm{d}y - \int^{(x)} v \mathrm{d}x = u_0 y - v_0 x + K$，式中 K 为积分常数。

7.4.2 速度势函数

速度势函数是从无旋流场中推导出来的，和流线函数一样，在早期的平面不可压缩势流理论研究中占有非常重要的地位。利用速度势函数可以求解二维理想流体的流速变化，从而获得流场内的压力变化，并进一步找出二维理想流体的运动规律。

1．旋涡的基本理论

在生活中经常看到流体做明显的旋涡运动，如龙卷风、台风或小旋风等都是旋涡运动，它是一种强烈的有旋运动。在自然界和工程领域中旋涡的例子不胜枚举，例如在大气和海洋中的环流以及工程领域中飞行器、发动机燃烧室、锅炉燃烧室、流体机械、桥梁与各种水利设施等涉及流动时可以看到大量的旋涡运动。

（1）流体微团的运动分析。在流体力学的问题研究中经常提到流体质点和流体微团这两个名词，是基本概念，初学者容易搞混，这里对其定义进行说明与区分。

① 流体质点与流体微团的定义与区别。通常研究流体力学问题时并不讨论个别分子的微观行为，而是以宏观的观点去研究的流体运动，也就是假设流体由无限流体质点或流体微团组成，流体质点和流体微团的最大差异是流体质点是指微小体积内所有流体分子的总称，它是可以忽略在受力时产生线性尺度效应的最小单元，而流体微团则是由多个流体质点组成的具有线性尺度效应的微小流体团。简单地说流体微团（Fluid micromass）是由多个流体质点（Fluid particle）组成，而流体流动是由无限多个流体质点或流体微团的运动综合，充满运动流体的空间即称为流体流场。由于流体质点的定义，其在运动时产生的内效应，也就是变形效应可以忽略不计，其假设与理论力学的问题研究中，刚体受力时可以忽略作用力对物体造成伸长、缩短或弯曲等效应的道理类似。

② 流体质点与流体微团的运动分析。在理论力学的问题研究中，刚体的运动可分为平移和转动两种形式。流体与刚体的不同主要在于流体具有流动性，极易变形，流体微团运动过程中，除了与刚体一样可以平移和转动之外，还会发生变形，而流体产生的变形运动能够分成线变形和角变形（剪切变形）两种类型如图 7-14 所示。

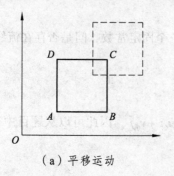

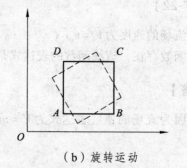

（a）平移运动   （b）旋转运动

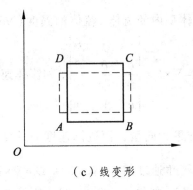

（c）线变形

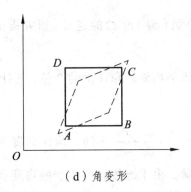

（d）角变形

图 7-14　流体运动类型示意图

在工程计算中，为了简化问题经常使用理想流体（Ideal fluid）的假设——假设流体的压缩性与黏性忽略不计，因此流体微团在流动时线变形和角变形（剪切变形）均可以忽略不计。如果流体没有黏性，则不存在剪应力，就无法传递旋转运动。所以在理想流体的假设中，流体微团或流体质点的运动，只有平移运动，而没有旋转运动和变形运动。可以推知，在理想流体假设中，流体流动时只改变流体微团或流体质点的位置而不改变其形状、大小和方向。

【例 7-23】

试论述刚体和流体微团的运动构成类型的差异。

【解答】

（1）在理论力学问题研究中，刚体是指在力的作用下其大小和形状都不变的物体，也就是假设物体（固体）在受力时物体不会变形，因此只有平移运动和旋转运动两种方式。

（2）根据亥姆霍兹速度分解定理在一般情况下，流体微团的运动由平移、旋转、变形（线变形和角变形）等类型构成。

【例 7-24】

问流体质点与流体微团的定义如何？其运动构成类型的差异性如何？为何在理想流体的假设中，流体质点与流体微团两者的运动构成类型会一致？

【解答】

（1）在流体力学问题研究中，流体质点是指在可以忽略受力时产生线性尺度效应的微小体积内所有流体分子的总体，流体微团则是由多个流体质点组成的具有线性尺度效应的微小流体团。

（2）一般情况下，流体微团的运动由平移、旋转、变形（线变形和角变形）等构成，而流体质点因为线性尺度效应可以忽略不计，因此不考虑变形运动，只有平移运动和旋转运动两种类型。

（3）在理想流体的假设中，流体的压缩性与黏性忽略不计，因此流体微团在流动时的线变形和角变形（剪切变形）均可以忽略不计。如果流体没有黏性，则不存在剪应力，就无法传递旋转运动、所以在理想流体的假设中，流体微团和流体质点两者的运动都只有平移运动。

（2）涡（旋）度 Ω 的定义。研究指出，对于微小体积内的流体，流体的涡度（Vorticity）等于流体平均旋转角速度的 2 倍，其计算公式为 $\Omega = \nabla \times \vec{V} = \begin{vmatrix} \vec{i} & \vec{j} & \vec{k} \\ \dfrac{\partial}{\partial x} & \dfrac{\partial}{\partial y} & \dfrac{\partial}{\partial z} \\ u & v & w \end{vmatrix}$，和流体速度的散度 $\nabla \cdot \vec{V} = \dfrac{\partial u}{\partial x} + \dfrac{\partial v}{\partial y} + \dfrac{\partial w}{\partial z}$ 不同，流体涡度 $\nabla \times \vec{V}$ 的计算结果为向量，而流体速度的散度计算结果为标量。由于流体涡度代表的物理意义是流体旋转角速度的 2 倍，如果 $\Omega = \nabla \times \vec{V} = 0$，则该流体的流动是一种无旋运动（Irrotational motion），如果 $\Omega = \nabla \times \vec{V} \neq 0$，则该流体的流动是一种有旋运动（Rotational motion），因此 $\nabla \times \vec{V}$ 可以作为流体流动是否为旋性运动的判定方程。

2．无旋流的定义与存在条件

如果流体在某特定研究区域的涡度（Ω）均为 0，则该流体在流场中的流动称为无旋流。实际的流体都不会是无旋的，只有假设无黏性流体的流动才有可能是无旋流，那是因为如果流体没有黏性，自然不存在剪应力，也就不能传递旋转运动。根据无旋流的定义以及有关流体旋度的内容描述，可以推知，一个流体流场是否为无旋流的判定方程为 $\nabla \times \vec{V}$。如果 $\nabla \times \vec{V} = 0$，则流场是无旋的，如果 $\nabla \times \vec{V} \neq 0$，则流场是有旋的。无旋流动的唯一标志是流体微团并没有旋转，它与流体运动的轨迹形状无关。如图 7-15 所示流体微团运动，（a）和（b）的运动轨迹是直线，（a）是无旋流，而（b）是有旋流；（c）和（d）中的运动轨迹是圆周，（c）是无旋流，而（d）是有旋流。由此可以发现，流体是否为无旋流动取决于流体的涡度或流体微团的旋转角速度是否为 0。

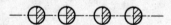

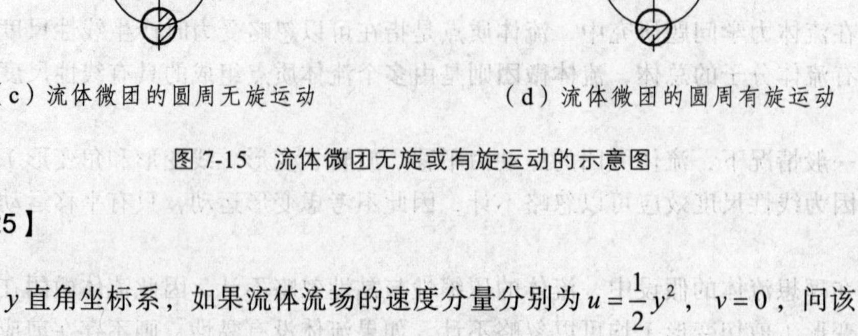

（a）流体微团的直线无旋运动

（b）流体微团的直线有旋运动

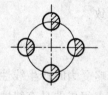

（c）流体微团的圆周无旋运动

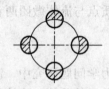

（d）流体微团的圆周有旋运动

图 7-15 流体微团无旋或有旋运动的示意图

【例 7-25】

对于 x-y 直角坐标系，如果流体流场的速度分量分别为 $u = \dfrac{1}{2} y^2$，$v = 0$，问该流体的流动是无旋流还是有旋流？

【解答】

因为 $\nabla \times \vec{V} = \begin{vmatrix} \vec{i} & \vec{j} & \vec{k} \\ \dfrac{\partial}{\partial x} & \dfrac{\partial}{\partial y} & \dfrac{\partial}{\partial z} \\ u & v & w \end{vmatrix} = \begin{vmatrix} \vec{i} & \vec{j} & \vec{k} \\ \dfrac{\partial}{\partial x} & \dfrac{\partial}{\partial y} & \dfrac{\partial}{\partial z} \\ \dfrac{1}{2}y^2 & 0 & 0 \end{vmatrix} = -2y \neq 0$ ，所以流场为有旋流场。

3. 位势流的定义与无旋流的关系

一般而言，在流体力学的问题研究中，位势流（Potential flow）指的就是无黏性流（Inviscous flow），它是一种假想的流场。无黏性流假设流体流动时不会受到流体黏性的影响，也就是指流体绝对黏度 $\mu = 0$ 的流动。如果流体的流动为无黏性流，流场的速度位势（Velocity potential）不会因为受到流体黏性的影响而衰减，在流体流动的过程中将会是一个常数。根据本章"无旋流的定义与存在条件"的内容描述，无旋流存在条件也是假设流体流动过程为无黏性流，涡度也不会受到流体黏性的影响而衰减，流场的涡度也将保持是一个常数。可以推知，在流体力学中，位势流、无旋流与无黏性流三者代表的物理意义与假设是相同的，也就是流体的绝对黏度 $\mu = 0$ 时，流体的涡度以及速度位势维持不变。

4. 速度势函数的定义与存在条件

速度势函数（Velocity potential function）由位势流也就是无旋流的判定方程式 $\nabla \times \vec{V} = 0$ 推导而得。这里针对该函数的定义、存在条件、推导方式以及应用进行说明。

（1）存在条件。如果流体的流场是位势流也就是无旋流，则流体流动的过程必定满足 $\nabla \times \vec{V} = 0$ 的条件，也必定可以找到一个函数 Φ 使得流场的速度满足 $\vec{V} = \nabla \Phi$，这个函数 Φ 称为速度势函数。因此如果流体的流动是位势流也就是无旋流，则速度势函数必定存在，流体的无旋流动又称为有势流动。

（2）速度势函数存在与否的判定式。与无旋流和位势流判定方程一样，速度势函数 Φ 存在与否的判定方程式亦为 $\nabla \times \vec{V}$，如果 $\nabla \times \vec{V} = 0$，则速度势函数 Φ 存在；如果 $\nabla \times \vec{V} \neq 0$，则速度势函数 Φ 不存在。

【例 7-26】

试说明速度势函数 Φ 的存在条件与判定方程式。

【解答】

（1）速度势函数的存在条件：如果流体流动的过程是无旋流也就是位势流，则速度势函数 Φ 存在。

（2）根据无旋流或者位势流判定方程可以推得速度势函数存在的判定方程式是 $\nabla \times \vec{V}$ 为 0。从前面例题可知，无旋流、位势流、无黏性流、有势流动以及速度势函数存在与否的判定式均为 $\nabla \times \vec{V}$ 是否为 0。

5．判定式的计算

对直角坐标系而言，$\nabla = \dfrac{\partial}{\partial x}\vec{i} + \dfrac{\partial}{\partial y}\vec{j} + \dfrac{\partial}{\partial z}\vec{k}$ 而且 $\vec{V} = (u, v, w) = u\vec{i} + v\vec{j} + w\vec{k}$，所以 $\nabla \times \vec{V} =$

$\begin{vmatrix} \vec{i} & \vec{j} & \vec{k} \\ \dfrac{\partial}{\partial x} & \dfrac{\partial}{\partial y} & \dfrac{\partial}{\partial z} \\ u & v & w \end{vmatrix}$。式中 u、v 与 w 分别表示 x 方向、y 方向与 z 方向的速度分量。由于速度势函数

多与流线函数一起讨论，就是仅探讨二维问题，因此其判定式多以十字交叉法来做计算。

【例 7-27】

如果流体流场的速度分量分别为 $u = x^2 + y^2$，$v = -2xy + 3x$，问是否存在速度势函数 Φ？

【解答】

因为 $\nabla \times \vec{V} = \begin{vmatrix} \vec{i} & \vec{j} & \vec{k} \\ \dfrac{\partial}{\partial x} & \dfrac{\partial}{\partial y} & \dfrac{\partial}{\partial z} \\ u & v & w \end{vmatrix} = \begin{vmatrix} \vec{i} & \vec{j} & \vec{k} \\ \dfrac{\partial}{\partial x} & \dfrac{\partial}{\partial y} & \dfrac{\partial}{\partial z} \\ x^2 + y^2 & -2xy + 3x & 0 \end{vmatrix} = \dfrac{\partial(-2xy + 3x)}{\partial x} - \dfrac{\partial(x^2 + y^2)}{\partial y} \neq 0$，所以流

体流场为有旋流场，速度势函数 Φ 也就不存在。

6．速度势函数的应用

在流体力学与空气动力学问题研究中，可以根据速度势函数 Φ 的定义，利用速度势函数求得无旋流场内的速度分布或者从无旋流场内的速度表达式或其速度分量中求得速度势函数。

（1）利用速度势函数 Φ 求得速度分量。如果流体的流场为 x-y 二维无旋，则流体流动满足 $\nabla \times \vec{V} = 0$ 的条件，可以从流体流速与速度势函数的关系式 $\vec{V} = \nabla\Phi$ 中求得流体流场速度分量 u 和 v 为 $u = \dfrac{\partial \Phi}{\partial x}$ 与 $v = \dfrac{\partial \Phi}{\partial y}$。可以推知，对于 x-y 二维的无旋流场，如果知道一个速度势函数 Φ 表示式，就可以求得流体流场的速度分量 u 和 v，并进一步求出流体流场的流速 $\vec{V} = u\vec{i} + v\vec{j}$。

（2）从速度分量求得速度势函数 Φ。根据 $u = \dfrac{\partial \Phi}{\partial x}$ 与 $v = \dfrac{\partial \Phi}{\partial y}$ 这两个微分关系式可以推导出速度势函数 Φ 的计算公式为 $\Phi = \int^{(x)} u\mathrm{d}x + \int^{(y)} v\mathrm{d}y = C$。因此如果知道流体流场在 x 轴与 y 轴方向的速度分量，就可利用 $\Phi = \int^{(x)} u\mathrm{d}x + \int^{(y)} v\mathrm{d}y = C$ 计算公式求得速度势函数 Φ。

【例 7-28】

如果二维无旋流场且其速度势函数表达式为 $\Phi = 4(x^2 + y^2)$，问该流体流场流动时的速度表达式 $\vec{V}$ 是什么？

【解答】

（1）流场为 x-y 二维无旋，可以判定速度势函数必定存在，且速度势函数 Φ 与流动流体在 x 轴方向的速度分量 u 以及在 y 轴方向的速度分量 v 的关系式分别为 $u=\dfrac{\partial \Phi}{\partial x}$ 与 $v=\dfrac{\partial \Phi}{\partial y}$。

（2）根据前述关系式可以分别求出速度分量 $u=\dfrac{\partial \Phi}{\partial x}=\dfrac{\partial[4(x^2+y^2)]}{\partial x}=8x$ 以及 $v=\dfrac{\partial \Phi}{\partial y}=\dfrac{\partial[4(x^2+y^2)]}{\partial y}=8y$。

（3）由于流体流速的表示式为 $\vec{V}=u\vec{i}+v\vec{j}+w\vec{k}$，因此该流体在流场流动时的速度可以用 $\vec{V}=u\vec{i}+v\vec{j}+w\vec{k}=8x\vec{i}+8y\vec{j}$ 表示。

【例 7-29】

若流场为 x-y 二维无旋，已知流场的滞止压力 P 为 101 000 Pa，流体的密度 ρ 为 $\rho=1.19\ \text{kg/m}^3$，平面势流的速度势函数表达式为 $\Phi=(x^2-y^2)$，试求流动流体在流场内点（2，1.5）处的速度值与压力值。

【解答】

（1）因为二维非旋性流场，所以流场的速度势函数必定存在，且速度势函数 Φ 与流动流体在 x 轴方向的速度分量 u 以及在 y 轴方向的速度分量 v 的关系分别为 $u=\dfrac{\partial \Phi}{\partial x}$ 与 $v=\dfrac{\partial \Phi}{\partial y}$。

（2）根据前述的关系式可以分别求出 $u=\dfrac{\partial \Phi}{\partial x}=\dfrac{\partial(x^2-y^2)}{\partial x}=2x$ 以及 $v=\dfrac{\partial \Phi}{\partial y}=\dfrac{\partial(x^2-y^2)}{\partial y}=-2y$，所以流体速度 $\vec{V}$ 大小为 $|\vec{V}|=\sqrt{(2x)^2+(-2y)^2}=\sqrt{4x^2+4y^2}$。流动流体在流场内点（2，1.5）处的速度值为 $|\vec{V}|=\sqrt{(2x)^2+(-2y)^2}=\sqrt{4\times 2^2+4\times(1.5)^2}=5\ \text{m/s}$。

（3）根据伯努利方程式 $P+\dfrac{1}{2}\rho V^2=P_\text{t}$，流体压力为 $P=P_\text{t}-\dfrac{1}{2}\rho V^2$，因此可求得流动流体在流场内点（2，1.5）处的压力值为 $P=P_\text{t}-\dfrac{1}{2}\rho V^2=101\,000-\dfrac{1}{2}\times 1.19\times 5^2=100\,985\ (\text{Pa})$。

【例 7-30】

如果一个流场的速度为 $\vec{V}=u_0\vec{i}+v_0\vec{j}$ 且 u_0 与 v_0 都分别为一个固定常数，问是否存在速度势函数 Φ？如果存在则速度势函数的表达式是什么？

【解答】

（1）因为 $\vec{V}=u\vec{i}+v\vec{j}+w\vec{k}=u_0\vec{i}+v_0\vec{j}$，所以从题目中可知 $u=u_0$，$v=v_0$。

（2）速度势函数存在的条件，是判定式 $\nabla \times \vec{V} = 0$，将步骤（1）推得的结果 $u = u_0$，$v = v_0$

代入判定式得 $\nabla \times \vec{V} = \begin{vmatrix} \vec{i} & \vec{j} & \vec{k} \\ \dfrac{\partial}{\partial x} & \dfrac{\partial}{\partial y} & \dfrac{\partial}{\partial z} \\ u & v & w \end{vmatrix} = \begin{vmatrix} \vec{i} & \vec{j} & \vec{k} \\ \dfrac{\partial}{\partial x} & \dfrac{\partial}{\partial y} & \dfrac{\partial}{\partial z} \\ u_0 & v_0 & 0 \end{vmatrix} = 0$，所以速度势函数 $\varPhi$ 存在。

（3）由于速度势函数 $\varPhi$ 与流动流体在 x 轴方向与 y 轴方向的速度分量 u 和 v 的关系式为 $\varPhi = \int^{(x)} u \mathrm{d}x + \int^{(y)} v \mathrm{d}y = C$，所以速度势函数为 $\varPhi = \int^{(x)} u_0 \mathrm{d}x + \int^{(y)} v_0 \mathrm{d}y = u_0 x + v_0 y + K$，式中 K 为积分常数。

7.4.3　流线函数与速度势函数的关系

如前所述，流线函数 φ 必须在二维不可压缩流场的条件下才能够存在，流体流动的过程必须满足 $\nabla \cdot \vec{V} = 0$ 的判定方程式。而速度势函数 $\varPhi$ 必须在流体流场为无旋流场的条件下才能够存在，流体流动的过程必须满足 $\nabla \times \vec{V} = 0$ 的判定方程式。所以流线函数 φ 和速度势函数 $\varPhi$ 必须在二维不可压缩的无旋流场才能够同时存在，也就是流体的流场必须是平面理想流体的流场，它是一个假想情况。研究证明，如果流线函数 φ 和速度势函数 $\varPhi$ 同时存在，则流线函数和速度势函数两者彼此正交。

【例 7-31】

如果流场为 x-y 二维不可压缩流场与非旋性流场，试证明流线函数 φ 与速度势函数 $\varPhi$ 彼此正交。

【解答】

（1）因为 $\nabla \cdot \vec{V} = 0$，所以 $u = \dfrac{\partial \varphi}{\partial y}$ 与 $v = -\dfrac{\partial \varphi}{\partial x}$，可以得到流线函数的斜率 $m_\varphi = \dfrac{\partial y}{\partial x} = -\dfrac{v}{u}$。

（2）因为 $\nabla \times \vec{V} = 0$，所以 $u = \dfrac{\partial \varPhi}{\partial x}$ 与 $v = \dfrac{\partial \varPhi}{\partial y}$，可以得到速度势函数的斜率 $m_\varPhi = \dfrac{\partial y}{\partial x} = \dfrac{u}{v}$。

（3）因为 $m_\varPhi \times m_\varPhi = -\dfrac{v}{u} \times \dfrac{u}{v} = -1$，所以流线函数 φ 与速度势函数 $\varPhi$ 彼此正交，得证。

【例 7-32】

何谓位势流？何谓速度势函数？如何由速度势函数得到流场的速度分量？在流体力学与空气动力学的问题研究中，速度势函数与流线函数在应用范围的主要差异性是什么？

【解答】

（1）在流体力学与空气动力学的问题研究中，所谓位势流指的是无旋流，也就是流体流动的过程满足 $\nabla \times \vec{V} = 0$ 的判定方程式，因此可找出速度势函数 $\varPhi$ 的存在。又因为如果流体的流动为无黏性流，流场的速度位势不会因为受到流体黏性的影响而衰减，所以速度势函数会是一个常数。位势流也是指流体在流动的过程中满足绝对黏度 $\mu = 0$ 假设。

（2）因为位势流指的是无旋流，流体流动的过程满足 $\nabla \times \vec{V} = 0$ 的条件，因此可以找到一个函数 Φ 使得流场的速度 $\vec{V} = \nabla \Phi$，并由此计算公式，可以得到流场的速度分量。

（3）在工程应用中，可以使用速度势函数 Φ 求得无旋流的速度分量，而使用流线函数则是为了求得二维不可压缩流的速度分量。

【例 7-33】

在流体力学与空气动力学的问题研究中，流线函数 φ 与速度势函数 Φ 同时存在的条件是什么？如果流线函数与速度势函数同时存在，两者的相互关系是什么？

【解答】

（1）同时存在的条件：流线函数 φ 与速度势函数 Φ 必须在二维不可压缩的无旋流场才能够同时存在，也就是流体流动过程必须满足 $\nabla \cdot \vec{V} = 0$ 与 $\nabla \times \vec{V} = 0$ 的条件。因此流动流体必须为二维的理想流体，也就是流体流动过程必须是二维流动且同时满足流体密度 $\rho = C$ 与绝对黏度 $\mu = 0$ 的条件。

（2）相互关系：如果流体流场同时存在流线函数 φ 和速度势函数 Φ，则流线函数与速度势函数彼此之间呈垂直的关系，也就是流线函数与速度势函数两者彼此正交。

课后练习

（1）控制体积法的类型与研究目是什么？

（2）说明积分控制体积法与微分控制体积法的优缺点。

（3）列出雷诺转换公式并说明其代表的物理意义。

（4）列出质量守恒积分方程式并说明其代表的物理意义。

（5）如图 7-16 所示，如果玻璃球可以由截面 1 充气，其截面积为 A_1，速度为 V_1，密度为 ρ_1，玻璃球的半径为 R，问玻璃球在充气过程中的质量流率表达式是什么？

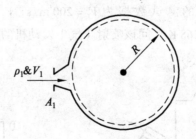

图 7-16　玻璃球充气

（6）如图 7-17 所示，从喷管喷出密度为 ρ 及速度为 V 的水流冲击到一个具有转向角 β 且以稳定的速度 U 移动的叶片，假设叶片安装在导轨上受到一个约束力 F 作用，问水柱流经进出口截面的流量（体积流率）表达式是什么？

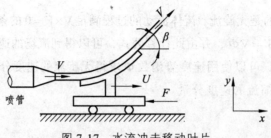

图 7-17　水流冲击移动叶片

（7）列出动量守恒积分方程并说明其代表的物理意义。

（8）如图 7-17 所示，从喷管喷出密度为 ρ 及速度为 V 的水流冲击到一个具有转向角 β 且以稳定的速度 U 移动的叶片，假设叶片安装在导轨上受到一个约束力 F 作用，问水柱冲击力的表达式是什么？

（9）分别列出喷射（气）发动机净推力公式与总推力公式并说明其差异。

（10）列出涡喷发动机的主要影响因素。

（11）问涡喷发动机的进气量对发动机推力的影响如何？

（12）问涡喷飞机的飞行高度对发动机推力的影响如何？

（13）问流线函数 φ 的存在条件是什么？

（14）问速度势函数 $\varPhi$ 的存在条件是什么？

（15）问不可压缩流场的判定条件是什么？

（16）问无旋流场的判定条件是什么？

（17）如果二维流场的速度分量 $u = x$ 与 $v = -y$，问流线函数 φ 与速度势函数 $\varPhi$ 是否存在？

（18）问流体的流场同时存在流线函数与速度势函数的条件是什么？

（19）问如果流体的流场同时存在流线函数与速度势函数，两者的关系是什么？

（20）如图 7-18 所示，考虑水（$\rho = 1 \times 10^3 \ \text{kg/m}^3$）稳定地流经装置。各截面面积分别是 $A_1 = 0.018\ 6 \ \text{m}^2$、$A_2 = 0.046\ 5 \ \text{m}^2$ 及 $A_3 = A_4 = 0.037\ 2 \ \text{m}^2$，而水流经截面①的速度为 3.048 m/s，通过截面③的质量流率为 56.624 kg/s，通过截面④的体积流率为 0.093 m^2/s。假设通过各进出口管路皆为均匀流动，试求水流经②截面积的质量流率和流速是什么？

（21）如图 7-19 所示，静态推力测试台是用来测试喷射（气）发动机的静态推力装置，如果某喷射（气）发动机的测试数据为 $V_1 = 200 \ \text{m/s}$、$V_2 = 500 \ \text{m/s}$、$P_1 = 78.5 \ \text{kPa}$、$P_2 = 101 \ \text{kPa}$、$A_1 = 1.0 \ \text{m}^2$ 以及 $T_1 = 268 \ \text{K}$，问该喷射（气）发动机的推力如何？

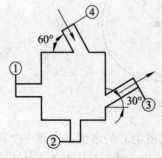

图 7-18　水流经多截面管道

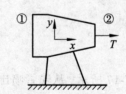

图 7-19　静态推力测试台

（22）已知密度为 ρ 的不可压缩无黏性流体，以均匀流速 U_0 流经一个圆柱（二维），其流线分布可用流线函数 $\varphi(x,y) = \left(U_0 y - D\dfrac{y}{x^2+y^2} \right)$ 表示，问流动流体在 x 轴方向的速度分量是什么？

（23）若流场为 x-y 二维无旋流场，速度势函数的表示式为 $\Phi = 4(x^2+y^2)$，问流动流体在 x 轴方向的速度分量是什么？

第 8 章 平面理想流体的流动

在流体力学的理论研究发展过程中，研究者发现如果流线函数和速度势函数同时存在，也就是假设流体在流动的过程中为平面理想流体流动，则流线函数和速度势函数两者都具有可迭加的特性，因此可以将复杂流体流动过程的流线函数或速度势函数用简单且已知的相关函数迭加表示，然后从该流线函数或速度势函数中求出速度场，并接着通过伯努利方程式求得压力场，从而求出压力与速度两个运动参数变化并获得流体流动的运动规律。时至今日，此概念仍用于流体力学问题的研究工作或者训练刚开始接触流体力学问题的学生培养其独立处理与系统性创新的能力。这里先针对几种基本不可压缩平面势流的函数加以描述，再叙述其迭加与处理的方式以及物理意义。

8.1 流线函数和速度势函数的基本概念

虽然流线函数以及速度势函数的基本概念与计算，已经在第 7 章中说明，但是为了考虑本章内容的连贯性，在此以 x-y 平面理想流体流场为例做重点的描述及说明。

8.1.1 理想流体的定义

所谓理想流体的假设是指流体在流动的过程同时满足不可压缩流与非黏性流或者无旋流或位势流的条件，它假设流体流动时，密度 ρ 变化与黏度 μ 均为 0，因此理想流体流动又称为不可压缩非黏性流、不可压缩无旋流或者不可压缩势流。理想流体是一种假想的流体，因为任何流体的流动实际上都具有黏性，虽然使用"理想流体"的假设可以大幅地简化流体流动问题计算或求解的难度，但仅能解决某些低速流动问题，而且使用理想流体假设及其衍生的数学模型方程组去处理流体流动问题可能会影响计算的精确度，甚至计算结果可能会与实际现象相违背，例如达朗贝尔悖论就是使用理想流体与实测结果产生矛盾最有名的实例。但是不可否认，理想流体的假设对早期的流体力学理论发展运动规律的研究占有极为重要以及不可磨灭的作用。研究者仍然会使用理想流体假设及其衍生的数学模型方程组去处理某些简单以及精度要求不高的工程流动计算问题，并寻找流体流动规律。

8.1.2 流线函数的存在条件与计算

对于一个 x-y 平面不可压缩流体流动过程，也即流动满足 $\nabla \cdot \vec{V} = 0$ 的判定方程式，流

线函数 φ 必定存在,且对于一个 x-y 平面不可压缩流场,流线函数 φ 与流体在 x 轴方向和 y 轴方向的速度分量 u 和 v 的关系方程式分别是 $u = \dfrac{\partial \varphi}{\partial y}$ 与 $v = -\dfrac{\partial \varphi}{\partial x}$。

8.1.3 速度势函数的存在条件与计算

对于无旋流体流动过程,也即流动满足 $\nabla \times \vec{V} = 0$ 的判定方程式,速度势函数 $\varPhi$ 必定存在,且对于一个 x-y 平面非旋性流体流场,速度势函数 $\varPhi$ 与流体在 x 轴方向和 y 轴方向的速度分量 u 和 v 的关系方程式分别是 $u = \dfrac{\partial \varPhi}{\partial x}$ 与 $v = \dfrac{\partial \varPhi}{\partial y}$。

8.1.4 流线函数与速度势函数同时存在的条件

如前所述,流线函数 φ 必须在二维不可压缩流场的条件下才能够存在,而速度势函数 $\varPhi$ 必须在无旋流场的条件下才能够存在,所以流线函数 φ 和速度势函数 $\varPhi$ 必须在二维不可压缩的无旋流场才能够同时存在。如同第 7 章的内容证明,如果流线函数 φ 和速度势函数 $\varPhi$ 同时存在,则流线函数和速度势函数两者彼此正交。

【例 8-1】

流线函数 φ 和速度势函数 $\varPhi$ 同时存在的判定方程式是什么?

【解答】

流体必须为平面理想流体流动时,流线函数 φ 和速度势函数 $\varPhi$ 才能够同时存在,所以流体流动过程必须同时满足 $\nabla \cdot \vec{V} = 0$ 和 $\nabla \times \vec{V} = 0$ 的条件,所以 $\nabla \cdot \vec{V}$ 和 $\nabla \times \vec{V}$ 为流线函数 φ 和速度势函数 $\varPhi$ 同时存在的判定方程式。

8.2 流线函数和速度势函数的可迭加性

理论研究证明,在流体的流动过程中平面理想流体的流线函数 φ 和速度势函数 $\varPhi$ 会满足拉普拉斯方程式(Laplace equation),也就是满足 $\nabla^2 \varphi = 0$ 与 $\nabla^2 \varPhi = 0$ 形式的方程式。在工程数学或高等数学中发现,凡是能够满足拉普拉斯方程式的函数称为调和函数(Harmonic function),其函数具备"可迭加"的特性,所以可以推知"如果流体为平面理想流体,在流动的过程中,流线函数 φ 和速度势函数 $\varPhi$ 两者具备迭加的特性,也就是具有可迭加特性"。基于流线函数和速度势函数的迭加特性,在研究平面理想流体时,可以将复杂的流线函数或速度势函数用简单且已知的函数予以迭加来表示,然后由其求出速度表达式或者流场内各点的速度,进而求出流场内各点的压力,然后由各点的速度及压力两个运动参数的变化获得流体流动的运动规律。流线函数和速度势函数的迭加性概念和方法使得原本需要多个联立方程式,甚至需要计算机演算才能获得平面理想流体流动速度的求解过程转变为只需使用流线函数 φ 和速度势函数 $\varPhi$ 与流动流体速度关系计算式的人工求解,这样使得求解过程的难度获得大幅降低。

【例 8-2】

试述调和函数的定义、特性及应用。

【解答】

（1）调和函数的意义。如果一个具有连续性的函数 $u(x, y)$，能够满足拉普拉斯方程 $\nabla^2 u = 0$，则该函数为调和函数。

（2）调和函数的特性。工程数学或高等数学发现，如果一个函数 $u(x, y)$ 为调和函数，则该函数具备"可迭加"的特性。

（3）调和函数的应用。调和函数的概念可推广于高维空间的物理特性运算，一般常用于工程数学、流体力学、空气动力学、弹性力学、电磁学以及热传学等方面的计算。

【例 8-3】

证明如果流体为 $x\text{-}y$ 平面理想流体，流体在流动时的流线函数 φ 为调和函数，则函数具有迭加性。

【解答】

（1）对 $x\text{-}y$ 平面理想流体流动，流线函数 φ 满足判定式 $\nabla \cdot \vec{V} = \dfrac{\partial u}{\partial x} + \dfrac{\partial v}{\partial y} = 0$，故可推出流线函数 φ 满足 $u = \dfrac{\partial \varphi}{\partial y}$ 与 $v = -\dfrac{\partial \varphi}{\partial x}$ 的关系式，式中 u 和 v 分别是理想流体在 x 方向与 y 方向速度分量。

（2）流体行为满足 $x\text{-}y$ 二维无旋流体流动的判定式 $\nabla \times \vec{V} = \begin{vmatrix} \dfrac{\partial}{\partial x} & \dfrac{\partial}{\partial y} \\ u & v \end{vmatrix} = \dfrac{\partial v}{\partial x} - \dfrac{\partial u}{\partial y} = 0$。

（3）将步骤（1）推得的流线函数 φ 与 $u = \dfrac{\partial \varphi}{\partial y}$ 与 $v = -\dfrac{\partial \varphi}{\partial x}$ 代入无旋流体流动判定式 $\nabla \times \vec{V} = \begin{vmatrix} \dfrac{\partial}{\partial x} & \dfrac{\partial}{\partial y} \\ u & v \end{vmatrix} = \dfrac{\partial v}{\partial x} - \dfrac{\partial u}{\partial y} = 0$ 中，可以推得流线函数满足 $\nabla^2 \varphi = 0$，式中 ∇^2 称为拉普拉斯运算子（Laplace operator），所以流线函数 φ 满足拉普拉斯方程。

（4）根据调和函数的定义与特性，凡是满足拉普拉斯方程的函数即为调和函数，即具有可迭加的特性，因此可证，如果流体为 $x\text{-}y$ 平面理想流体，流体在流动时的流线函数 φ 为调和函数，且具有迭加性。

【例 8-4】

证明如果流体为 $x\text{-}y$ 平面理想流体，流体在流动时的速度势函数 Φ 为调和函数，因而其具有迭加性。

【解答】

（1）对于 x-y 平面理想流体的流动过程，流体的速度势函数 Φ 满足判定式 $\nabla \times \vec{V} = 0$，故可推得速度势函数 Φ 满足 $\vec{V} = u\vec{i} + v\vec{j} = \nabla\phi = \dfrac{\partial \phi}{\partial x}\vec{i} + \dfrac{\partial \phi}{\partial y}\vec{j}$，式中，$u = \dfrac{\partial \phi}{\partial x}$ 和 $v = \dfrac{\partial \phi}{\partial y}$ 分别是理想流体在 x 方向与 y 方向速度分量。

（2）流体行为满足 x-y 二维不可压缩流体流动的判定式 $\nabla \cdot \vec{V} = \dfrac{\partial u}{\partial x} + \dfrac{\partial v}{\partial y} = 0$。

（3）将步骤（1）推得的速度势函数 Φ 与 $u = \dfrac{\partial \Phi}{\partial x}$ 和 $v = \dfrac{\partial \Phi}{\partial y}$ 代入二维不可压缩流体流动的判定式 $\nabla \cdot \vec{V} = \dfrac{\partial u}{\partial x} + \dfrac{\partial v}{\partial y} = 0$ 中，可以推得速度势函数 Φ 满足 $\dfrac{\partial^2 \Phi}{\partial x^2} + \dfrac{\partial^2 \Phi}{\partial y^2} = \nabla^2 \Phi = 0$。所以流线函数 Φ 满足拉普拉斯方程。

（4）根据调和函数的定义与特性，凡是满足拉普拉斯方程的函数即为调和函数，即其具有可迭加的特性，因此可证，如果流体为 x-y 平面理想流体，流体在流动时的速度势函数 Φ 为调和函数，且具有迭加性。

【例 8-5】

如果流体为 x-y 平面理想流体，已知流场的滞止压力 P 为 101 000 Pa，已知速度势函数为 $\Phi = (x^2 - y^2)$，试求流动流体在流场内点（2，1.5）处的速度值与压力值。

【解答】

（1）因为流体流场流场为 x-y 二维无旋流场，所以可以判定速度势函数必定存在，且速度势函数 Φ 与流动流体在 x 轴方向的速度分量 u 以及 v 的关系方程式分别为 $u = \dfrac{\partial \Phi}{\partial x}$ 与 $v = \dfrac{\partial \Phi}{\partial y}$。

（2）根据（1）的关系式可以分别求出 x 轴方向的速度分量 $u = \dfrac{\partial \Phi}{\partial x} = \dfrac{\partial(x^2 - y^2)}{\partial x} = 2x$ 以及 y 轴的速度分量 $v = \dfrac{\partial \Phi}{\partial y} = \dfrac{\partial(x^2 - y^2)}{\partial y} = -2y$，流体速度 $\vec{V}$ 大小为 $V = \sqrt{(2x)^2 + (-2y)^2} = \sqrt{4x^2 + 4y^2}$。所以流动流体在流场点（2，1.5）的速度值为 $V = \sqrt{(2x)^2 + (-2y)^2} = \sqrt{4 \times 2^2 + 4 \times (1.5)^2} = 5 \text{ m/s}$

（3）根据伯努利方程推得静压为 $P = P_t - \dfrac{1}{2}\rho V^2$，故求出点（2，1.5）的压力值为

$$P = P_t - \frac{1}{2}\rho V^2 = 101\,000 - \frac{1}{2} \times 1.19 \times 5^2 = 100\,985 \text{ (Pa)}。$$

8.3　几种基本的平面不可压缩势流

理想流体流动因为流动的过程中必须同时满足不可压缩流与位势流判定式 $\nabla \cdot \vec{V} = 0$ 和 $\nabla \times \vec{V} = 0$ 的假设条件，所以又称为不可压缩势流（Incompressible potential flow）。根据第 7 章以及本章前面内容得到的结果可知，如果流体为平面理想流体，也就是平面不可压缩势流时，流线函数 φ 和速度势函数 Φ 两者会同时存在。根据理论研究结果，平面理想流体在流动过程中，流线函数与速度势函数这两种函数都属于调和函数，因此两者均具有可迭加的特性，基于此种特性，在研究平面理想流体流动问题时，可以将复杂流体流动的流线函数或速度势函数用简单且已知的流线函数或速度势函数予以迭加表示，然后由其求出流动流体的速度表达式或者流体流动在流场各点的速度，从而找出流体流动的运动规律。平面理想流体流动（平面不可压缩势流）求解的过程中常见的基本流动包含均匀等速流、源流和汇流以及势涡等二维理想流体流动，其流动形态的示意图如图 8-1 所示。

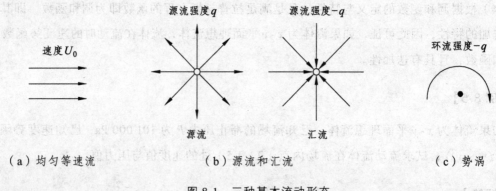

图 8-1　三种基本流动形态

由于流线函数和速度势函数的迭加性，可以利用几种简单流体流动的基本解迭加后获得研究所需的结果，这里针对平面理想流体流动求解过程中常用到的均匀等速流、源流和汇流以及势涡等基本流动解依次加以描述及说明。

8.3.1　均匀等速流

均匀等速流为求解复杂平面理想流体流动时常用的基本平面不可压缩势流之一，重点在于流体流动类型的定义以及流线函数 φ 和速度势函数 Φ 的获得。

1. 均匀等速流的定义

如果流动速度沿着流线切线的方向和大小都不改变，且在流线上的流速都相等，则这种流体的流动称为均匀等速流（Uniform flow）。简单地说，均匀等速流就是流体在流场内各点的速度向量都相互平行且大小都相等，其流动形态的示意图如图 8-1（a）所示。例如，如果流体的流速表达式是 $\vec{V} = u\vec{i} + v\vec{j} = u_0\vec{i} + v_0\vec{j}$，式中 u 和 v 分别表示流体在 x 方向与 y 方向速度分量，而 u_0 和 v_0 为常数，则该流体流动为均匀等速流。

2．流线函数的计算与获得

如前所述，当流体为 $x\text{-}y$ 平面理想均匀等速的流动形态，且流速表示式为 $\vec{V}=u\vec{i}+v\vec{j}=u_0\vec{i}+v_0\vec{j}$ 时，该流体流线函数 φ 的计算公式为 $\varphi=\int^{(y)}u\mathrm{d}y-\int^{(x)}v\mathrm{d}x=C$，由此可以推出均匀等速流的流线函数为 $\varphi=\int^{(y)}u\mathrm{d}y-\int^{(x)}v\mathrm{d}x=\int^{(y)}u_0\mathrm{d}y-\int^{(x)}v_0\mathrm{d}x=u_0y-v_0x+K$，式中 K 为积分常数。K 取为 0，并不影响流体流场内运动参数的运算，所以在后续流线函数的计算中均将积分常数 K 取为 0。

3．速度势函数的计算与获得

和流线函数 φ 的计算方式类似，流体速度势函数 Φ 的计算公式为 $\Phi=\int^{(x)}u\mathrm{d}x+\int^{(y)}v\mathrm{d}y=C$，由此可以推出均匀等速流的速度势函数为 $\Phi=\int^{(x)}u\mathrm{d}x+\int^{(y)}v\mathrm{d}y=\int^{(x)}u_0\mathrm{d}x+\int^{(y)}v_0\mathrm{d}y=u_0x+v_0y+K$，式中 K 为积分常数。取值与流线函数 φ 的计算类似。

4．流线和等势线的示意图

根据流线函数 φ 与速度势函数 Φ 计算式，可以画出均匀等速流的流线和等势线，如图 8-2 所示。实线为流线，虚线为等势线，从图中可以看出，流线和等势线呈现相互垂直的关系，也就是两者彼此正交。

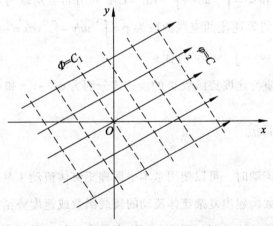

图 8-2　均匀等速流之流线和等势线的示意图

5．讨　论

对于一个平面理想流体均匀等速流，流场内各点的速度都相同，所以根据伯努利方程式 $P+\dfrac{1}{2}\rho V^2=P_t$ 可以推知，如果均匀等速流是在水平面上或者重力对流体流动造成的影响忽略不计，则流动流体造成的静压 P 为一个特定常数，也就是 $P=C$。

【例 8-6】

如果流体为 $x\text{-}y$ 平面理想流体均匀等速流，且流速平行于 x 轴，也就是流速表达式为 $\vec{V}=u\vec{i}+v\vec{j}=u_0\vec{i}$，试求流线函数 φ 与速度势函数 Φ 的表达式。

【解答】

（1）流体流线函数 φ 与速度势函数 Φ 的计算公式分别为 $\varphi = \int^{(y)} u\mathrm{d}y - \int^{(x)} v\mathrm{d}x = C$ 和 $\phi = \int^{(x)} u\mathrm{d}x + \int^{(y)} v\mathrm{d}y = C$，积分常数均取为 0。

（2）根据题意，均匀等速流的流线函数为 $\varphi = \int^{(y)} u\mathrm{d}y - \int^{(x)} v\mathrm{d}x = \int^{(y)} u_0\mathrm{d}y - \int^{(x)} v_0\mathrm{d}x = \int^{(y)} u_0\mathrm{d}y = u_0 y$，速度势函数为 $\Phi = \int^{(x)} u\mathrm{d}x + \int^{(y)} v\mathrm{d}y = \int^{(x)} u_0\mathrm{d}x + \int^{(y)} v_0\mathrm{d}y = \int^{(x)} u_0\mathrm{d}x = u_0 x$。

（3）所以流线函数与速度势函数的表达式分别为 $\varphi = u_0 y$ 和 $\Phi = u_0 x$。

【例 8-7】

如果流体为 x-y 平面理想流体均匀等速流，且流速平行于 y 轴，也就是流体的流速表达式为 $\vec{V} = u\vec{i} + v\vec{j} = v_0\vec{j}$，试求流线函数 φ 与速度势函数 Φ 的表达式。

【解答】

（1）x-y 平面理想流体流动时，流体流线函数 φ 与速度势函数 Φ 的计算公式分别为 $\varphi = \int^{(y)} u\mathrm{d}y - \int^{(x)} v\mathrm{d}x = C$ 和 $\Phi = \int^{(x)} u\mathrm{d}x + \int^{(y)} v\mathrm{d}y = C$，积分常数均取为 0。

（2）根据题意，均匀等速流的流线函数为 $\varphi = \int^{(y)} u\mathrm{d}y - \int^{(x)} v\mathrm{d}x = -\int^{(x)} v_0 \mathrm{d}x = -v_0 x$，速度势函数为 $\Phi = \int^{(x)} u\mathrm{d}x + \int^{(y)} v\mathrm{d}y = \int^{(y)} v_0 \mathrm{d}y = v_0 y$。

（3）所以流线函数 φ 与速度势函数 Φ 的表达式分别为 $\varphi = -v_0 x$ 和 $\Phi = v_0 y$。

8.3.2　源流和汇流

研究平面理想流体流动时，可以使用基本平面理想流体流动（基本平面不可压缩势流）的流线函数与速度势函数构建出复杂流体流动的流线函数或速度势函数，进而求出流体流动的速度表达式。和均匀等速流类似，源流和汇流也是求解复杂平面理想流体流动时常用的基本平面不可压缩势流流动之一。

1. 源流和汇流的定义

如图 8-3 所示，二维的源流和汇流是指从平面内的一点（即 O 点）沿着径向均匀且直线地流向四周或者从四周流入，且流体流速与半径成反比的流动形态。如果流动以一定的强度从 O 点沿着径向方向均匀且直线地向四周流出，这种流动称为源流（Source flow），而 O 点称为源点（Source point）。如果流动以一定的强度从各方沿着径向方向均匀且直线地流入 O 点，这种流动称为汇流（Sink flow），而 O 点称为汇点（Sink point）。

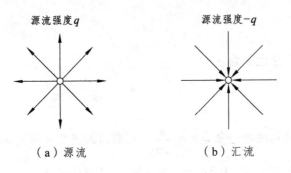

（a）源流　　　　　　　　　（b）汇流

图 8-3　源流和汇流的示意图

2．源流和汇流的强度

源流和汇流的强度是指流体从源点或汇点通过半径为 r 的每单位长度圆柱面流出或流入的流量，用符号 q 表示。由其定义可知 $q = \pm 2\pi r v_r$，式中 v_r 为沿径向方向的速度分量。如果 q 值为正，流体流动的形态是源流，也就是流体是从源点 O 沿着径向流向四周；如果 q 值为负，流体流动的形态是汇流，也就是流体是从四周沿着径向方向流向汇点 O。

3．源流和汇流的速度分量

根据源流、汇流及其强度的定义可以推知，源流和汇流在径向方向的速度分量是 $v_r = \pm \dfrac{q}{2\pi r}$，而在周向方向的速度分量 $v_\theta = 0$。所以源流和汇流问题必须使用 r-θ 平面圆柱坐标来处理。

4．源流和汇流的速度表示法

源流和汇流的速度使用 $\vec{V} = (v_r, v_\theta, v_z) = v_r \vec{n}_r + v_\theta \vec{n}_\theta$ 的表达式来描述，而不可压缩流（流线函数 φ 是否存在）的判定式 $\nabla \cdot \vec{V}$ 和无旋流（速度势函数 Φ 是否存在）的判定式 $\nabla \times \vec{V}$ 也必须

使用 $\nabla \cdot \vec{V} = \dfrac{1}{r}\dfrac{\partial}{\partial r}(r v_r) + \dfrac{1}{r}\dfrac{\partial}{\partial \theta}(v_\theta)$ 和 $\nabla \times \vec{V} = \dfrac{1}{r}\begin{vmatrix} \vec{n}_r & r\vec{n}_\theta & \vec{n}_z \\ \dfrac{\partial}{\partial r} & \dfrac{\partial}{\partial \theta} & \dfrac{\partial}{\partial z} \\ v_r & r v_\theta & 0 \end{vmatrix}$ 来计算。

【例 8-8】

请用 r-θ 平面圆柱坐标的速度表示法 $\vec{V} = (v_r, v_\theta, v_z) = v_r \vec{n}_r + v_\theta \vec{n}_\theta$ 表示源流的速度。

【解答】

因为二维源流的径向速度分量是 $v_r = \dfrac{q}{2\pi r}$，而周向的速度分量 $v_\theta = 0$，所以二维源流的速度表达式为 $\vec{V} = (v_r, v_\theta) = \dfrac{q}{2\pi r} \vec{n}_r$。

【例 8-9】

证明二维源流存在流线函数 φ。

【解答】

因为二维源流的径向速度分量是 $v_r = \dfrac{q}{2\pi r}$，而周向的速度分量 $v_\theta = 0$，所以流动流动满足

流线函数 φ 存在的判定式 $\nabla \cdot \vec{V} = \dfrac{1}{r}\dfrac{\partial}{\partial r}(rv_r) + \dfrac{1}{r}\dfrac{\partial}{\partial \theta}(v_\theta) = \dfrac{1}{r}\dfrac{\partial}{\partial r}\left(\dfrac{q}{2\pi r}\right) = 0$，得证。

【例 8-10】

证明二维源流存在速度势函数 Φ。

【解答】

因为二维源流的径向方向的速度分量为 $v_r = \dfrac{q}{2\pi r}$，而周向方向的速度分量 $v_\theta = 0$，所以流动

流动满足速度势函数 Φ 存在的判定式 $\nabla \times \vec{V} = \dfrac{1}{r}\begin{vmatrix} \vec{n}_r & r\vec{n}_\theta & \vec{n}_z \\ \dfrac{\partial}{\partial r} & \dfrac{\partial}{\partial \theta} & \dfrac{\partial}{\partial z} \\ v_r & rv_\theta & 0 \end{vmatrix} = \dfrac{1}{r}\begin{vmatrix} \vec{n}_r & r\vec{n}_\theta & \vec{n}_z \\ \dfrac{\partial}{\partial r} & \dfrac{\partial}{\partial \theta} & \dfrac{\partial}{\partial z} \\ \dfrac{q}{2\pi r} & 0 & 0 \end{vmatrix} = 0$，得证。

5．源流和汇流之流线函数的计算

如前所述，源流和汇流必须使用 $r\text{-}\theta$ 平面圆柱坐标系来处理流体流动的问题且流速在径

向和周向速度分量分别是 $v_r = \pm\dfrac{q}{2\pi r}$ 和 $v_\theta = 0$。从判定式 $\nabla \cdot \vec{V} = \dfrac{1}{r}\dfrac{\partial}{\partial r}(rv_r) + \dfrac{1}{r}\dfrac{\partial}{\partial \theta}(v_\theta)$ 中可得

$\dfrac{1}{r}\dfrac{\partial}{\partial r}(rv_r) + \dfrac{1}{r}\dfrac{\partial}{\partial \theta}(v_\theta) = 0$，所以可以得到二维不可压流场内，径向和角向的速度分量和流线函

数之间的关系式分别是 $v_r = \dfrac{1}{r}\dfrac{\partial \varphi}{\partial \theta}$ 与 $v_\theta = -\dfrac{\partial \varphi}{\partial r}$，由此可以推导出流线函数计算式为

$\varphi = \displaystyle\int^{(\theta)} rv_r \mathrm{d}\theta - \int^{(r)} v_\theta \mathrm{d}r = C$，于是二维源流和汇流的流线函数 φ 为 $\varphi = \displaystyle\int^{(\theta)} rv_r \mathrm{d}\theta - \int^{(r)} v_\theta \mathrm{d}r =$

$\displaystyle\int^{(\theta)}\left(r \times \pm\dfrac{q}{2\pi r}\right)\mathrm{d}\theta = \int^{(\theta)} \pm\dfrac{q}{2\pi}\mathrm{d}\theta = \pm\dfrac{q}{2\pi}\theta + K$。如果流线函数为 $\varphi = \dfrac{q}{2\pi}\theta$，流动形态是源流；如

果流线函数为 $\varphi = -\dfrac{q}{2\pi}\theta$，流动形态是汇流。

6．源流和汇流之速度势函数的计算

与源流和汇流的流线函数 φ 计算过程类似，速度势函数 Φ 计算过程必须使用 $r\text{-}\theta$ 平面圆

柱坐标系。从无旋流的判定式 $\nabla \times \vec{V} = \dfrac{1}{r}\begin{vmatrix} \vec{n}_r & r\vec{n}_\theta & \vec{n}_z \\ \dfrac{\partial}{\partial r} & \dfrac{\partial}{\partial \theta} & \dfrac{\partial}{\partial z} \\ v_r & rv_\theta & 0 \end{vmatrix}$ 中可得二维无旋流必须满足 $\dfrac{\partial}{\partial r}(rv_\theta) +$

$\dfrac{\partial}{\partial \theta}(v_r) = 0$，所以可以得到流体在径向和周向的速度分量和速度势函数之间关系式分别是

$v_r = \dfrac{\partial \Phi}{\partial r}$ 与 $v_\theta = \dfrac{1}{r}\dfrac{\partial \Phi}{\partial \theta}$。由此可以推导出 $\Phi = \displaystyle\int^{(r)} v_r \mathrm{d}r + \int^{(\theta)} rv_\theta \mathrm{d}\theta = C$，为了方便起见将积分常

数设为 0。由 $v_r = \pm\dfrac{q}{2\pi r}$ 和 $v_\theta = 0$ 代入速度势函数 Φ，可以计算出 $\Phi = \displaystyle\int^{(r)} v_r \mathrm{d}r + \int^{(\theta)} rv_\theta \mathrm{d}\theta =$

$\displaystyle\int^{(r)} \pm\dfrac{q}{2\pi r}\mathrm{d}r = \pm\dfrac{q}{2\pi}\ln r$。如果速度势函数 $\Phi = \dfrac{q}{2\pi}\ln r$，则流动形态是源流；如果速度势函数

$\Phi = -\dfrac{q}{2\pi}\ln r$，则流动形态是汇流。

【例 8-11】

试推导 r-θ 平面圆柱坐标系速度势函数 Φ 的计算通式为 $\Phi = \displaystyle\int^{(r)} v_r \mathrm{d}r + \int^{(\theta)} rv_\theta \mathrm{d}\theta = C$。

【解答】

因为 r-θ 平面圆柱坐标系速度表达式 $\vec{V} = (v_r, v_\theta, v_z) = v_r\vec{n}_r + v_\theta\vec{n}_\theta$ 且 $\vec{V} = \nabla\Phi = \dfrac{\partial \Phi}{\partial r}\vec{n}_r +$

$\dfrac{1}{r}\dfrac{\partial \Phi}{\partial \theta}\vec{n}_\theta$，由此可得 $\vec{V} = v_r\vec{n}_r + v_\theta\vec{n}_\theta = \dfrac{\partial \Phi}{\partial r}\vec{n}_r + \dfrac{1}{r}\dfrac{\partial \Phi}{\partial \theta}\vec{n}_\theta$，从而获得流体在径向和周向的速度分量

和速度势函数之间的关系方程式分别是 $v_r = \dfrac{\partial \Phi}{\partial r}$ 与 $v_\theta = \dfrac{1}{r}\dfrac{\partial \Phi}{\partial \theta}$，故可导出 r-θ 平面圆柱坐标系

速度势函数的计算式为 $\Phi = \displaystyle\int^{(r)} v_r \mathrm{d}r + \int^{(\theta)} rv_\theta \mathrm{d}\theta = C$。

7. 流线和等势线的示意图

根据源流和汇流的流线函数 φ 与速度势函数 Φ 计算式 $\varphi = \pm\dfrac{q}{2\pi}\theta$ 和 $\Phi = \pm\dfrac{q}{2\pi r}\ln r$，可以画

出源流和汇流的流线和等势线，如图 8-4 所示。图中实线代表流线，虚线代表等势线。如果

流体是从 O 点沿着径向方向流向四周，则流动的形态是源流。如果流体是从四周沿着径向方

向流向 O 点，则流动形态是汇流。

8. 讨 论

对于一个平面理想流体的源流和汇流，流体径向的速度分量是 $v_r = \pm\dfrac{q}{2\pi r}$，在周向的速度

分量 $v_\theta = 0$，且流线函数 φ 与速度势函数 Φ 计算式分别为 $\varphi = \pm\dfrac{q}{2\pi}\theta$ 和 $\Phi = \pm\dfrac{q}{2\pi}\ln r$。

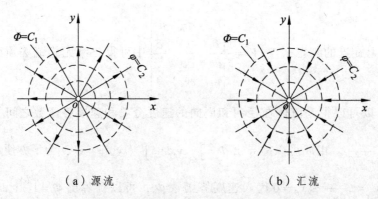

（a）源流 　　　　　　　　　　　　（b）汇流

图 8-4　源流和汇流之流线和等势线

（1）源流和汇流的源点和汇点为奇点。当半径 $r=0$ 时，源流和汇流的径向速度 v_r 会变成正无穷大或负无穷大，所以源流和汇流的源点和汇点是奇点。径向速度的计算公式只有在源点或汇点以外的区域才能应用。

（2）源流和汇流的流线与等势线两者彼此正交。根据源流和汇流速度势函数 Φ 与流线函数 φ 的计算式 $\Phi=\pm\dfrac{q}{2\pi}\ln r$ 和 $\varphi=\pm\dfrac{q}{2\pi}\theta$，以及从图 8-4 中可以看出等势线是半径的同心圆，而流线是不同极角的径线，所以能够推知，源流和汇流的流线与等势线呈彼此正交的关系。

（3）源流和汇流在半径趋于无限大时的径向速度分量为 0。根据源流和汇流的径向速度的计算式 $v_r=\pm\dfrac{q}{2\pi r}$，当半径 $r\to\infty$ 时，$v_r\to\infty$。

（4）源流和汇流的压力随着半径的减小而降低。

根据伯努利定律 $P+\dfrac{1}{2}\rho V^2=P_\infty$，式中 P_∞ 是源流和汇流在半径 $r\to\infty$ 时的流体压力，由于源流和汇流的速度为 $V=\sqrt{v_r^2}=\sqrt{\dfrac{q^2}{4\pi^2 r^2}}$，所以从伯努利定律可导出 $P=P_\infty-\dfrac{1}{2}\rho V^2=P_\infty-\dfrac{\rho q^2}{8\pi^2 r^2}$，由此可推知，源流和汇流的压力随着半径的减小而降低，其压力 P 的分布情形如图 8-5 所示。

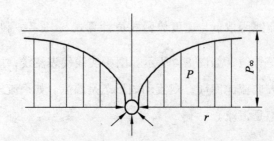

图 8-5　源流和汇流沿径向之压力 P 分布

必须注意的是，在半径 $r\to0$ 时，源流和汇流的径向速度 $v_r\to\pm\infty$，所以前面导出的 $v_r=\pm\dfrac{q}{2\pi r}$ 以及伯努利公式 $P=P_\infty-\dfrac{1}{2}\rho V^2=P_\infty-\dfrac{\rho q^2}{8\pi^2 r^2}$ 只有在源点或汇点以外的区域才能应用。

8.3.3 势涡流

势涡流又称为环流或自由涡流，它和前面介绍的均匀等速流与源流和汇流一样，也是利用迭加法求解复杂平面理想流体流动时常用的基本不可压势流之一。

1．势涡流的定义

如图 8-6 所示，势涡流（Potential vortices）是指流体以一定环流强度绕着某一固定点 O 做均匀且等速的圆周运动，流体流速与圆周半径成反比的流体流动形态。

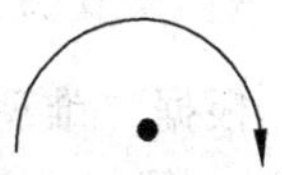

根据开尔文定理（Kelvin theorem），对于无黏性流体，如果初始时刻为无旋的流动将永远保持无旋，而有旋流动的涡流强度 Γ 则具有保持性，既不会消失，也不会扩散，流动必定满足 $\dfrac{\mathrm{d}\Gamma}{\mathrm{d}t}=0$ 的关系。由此可知，在平面理想流体（二维不可压缩非黏性流）的假设中，势涡流的环流强度 Γ 保持为一个常数。由于势涡流假设在没有外力的情况下始终存在，所以势涡流也称为自由涡流（Free eddy current）。

环流强度-q

图 8-6　势涡流形态

2．势涡流的环流强度

势涡流的环流强度（Potential vortex strength）Γ 又称为势涡流的速度环流量（Velocity circulation of potential vortex），它定义为速度 $\vec{V}$ 对周围曲线的线积分，也就是 $\Gamma=\oint \vec{V}d\vec{S}$，并以逆时针的方向为正，也就是如果 $\Gamma>0$，则势涡流为逆时针旋转，如果 $\Gamma<0$，则势涡流为顺时针旋转。

3．平面势涡流的速度向量表示法

根据势涡流及其环流强度的定义可以推知，平面势涡流在径向和周向的速度分量分别是 $v_r=0$ 和 $v_\theta=\dfrac{\Gamma}{2\pi r}$，使用 $r\text{-}\theta$ 平面圆柱坐标系来处理，因而平面势涡流的速度向量可以表示为 $\vec{V}=(v_r,v_\theta,v_z)=v_r\vec{n}_r+v_\theta\vec{n}_\theta=v_\theta=\dfrac{\Gamma}{2\pi r}\vec{n}_\theta$。

【例 8-12】

说明环流（平面势涡流）存在速度势函数 Φ。

【解答】

（1）因为环流（平面势涡流）在径向和周向的速度分量分别是 $v_r=0$ 和 $v_\theta=\dfrac{\Gamma}{2\pi r}$，所以平面势涡流的流动问题必须使用 $r\text{-}\theta$ 平面圆柱坐标系来处理。

（2）因为无旋流的判定式 $\nabla \times \vec{V} = \dfrac{1}{r}\begin{vmatrix} \vec{n}_r & r\vec{n}_\theta & \vec{n}_z \\ \dfrac{\partial}{\partial r} & \dfrac{\partial}{\partial \theta} & \dfrac{\partial}{\partial z} \\ v_r & rv_\theta & 0 \end{vmatrix} = \dfrac{1}{r}\begin{vmatrix} \vec{n}_r & r\vec{n}_\theta & \vec{n}_z \\ \dfrac{\partial}{\partial r} & \dfrac{\partial}{\partial \theta} & \dfrac{\partial}{\partial z} \\ 0 & \dfrac{\Gamma}{2\pi} & 0 \end{vmatrix} = 0$，所以环流（平面势涡流）存在速度势函数 Φ。

（3）从步骤（2）可知，环流（平面势涡流）是无旋流，也就是说环流是圆周运动，却不是有旋运动。

4．平面势涡流之流线函数的计算

根据二维理想流体（二维不可压缩无旋流体）在 r-θ 平面圆柱坐标系的流线函数的计算式 $\varphi = \int^{(\theta)} rv_r \mathrm{d}\theta - \int^{(r)} v_\theta \mathrm{d}r = C$ 可以计算出平面势涡流的流线函数为 $\varphi = \int^{(\theta)} rv_r \mathrm{d}\theta - \int^{(r)} v_\theta \mathrm{d}r = -\int^{(r)} \dfrac{\Gamma}{2\pi r} \mathrm{d}r = -\dfrac{\Gamma}{2\pi} \ln r$。

5．平面势涡流之速度势函数的计算

由于平面势涡流之径向和周向的速度分量分别是 $v_r = 0$ 和 $v_\theta = \dfrac{\Gamma}{2\pi r}$，所以速度势函数 Φ 的获得必须使用 r-θ 平面圆柱坐标系，根据 $\Phi = \int^{(r)} v_r \mathrm{d}r + \int^{(\theta)} rv_\theta \mathrm{d}\theta = C$ 可以计算出平面势涡流的速度势函数为 $\Phi = \int^{(r)} v_r \mathrm{d}r + \int^{(\theta)} rv_\theta \mathrm{d}\theta = \int^{(\theta)} r \dfrac{\Gamma}{2\pi r} \mathrm{d}\theta = \dfrac{\Gamma}{2\pi} \theta$，在公式中，为了方便将积分常数设为 0，其理由和流线函数的相同。

6．流线和等势线的示意图

根据平面势涡流之流线函数 φ 和速度势函数 Φ 的计算式 $\varphi = -\dfrac{\Gamma}{2\pi} \ln r$ 和 $\Phi = \dfrac{\Gamma}{2\pi} \theta$，可以画出平面势涡流的流线和等势线，如图 8-7 所示，实线代表流线，虚线代表等势线。从图中可以看出，流线是不同半径的同心圆，也就是圆周半径 r 相同时，速度势函数 $\Phi =$ 常数的圆形曲线；等势线是不同圆心角的径线，也就是圆心角 θ 相同时，流线函数 $\varphi =$ 常数的直线。所以能够推知，平面势涡流的流线函数与速度势函数两者呈正交的关系，除此之外，如果环流强度 $\Gamma > 0$，则势涡流为逆时针旋转，如果环流强度 $\Gamma < 0$，则势涡流为顺时针旋转。

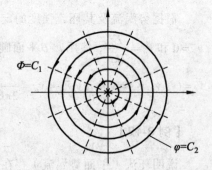

图 8-7 平面势涡流之流线和等势线

7．讨 论

平面势涡流的径向和周向的速度分量分别是 $v_r = 0$ 和 $v_\theta = \dfrac{\Gamma}{2\pi r}$，可以推知，当圆周半径 $r \to 0$ 时，平面势涡流的周向速度 $v_\theta \to \infty$，所以平面势涡流的中心点，也就是涡点（Vortex point）为奇点。前面推导的计算公式 $v_\theta = \dfrac{\Gamma}{2\pi r}$ 以及伯努利公式 $P = P_\infty - \dfrac{1}{2}\rho V^2 = P_\infty - \dfrac{\rho\Gamma^2}{8\pi^2 r^2}$ 只有在涡点以外的区域才能应用。

【例 8-13】

证明平面势涡流在流动过程中满足伯努利定律 $P = P_\infty - \dfrac{1}{2}\rho V^2 = P_\infty - \dfrac{\rho\Gamma^2}{8\pi^2 r^2}$ 并论述其不适用性。

【解答】

（1）因为平面势涡流之径向和角向的速度分量分别是 $v_r = 0$ 和 $v_\theta = \dfrac{\Gamma}{2\pi r}$，所以平面势涡流的速度计算公式为 $V = \sqrt{v_\theta^2} = \sqrt{\dfrac{\Gamma^2}{4\pi^2 r^2}}$。根据伯努利定律 $P + \dfrac{1}{2}\rho V^2 = P_\infty + \dfrac{1}{2}\rho V_\infty^2$，式中 P_∞ 和 V_∞ 分别是圆周半径 $r \to \infty$ 时的流体压力和速度，在圆周半径 $r \to \infty$ 时的流体速度 $V_\infty \to 0$，所以伯努利公式为 $P + \dfrac{1}{2}\rho V^2 = P + \dfrac{\rho\Gamma^2}{8\pi^2 r^2} = P_\infty + P_\infty + \dfrac{1}{2}\rho V_\infty^2 = P_\infty$，并进一步转换为 $P = P_\infty - \dfrac{1}{2}\rho V^2 = P_\infty - \dfrac{\rho\Gamma^2}{8\pi^2 r^2}$。

（2）当圆周半径 $r \to 0$ 时，平面势涡流的速度 $V \to \infty$，所以平面势涡流的中心点，也就是涡点为奇点，因此伯努利公式 $P = P_\infty - \dfrac{1}{2}\rho V^2 = P_\infty - \dfrac{\rho\Gamma^2}{8\pi^2 r^2}$ 在平面势涡流的涡点并不适用，只有在涡点以外的区域才能应用。

8.4　平面不可压缩势流的迭加运算

前面介绍了几种简单的平面不可压缩势流（平面理想流体的流动），重要的不只是它们能代表怎样的实际流动，而在于它们是多数复杂平面不可压缩势流迭加运算中所需的基本组成流动，如果将这几种基本流动组合在一起，就能够形成许多有重要意义的复杂流动，这样就无须耗费巨大的费用去实验，就能模拟流体的流动情况并获得某些流动规律，有利于某些流体现象的初步研究。这里以均匀等速流、源流和汇流以及势涡流基本流动为例，叙述如何利用平面不可压缩势流的迭加运算来获得流体流动规律。

8.4.1　迭加运算的原理

如前所述，平面不可压缩势流在流动时流线函数 φ 和速度势函数 Φ 同时存在并满足拉普拉斯方程，也就是 φ 和 Φ 是满足 $\nabla^2\varphi = 0$ 与 $\nabla^2\phi = 0$ 的调和函数。拉普拉斯方程是线性齐次方程，方程解具备可以迭加的特性，也就是流线函数或速度势函数的线性组合仍然能够满足拉普拉斯方程，即满足 $\nabla^2\varphi_1 + \nabla^2\varphi_2 + \nabla^2\varphi_3 + \cdots + \nabla^2\varphi_n = \nabla^2\varphi$ 和 $\nabla^2\phi_1 + \nabla^2\phi_2 + \nabla^2\phi_3 + \cdots + \nabla^2\phi_n = \nabla^2\phi$。

式中 φ_1、φ_2、φ_3、…、φ_n 和 Φ_1、Φ_2、Φ_3、…、Φ_n 分别是简单平面不可压缩势流的流线函数与速度势函数解，而 φ 和 Φ 分别是流线函数与速度势函数的组合解，因此平面不可压缩势流具有 $\varphi = \varphi_1 + \varphi_2 + \varphi_3 + \cdots + \varphi_n$ 和 $\Phi = \Phi_1 + \Phi_2 + \Phi_3 + \cdots + \Phi_n$ 的特性，即在平面不可压缩势流中流线函数与速度势函数的迭加特性。在流体力学或空气动力学的问题研究中，利用这一特性将某些基本或者已知的平面不可压缩势流的流线函数或者速度势函数的解组合成复杂平面不可压缩势流的流线函数或者速度势函数的解，再利用第 7 章介绍的求解流体流速方法得出速度解并利用伯努利公式找出压力解，从而获得流动规律，大幅降低求解过程的难度。

8.4.2 问题研究的运算过程

一般而言，问题研究的过程大抵可分成四个步骤，说明如下。

1. 找出组合流动的流线函数和速度势函数

平面不可压缩势流可按迭加运算原理将某些基本或者是已知组成流动的流线函数（φ_1、φ_2、φ_3、…、φ_n）和速度势函数（Φ_1、Φ_2、Φ_3、…、Φ_n）组合成研究问题的流线函数 φ 和速度势函数 Φ，从而进一步求解较为复杂的流动规律。

2. 找出组合流动的速度分量

利用第 7 章介绍的求解流体流速方法，从满足平面不可压缩流的判定式 $\nabla \cdot \vec{V} = 0$ 中找出速度分量与流线函数之间的关系式或从满足 $\nabla \times \vec{V} = 0$ 的条件找出速度分量与速度势函数之间的关系式，进而获得要研究的流速表达式。

3. 找出组合流动的压力或压力分布情况

从步骤 2 得到的流速表达式求出流速，再利用伯努利方程获得流体流动的压力或压力分布情况。

4. 找出组合流动的运动规律

在平面不可压缩流动问题研究中，只要探讨流体在流场内的流速与压力变化，就可获得流体流动规律。

一般可视问题或研究需要，选择第 1 ~ 2 步或全部步骤依序执行。

8.4.3 均匀等速流与源流的迭加运算

均匀等速流与源流的迭加相当于均匀等速流绕着半无限体的流动，这种类型的迭加运算在工程研究上的推广，就是采用很多不同强度的源流，沿 x 轴排列，使它和匀速直线流迭加，形成和实际物体轮廓线完全一致或较为吻合的边界流线。这样无须费用巨大的实验，就能初步地估计均匀流体流经物体上游端，例如流经桥墩或门墩的前半部的水流速度和压力分布。

1. 组合流动之流线函数与速度势函数的计算与获得

平面不可压缩势流迭加运算的问题研究过程首要步骤是利用迭加运算原理找出组合流

动的流线函数 φ 和速度势函数 Φ。对于一个流速平行于 x 轴的均匀等速流，也就是流体的流速表达式为 $\vec{V} = u\vec{i} + v\vec{j} = u_0\vec{i}$ 的流线函数 φ_1 和速度势函数 Φ_1 分别是 $\varphi_1 = u_0 y$ 与 $\Phi_1 = u_0 x$，而源流的流线函数 φ_2 和速度势函数 Φ_2 分别是 $\varphi_2 = \dfrac{q}{2\pi}\theta$ 与 $\Phi_2 = \dfrac{q}{2\pi}\ln r$，依据平面不可压缩势流迭加运算原理可以得到均匀等速流与源流迭加形成的流线函数 φ 和速度势函数 Φ 分别为 $\varphi = u_0 y + \dfrac{q}{2\pi}\theta = u_0 y + \dfrac{q}{2\pi}\arctan\dfrac{y}{x}$ 和 $\Phi = u_0 x + \dfrac{q}{2\pi}\ln r = u_0 x + \dfrac{q}{2\pi}\ln\sqrt{x^2 + y^2} = u_0 x + \dfrac{q}{2\pi}\ln(x^2 + y^2)^{1/2} = u_0 x + \dfrac{q}{4\pi}\ln(x^2 + y^2)$，其组合流动示意图如图 8-8 所示。

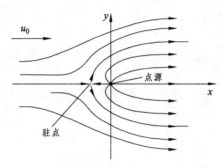

图 8-8　均匀等速流与源流迭加后形成的流动

2．组合流动之流速的计算与获得

因为 $u = \dfrac{\partial \Phi}{\partial x}$ 和 $v = \dfrac{\partial \Phi}{\partial y}$，所以可得均匀等速流与源流迭加形成的组合流动速度分量分别为 $u = \dfrac{\partial \Phi}{\partial x} = u_0 x + \dfrac{q}{2\pi}\dfrac{x}{x^2 + y^2}$ 与 $v = \dfrac{\partial \Phi}{\partial y} = \dfrac{q}{2\pi}\dfrac{y}{x^2 + y^2}$，速度向量表达式为 $\vec{V} = \vec{V}(u, v) = u\vec{i} + v\vec{j} = \left(u_0 x + \dfrac{q}{2\pi}\dfrac{x}{x^2 + y^2}\right)\vec{i} + \left(\dfrac{q}{2\pi}\dfrac{y}{x^2 + y^2}\right)\vec{j}$。

3．驻点位置的获得

因为 $\vec{V} = u\vec{i} + v\vec{j} = \left(u_0 x + \dfrac{q}{2\pi}\dfrac{x}{x^2 + y^2}\right)\vec{i} + \left(\dfrac{q}{2\pi}\dfrac{y}{x^2 + y^2}\right)\vec{j}$，且在流体在驻点位置 (x_a, y_a) 时 $u = v = 0$，所以 $x_a = -\dfrac{q}{2\pi u_0}$ 与 $y_a = 0$。

8.4.4　环流与汇流的迭加运算

环流（势涡流）与汇流迭加组成的平面不可压缩势流称为螺旋流（Spiral flow），在旋风燃烧室、离心式喷油嘴和离心式除尘器等设备中，流体自外沿着圆周切向进入，又从中央不断流出，这样的流体流动就类似于环流与汇流的迭加。

1．组合流动之流线函数与速度势函数的计算

假设环流以速度环流量 Γ 逆时针方向旋转，而汇流以汇流强度 q 从四周沿着径向方向朝

中心流入，环流的流线函数 φ_1 和速度势函数 Φ_1 的计算式分别为 $\varphi_1 = -\dfrac{\Gamma}{2\pi}\ln r$ 和 $\Phi_1 = \dfrac{\Gamma}{2\pi}\theta$，而二维汇流流线函数 φ_2 与速度势函数 Φ_2 计算式分别为 $\varphi_2 = -\dfrac{q}{2\pi}\theta$ 和 $\Phi_2 = -\dfrac{q}{2\pi}\ln r$，根据平面不可压缩势流迭加运算原理可以得到环流（势涡流）与汇流迭加的流线函数 φ 和速度势函数 Φ 分别为 $\varphi = -\dfrac{\Gamma}{2\pi}\ln r - \dfrac{q}{2\pi}\theta$ 与 $\Phi = \dfrac{\Gamma}{2\pi}\theta - \dfrac{q}{2\pi}\ln r$。

2．组合流动之流速的计算

因为 $r\text{-}\theta$ 平面圆柱坐标系下的速度分量为 $v_r = \dfrac{\partial \Phi}{\partial r}$ 与 $v_\theta = \dfrac{1}{r}\dfrac{\partial \Phi}{\partial \theta}$ 和 $v_r = \dfrac{1}{r}\dfrac{\partial \varphi}{\partial \theta}$ 与 $v_\theta = -\dfrac{\partial \varphi}{\partial r}$，所以可得环流（势涡流）与汇流迭加形成的径向速度分量和角向速度分量分别是 $v_r = \dfrac{\partial \Phi}{\partial r} = \dfrac{1}{r}\dfrac{\partial \varphi}{\partial \theta} = -\dfrac{q}{2\pi r}$ 和 $v_\theta = \dfrac{1}{r}\dfrac{\partial \Phi}{\partial \theta} = -\dfrac{\partial \varphi}{\partial r} = \dfrac{\Gamma}{2\pi r}$，速度向量表达式为 $\vec{V} = (v_r, v_\theta, v_z) = v_r \vec{n}_r + v_\theta \vec{n}_\theta = -\dfrac{q}{2\pi r}\vec{n}_r + \dfrac{\Gamma}{2\pi r}\vec{n}_\theta$。

3．流线和等势线的示意图

由 $\varphi = -\dfrac{\Gamma}{2\pi}\ln r - \dfrac{q}{2\pi}\theta$ 与 $\phi = \dfrac{\Gamma}{2\pi}\theta - \dfrac{q}{2\pi}\ln r$ 可以画出源流和汇流之流线和等势线，如图 8-9 所示。

实线代表流线，虚线代表等势线，从图中可以看出流线和等势线是两簇相互正交的对数螺旋线，所以这种流动称为螺旋流。在工程实际上，离心泵、离心风机等的流动类似于环流（势涡流）与源流的迭加形成的组合，是另一类螺旋流，其流动情形如图 8-10 所示。

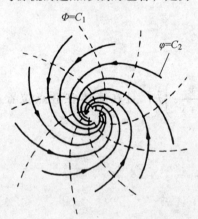

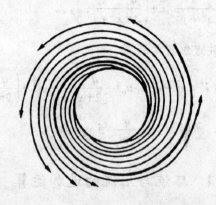

图 8-9 环流（势涡流）与汇流迭加 　　图 8-10 环流（势涡流）与源流迭加
　　形成的流线和等势线　　　　　　　　　　形成的螺旋流

环流（势涡流）与源流的迭加形成组合流动的流线函数、速度势函数和速度的推导过程与环流（势涡流）与汇流迭加形成之螺旋流类似，这里就不再描述，有兴趣者自行推导与研究。

8.4.5　等强度源流和汇流的迭加运算

对于强度大小皆为 q 的源流和汇流且其源点和汇点分别置于 A 点位置 $(-a,0)$ 和 B 点位置 $(a,0)$ 两点组成的平面不可压缩势流称为偶流，而如果源点和汇点彼此无限接近，则该组合流动称为偶极流。

1．偶流之流线函数与速度势函数的计算

对于强度大小皆为 q 的源流和汇流且其源点和汇点分别置于 A 点位置 $(-a,0)$ 和 B 点位置 $(a,0)$ 组成的平面不可压缩势流称为偶流（Double flow），根据本章前面的内容中推得的结果，强度大小为 q 且源点位于 A 点位置 $(-a,0)$ 的源流流线函数 φ_1 和速度势函数 Φ_1 分别 $\varphi_1 = \dfrac{q}{2\pi}\theta_A$ 与 $\Phi_1 = \dfrac{q}{2\pi}\ln r_A$，强度大小为 q 且汇点位于 B 点位置 $(a,0)$ 的汇流流线函数 φ_2 和速度势函数 Φ_2 分别是 $\varphi_2 = \dfrac{-q}{2\pi}\theta_B$ 与 $\Phi_2 = \dfrac{-q}{2\pi}\ln r_B$。根据平面不可压缩势流迭加运算原理可以得到偶流的流线函数 φ 和速度势函数 Φ 分别为 $\varphi = \varphi_1 + \varphi_2 = \dfrac{q}{2\pi}\theta_A - \dfrac{q}{2\pi}\theta_B = \dfrac{q}{2\pi}\theta_P$ 和 $\Phi = \Phi_1 + \Phi_2 = \dfrac{q}{2\pi}\ln r_A - \dfrac{q}{2\pi}\ln r_B$，式中 θ_P 是流体质点 $P(x,y)$ 至源点位置 $A(-a,0)$ 和汇点位置 $B(a,0)$ 的夹角差，也就是 $\theta_P = \theta_A - \theta_B$。$r_A$、$r_B$、$\theta_A$、$\theta_B$ 等物理量与 x 和 y 之间的几何关系如图 8-11 所示。

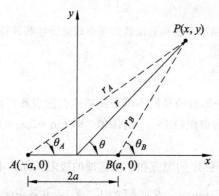

图 8-11　等强度源流和汇流的组合流动中各参数几何关系

从图 8-11 中可以发现，$r_A = [(x-a)^2 + y^2]^{1/2}$ 和 $r_B = [(x+a)^2 + y^2]^{1/2}$，而且 $\theta_P = \theta_A - \theta_B$ 能够从

$$\tan(\theta_A - \theta_B) = \frac{\tan\theta_A - \tan\theta_B}{1 + \tan\theta_A\tan\theta_B} = \frac{\dfrac{y}{x+a} - \dfrac{y}{x-a}}{1 + \left(\dfrac{y}{x+a}\right)\left(\dfrac{y}{x-a}\right)} = \frac{-2ay}{x^2 + y^2 - a^2}$$ 的公式中得到，即 $\theta_P = \theta_A - \theta_B =$

$\arctan\dfrac{-2ay}{x^2 + y^2 - a^2}$，因此可以将前面的流线函数 φ 和速度势函数 Φ 计算公式 $\varphi = \dfrac{q}{2\pi}\theta_A -$

$\dfrac{q}{2\pi}\theta_B=\dfrac{q}{2\pi}\theta_P$ 和 $\Phi=\dfrac{q}{2\pi}\ln r_A-\dfrac{q}{2\pi}\ln r_B$ 进一步转化为 $\varphi=\dfrac{q}{2\pi}(\theta_A-\theta_B)=\dfrac{q}{2\pi}\arctan\left(\dfrac{-2ay}{x^2+y^2-a^2}\right)$ 和

$\Phi=\dfrac{q}{2\pi}\ln r_A-\dfrac{q}{2\pi}\ln r_B=\dfrac{q}{2\pi}\ln\dfrac{r_A}{r_B}=\dfrac{q}{2\pi}\ln\dfrac{[(x+a)^2+y^2]^{1/2}}{[(x+a)^2+y^2]^{1/2}}=\dfrac{q}{4\pi}\ln\dfrac{(x+a)^2+y^2}{(x+a)^2+y^2}$。画出该组合流动之

流线和等势线的示意图如图 8-12 所示，实线代表流线，虚线等势线，流线和等势线两者会呈现彼此正交的关系。

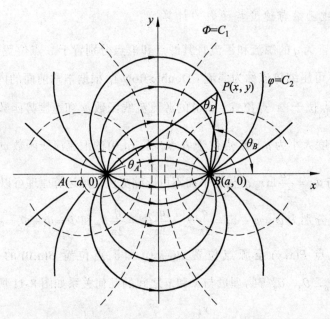

图 8-12 等强度源流和汇流迭加所形成之流线和等势线的示意图

2. 偶极流的定义与计算

等强度的源流和汇流迭加形成的平面不可压缩势流在源点和汇点彼此无限接近且源流和汇流的位置距离 $2a$ 与源流强度 q 的乘积趋于一个有限值，即 $\lim\limits_{2a\to0}=2aq=m$，此时组合流动称为偶极流（Dipole flow），这是指一对等强度的源流和汇流迭加的极限情况。由偶流的流线 φ 和等势线 Φ 分别为 $\varphi=\dfrac{q}{2\pi}\arctan\left(\dfrac{-2ay}{x^2+y^2-a^2}\right)$ 和 $\Phi=\dfrac{q}{4\pi}\ln\dfrac{(x+a)^2+y^2}{(x+a)^2+y^2}$ 以及偶极流定义，可以导出偶极流的流线

函数 φ 和速度势函数 Φ 分别为 $\varphi=\lim\limits_{2a\to0}\dfrac{q}{2\pi}\arctan\left(\dfrac{-2ay}{x^2+y^2-a^2}\right)=\dfrac{q}{2\pi}\left(\dfrac{-2ay}{x^2+y^2}\right)=\dfrac{-2aq}{2\pi}\dfrac{y}{x^2+y^2-}$

$\dfrac{-m}{2\pi}\dfrac{y}{x^2+y^2}=-\dfrac{m}{2\pi}\dfrac{\sin\theta}{r}$ 和 $\Phi=\lim\limits_{2a\to0}\dfrac{q}{2\pi}\ln\dfrac{r_A}{r_B}=\lim\limits_{2a\to0}\dfrac{q}{2\pi}\ln\left(1+\dfrac{r_A-r_B}{r_B}\right)=\lim\limits_{2a\to0}\dfrac{q}{2\pi}\ln\dfrac{r_A-r_B}{r_B}=\dfrac{m}{2\pi}\dfrac{\cos\theta}{r}=$

$\dfrac{m}{2\pi}\dfrac{x}{x^2+y^2}$，式中 $m=2aq$ 为一个有限值，称为偶极流强度。据此可以画出偶极流的等势线和

流线的分布图，如图 8-13 所示。实线代表流线，它是一簇以圆心在 $(0,-m/4\pi C_2)$，且半径大

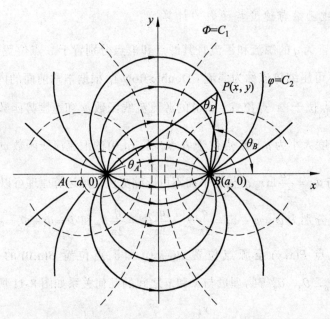

图中标注：y 轴, x 轴, $\Phi=C_1$, $\varphi=C_2$, $P(x,y)$, θ_P, θ_B, θ_A, $A(-a,0)$, $B(a,0)$

小为 $m/4\pi C_2$ 并在 $x\text{-}y$ 平面坐标系中原点 O 与 x 轴相切的曲线；虚线代表等势线，它是一簇以圆心在 $(m/4\pi C_1,0)$，半径大小为 $m/4\pi C_1$ 并在 $x\text{-}y$ 平面坐标系中原点 O 与 y 轴相切的曲线。流线和等势线呈现彼此正交的关系。

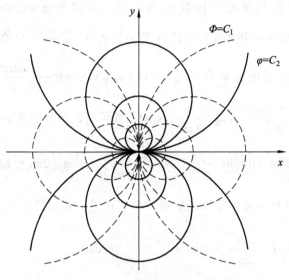

图 8-13　偶极流的等势线和流线

【例 8-14】

计算强度为 $m = \lim\limits_{\substack{2a\to0 \\ q\to0}} 2aq$ 的偶极流在 $r\text{-}\theta$ 平面圆柱坐标系的径向速度 v_r 和周向速度 v_θ 是多少？

【解答】

偶极流的速度势函数 Φ 和流线函数 φ 分别是 $\Phi = \dfrac{m}{2\pi}\dfrac{\cos\theta}{r}$ 与 $\varphi = -\dfrac{m}{2\pi}\dfrac{\sin\theta}{r}$，因为 $r\text{-}\theta$ 平面不可压缩势流径向和周向的速度分量与速度势函数和流线函数之间的关系式分别是 $v_r = \dfrac{\partial\Phi}{\partial r} = \dfrac{1}{r}\dfrac{\partial\varphi}{\partial\theta}$ 与 $v_\theta = \dfrac{1}{r}\dfrac{\partial\Phi}{\partial\theta} = -\dfrac{\partial\varphi}{\partial r}$，因此偶极流速度分量 v_r 为 $v_r = \dfrac{\partial\Phi}{\partial r} = \dfrac{1}{r}\dfrac{\partial\varphi}{\partial\theta} = -\dfrac{m}{2\pi}\dfrac{\cos\theta}{r^2}$ 与 $v_\theta = \dfrac{1}{r}\dfrac{\partial\Phi}{\partial\theta} = -\dfrac{\partial\varphi}{\partial r} = -\dfrac{m}{2\pi}\dfrac{\sin\theta}{r^2}$。

实际上，偶极流本身并无太大的物理及工程实际意义，但它与某些基本的平面不可压缩势流迭加后，可以进一步地利用迭加运算法得到重大实际意义的平面不可压缩位势流的流动解。例如偶极流与等速均匀流迭加可以得到无环量圆柱绕流类型的平面不可压缩位势流，偶极流与等速均匀流和势涡流的迭加可得到有环量的圆柱绕流类型的平面不可压缩位势流。

8.4.6　均匀等速流和偶极流的迭加运算

均匀等速流与偶极流的迭加结果相当于均匀等速流通过无速度环量的圆柱体的平面理

想流体流动，其迭加形成组合流动的流线函数和速度势函数的运算、流速的推导如下。

1．组合流动之流线函数与速度势函数的计算

对于以流速 $\vec{V} = u_0\vec{i}$ 流动的均匀等速流与偶极流强度为 m 偶极流迭加后形成的平面不可压缩势流，流线函数 φ_1 与速度势函数 Φ_1 的表达式分别为 $\varphi_1 = u_0 y = u_0 r\sin\theta$ 和 $\Phi_1 = u_0 x = u_0 r\cos\theta$，偶极流流线函数 φ_2 和速度势函数 Φ_2 分别是 $\varphi_2 = -\dfrac{m}{2\pi}\dfrac{\sin\theta}{r}$ 与 $\Phi_2 = \dfrac{m}{2\pi}\dfrac{\cos\theta}{r}$。组合流动的流线函数 ψ 以及速度势函数 Φ 分别是 $\varphi = \varphi_1 + \varphi_2 = u_0 r\sin\theta - \dfrac{m}{2\pi}\dfrac{\sin\theta}{r} = \left(u_0 - \dfrac{m}{2\pi r^2}\right)r\sin\theta$ 与

$$\Phi = \Phi_1 + \Phi_2 = u_0 r\cos\theta + \frac{m}{2\pi}\frac{\cos\theta}{r} = \left(u_0 + \frac{m}{2\pi r^2}\right)r\cos\theta$$。如果将流线方程式 $\varphi = \left(u_0 - \dfrac{m}{2\pi r^2}\right)r\sin\theta = C_1$

中的 C_1 设为 0，可以得到 $\varphi = 0$ 时的半径 r 为 $r_0 = \left(\dfrac{m}{2\pi u_0}\right)^{1/2} \Rightarrow m = 2\pi u_0 r_0^2$ 以及角度 $\theta = 0$ 和 2π。因此其组合流动的流线函数 ψ 和速度势函数 Φ 可以再次进一步地转化成 $\varphi = \left(u_0 - \dfrac{m}{2\pi r^2}\right)r\sin\theta =$

$u_0\left(1 - \dfrac{r_0^2}{r^2}\right)r\sin\theta$ 与 $\Phi = \left(u_0 + \dfrac{m}{2\pi r^2}\right)r\cos\theta = u_0\left(1 + \dfrac{r_0^2}{r^2}\right)r\cos\theta$。

2．组合流动的示意图

根据 $\varphi = \left(u_0 - \dfrac{m}{2\pi r^2}\right)r\sin\theta = u_0\left(1 - \dfrac{r_0^2}{r^2}\right)r\sin\theta$ 可以画出如图 8-14 所示组合流动。

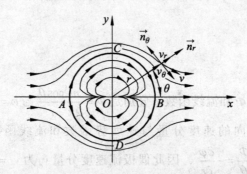

图 8-14 均匀等速流和偶极流迭加后的流动

从图中可以看出，$\varphi = 0$ 的流线由以 x-y 平面坐标系的原点 O 为圆心且半径为 r_0 之圆以及点 A、B 以外的两轴组成，也就是 $\varphi = 0$ 的流线自 x 轴的负端至点 A 分成两股，沿着上、下两个半圆周至点 B 时重新汇合后再直朝 x 轴的正端。流体不能够穿过流线，因此零流线可以用圆柱体的横截面取代。均匀等速流与偶极流的迭加结果就相当于均匀等速流通过无速度环量的圆柱体的平面理想流体流动。

3．均匀等速流通过无速度环量的圆柱体之流速的计算

均匀等速流与偶极流的迭加结果相当于均匀等速流通过无速度环量的圆柱体的平面理

想流体流动，因此可以用均匀等速流和偶极流的迭加运算去研究该类型流体流动规律，如图8-15所示。

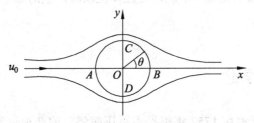

图 8-15　均匀等速流通过无速度环量的圆柱体流动

组合流动的流线函数 ψ 和速度势函数 Φ 分别是 $\varphi = u_0\left(1 - \dfrac{r_0^2}{r^2}\right)r\sin\theta$ 和 $\Phi = u_0\left(1 + \dfrac{r_0^2}{r^2}\right)r\cos\theta$，而 $r\text{-}\theta$ 平面不可压缩势流的径向速度分量 v_r 和周向速度与流线函数 ψ 之间关系式分别是 $v_r = \dfrac{\partial\phi}{\partial r} = \dfrac{1}{r}\dfrac{\partial\varphi}{\partial\theta}$ 与 $v_\theta = \dfrac{1}{r}\dfrac{\partial\phi}{\partial\theta} = -\dfrac{\partial\varphi}{\partial r}$。所以可以推得，径向速度和周角向速度分别是 $v_r = \dfrac{1}{r}\dfrac{\partial\varphi}{\partial\theta} = u_0\left(1 - \dfrac{r_0^2}{r^2}\right)\cos\theta$ 和 $v_\theta = \dfrac{1}{r}\dfrac{\partial\phi}{\partial\theta} = -u_0\left(1 + \dfrac{r_0^2}{r^2}\right)\sin\theta$，从式中可看出，在无穷远处，也就是 $r \to \infty$ 处流速大小为 $V_\infty = \sqrt{v_r^2 + v_\theta^2} = u_0$，在圆柱面上，也就是 $r = r_0$ 处径向速度 v_r、周向速度 v_θ 和流速大小 V 分别是 $v_r = 0$、$v_\theta = -2u_0\sin\theta$ 和 $V = \sqrt{v_r^2 + v_\theta^2} = 2u_0\sin\theta_0$，由此可知该流体在圆柱面上的流速按正弦规律分布，其流速分布情形如图8-16所示。

在 $\theta = 180°$ 和 $0°$ 处，也就是 A 点和 B 处分别是前驻点和后驻点，其流速大小为 0，而在 $\theta = 90°$ 和 $270°$ 处，也就是 C 点和 D 点流速大小为 $2u_0$，它们是流体在圆柱体上流速最大的点。工程应用通常以无因次压力系数 C_p 表示压力的作用，它的定义为 $C_p = \dfrac{P - P_\infty}{\frac{1}{2}\rho V_\infty^2}$。

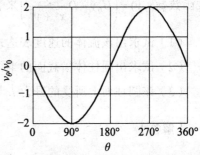

图 8-16　无环量圆柱绕流在圆柱面上的速度分布曲线图

均匀等速流通过无速度环量的圆柱体的平面理想流体流动在 $r \to \infty$ 处的流速大小 $V_\infty = u_0$，而在圆柱面上，也就是 $r = r_0$ 处流速大小 $V = 2u_0\sin\theta$，所以根据伯努利方程 $P + \dfrac{1}{2}\rho V^2 = P_\infty + \dfrac{1}{2}\rho V_\infty^2 \Rightarrow P - P_\infty = \dfrac{1}{2}\rho V_\infty^2 - \dfrac{1}{2}\rho V^2$ 可以推得均匀等速流通过无速度环量的圆柱体的平面理想流体流动在圆柱面上压力系数 $C_P = \dfrac{P - P_\infty}{\frac{1}{2}\rho V_\infty^2} = \dfrac{\frac{1}{2}\rho u_0^2(1 - 4\sin^2\theta)}{\frac{1}{2}\rho u_0^2} = 1 - 4\sin^2\theta$。由此可知该类型流体流场在圆柱面上的压力系数 C_P 值只与角度 θ 有关而与其他因素无关，这也是引入压力系数的方便所在。具有这样特性的压力系数，可推广应用到其他形状的物体，例如均匀流流过机翼翼型

和压缩机叶片叶型等物体时流体流动问题的研究，但是必须注意的是不可压缩势流的迭加运算以假设流体的黏度 $\mu = 0$ 为前提，不能研究流体流动时产生的摩擦阻力。关于这点，将在本章稍后的内容中举例说明。

8.5　达朗贝尔悖论

法国物理学家达朗贝尔在 1752 年根据不可压缩势流的迭加运算法则推出了平面理想流体均匀等速通过圆柱体流动，作用在圆柱面上既无升力，也无阻力的结论。但是实验证明，即使黏性很小的流体，它们流过圆柱体或其他物体时，都会产生阻力，所以这个推导的结果与一般人的认知有差异，也与实际测量的结果产生矛盾，称为达朗贝尔悖论。达朗贝尔悖论是使用理想流体的假设与实测结果产生矛盾最有名的例子，其计算结果与实验测量产生差异原因在于不可压缩势流理论将流体的黏度忽略不计，也就是假设流体的黏度 $\mu = 0$。正因为达朗贝尔悖论，后续流体流动研究并不能用不可压缩势流的迭加运算来求取物体在流体中运动或流体流过物体时产生的阻力解，那是不切实际且不可能的做法。

【例 8-15】

已知密度为 ρ 不可压缩无黏性流体，以均匀流速 U_0 流经一个圆柱体，其流线分布可用流线函数 $\varphi(x,y) = \left(U_0 y - D\dfrac{y}{x^2 + y^2} \right)$ 来表示，式中 D 为偶极流强度。

（1）试求出该流体的速度表达式。

（2）试求出圆柱体横截面的半径 a。

（3）该圆柱面上所受的升力 L 与阻力 D 各是多少？并请论述造成该计算结果的原因。

【解答】

（1）x-y 平面不可压缩势流速度分量与流线函数之间的关系式分别为 $u = \dfrac{\partial \varphi}{\partial y}$ 与 $v = -\dfrac{\partial \varphi}{\partial x}$，依题意流线函数为 $\varphi(x,y) = \left(U_0 y - D\dfrac{y}{x^2 + y^2} \right)$，所以 $u = \dfrac{\partial \varphi}{\partial y} = U_0 - D\dfrac{x^2 - y^2}{(x^2 + y^2)^2}$ 和 $v = -\dfrac{\partial \varphi}{\partial x} = D\dfrac{2xy}{(x^2 + y^2)^2}$，该流体流速的表达式为 $\vec{V} = \vec{V}(u,v) = u\vec{i} + v\vec{j} = \left[U_0 - D\dfrac{x^2 - y^2}{(x^2 + y^2)^2} \right]\vec{i} + \dfrac{2Dxy}{(x^2 + y^2)^2}\vec{j}$。

（2）如图 8-17 所示，A 点位置在 $x = -a, y = 0$ 处，且其为前停滞点，也就是在 $A(-a,0)$ 处 $u = v = 0$，所以 $U_0 - D\dfrac{a^2}{a^4} = 0$，可得 $a = \sqrt{\dfrac{D}{U_0}}$。

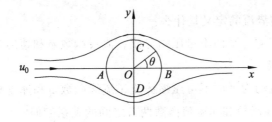

图 8-17　均匀流流经圆柱体

（3）根据伯努利方程，圆球上下对称无压差，所以圆柱所受的升力为 0。一般而言，物体承受的阻力可分为压差阻力（形状阻力）和摩擦阻力两种，因为圆球左右对称对称无压差，所以压差阻力为 0。题目假设流体的黏度忽略不计，所以摩擦阻力为 0。这就是有名的达朗贝尔悖论。因为任何物体的流动都会产生摩擦阻力，而本题的摩擦阻力为 0，所以势流理论不适用于研究流体流动时产生之阻力问题。

8.6　小　结

平面理想流体的流动因为具有流线函数和速度势函数的可选加性，所以可用来处理流体流动问题，将基本流线函数或速度势函数选加来研究更为复杂的二维不可压缩势流规律，这种做法跟整合型系统创新理论的想法颇为类似，就是立足于前人获得的成就去做系统性创新工作。在学习该选加方法研究流体流动问题时，必须先熟记均匀等速流、源流和汇流以及势涡流这几种基本的平面不可压缩势流的解。除此之外，平面理想流体的流动，也就是二维不可压缩势流基于低速和流体的黏度 $\mu = 0$ 为假设的前提方可存在，对于 $Ma \geqslant 0.3$ 的流动，其精确度会因为流体流速的增加而降低，而势流理论根本不适合研究流体流动时产生的摩擦阻力。

课后练习

（1）不可压缩流体的假设与使用时机是什么？
（2）不可压缩流体与可压缩流体的判定准则是什么？
（3）非黏滞性流体的假设与使用时机是什么？
（4）流线函数 φ 的存在条件与判定方程式是什么？
（5）速度势函数 Φ 的存在条件与判定方程式是什么？
（6）流线函数 φ 和速度势函数 Φ 同时存在的条件是什么？
（7）流线函数 φ 和速度势函数 Φ 同时存在判定方程式是什么？
（8）调和函数的定义与特性是什么？
（9）证明如果流体为 $x\text{-}y$ 平面理想流体，流体在流动时的流线函数 φ 为调和函数。
（10）证明如果流体为 $x\text{-}y$ 平面理想流体，其速度势函数 Φ 为调和函数。
（11）证明如果流体为 $x\text{-}y$ 平面理想流体，其流线函数 φ 与速度势函数 Φ 两者均为调和函数。

（12）平面不可压缩势流的定义是什么？

（13）如果流体的流动为平面不可压缩势流，流线函数 φ 和速度势函数 Φ 两者是否会同时存在？并请论述其原因。

（14）如果流体的流动为平面不可压缩势流，流线函数 φ 和速度势函数 Φ 两者是否会同时存在？如果存在则流线函数和速度势函数两者之间的关系如何？

（15）如果流体为 x-y 平面理想均匀等速流，且流速平行于 x 轴，也就是流体的流速表达式为 $\vec{V} = u\vec{i} + v\vec{j} = u_0\vec{i}$，试求流线函数 φ 的表达式是什么？

（16）如果流体为 x-y 平面理想均匀等速流，且流速平行于 y 轴，也就是流体的流速表达式为 $\vec{V} = u\vec{i} + v\vec{j} = v_0\vec{j}$，试求流线函数 φ 的表达式是什么？

（17）如果流体为 x-y 平面理想均匀等速流，且流速平行于 y 轴，也就是流体的流速表达式为 $\vec{V} = u\vec{i} + v\vec{j} = v_0\vec{j}$，试求速度势函数 Φ 的表达式是什么？

（18）源流和汇流的定义是什么？

（19）对于一个半径为 r 的二维源流而言，其源流强度的定义是什么？

（20）请用 r-θ 平面圆柱坐标系的速度表示法 $\vec{V} = (v_r, v_\theta, v_z) = v_r\vec{n}_r + v_\theta\vec{n}_\theta$ 表示汇流（Sink flow）的速度。

（21）二维汇流是否存在流线函数 φ，论述其理由。

（22）二维汇流是否存在速度势函数 Φ，论述其理由。

（23）二维汇流流线函数 φ 与速度势函数 Φ 的表达式是什么？

（24）源流和汇流的源点和汇点是否为奇点，请论述其原因。

（25）伯努利定律在源流和汇流的源点和汇点不适用的原因是什么？

（26）源流和汇流的压力分布情形与半径的关系是什么？

（27）环流（平面势涡流）是否有旋运动，论述其理由。

（28）伯努利定律公式在平面势涡流的中心点（涡点）不适用的原因是什么？

（29）平面势涡流流线函数 φ 与速度势函数 Φ 的表达式是什么？

（30）列出均匀等速流与源流迭加后形成的组合流动的速度势函数 Φ 表达式。

（31）列出均匀等速流与源流迭加后形成的组合流动的流线函数 φ 表达式。

（32）列出均匀等速流与源流迭加后形成的组合流动的流速表达式。

（33）证明均匀等速流与源流迭加后形成的组合流动在驻点的流线为 $\varphi = \dfrac{q}{2}$。

（34）叙述平面理想流体的迭加运算原理不能精确地研究 $Ma \geqslant 0.3$ 的流体流动问题的原因在哪里？

（35）叙述平面理想的迭加运算原理无法研究流体流动时造成的摩擦阻力原因在哪里？

（36）列出环流（势涡流）与汇流迭加后形成的螺旋流的速度势函数 Φ 表达式。

（37）列出环流（势涡流）与汇流迭加后形成的螺旋流的流线函数 φ 表达式。

（38）列出环流（势涡流）与汇流迭加后形成的螺旋流的流速表达式。

（39）列出几种环流（势涡流）与汇流迭加后形成的螺旋流在工程实际中的应用。

（40）列出环流（势涡流）与源流迭加后形成的螺旋流的速度势函数 ϕ 表达式。

（41）列出环流（势涡流）与源流迭加后形成的螺旋流的流线函数 φ 表达式。

（42）列出环流（势涡流）与源流迭加后形成的螺旋流的流速表达式。

（43）列出几种环流（势涡流）与源流迭加后形成的螺旋流在工程实际中的应用。

（44）计算偶极流强度为 $m = \lim\limits_{\substack{2a \to 0 \\ q \to 0}} = 2aq$ 的偶极流在 $r\text{-}\theta$ 平面圆柱坐标系的速度表达法。

（45）势流理论可以用来研究流体流动时产生的阻力问题吗？如果不能，请论述其理由。

第 9 章　相似理论与因次分析法

在第 1 章的内容中已描述，根据基础理论中的计算方程式结合问题假设以及初始条件和边界条件并经过人工计算或者计算机运算找出流体流动的规律是理论求解问题的两个主要的基本途径，但是流体流动现象非常复杂，有许多流体流动问题到目前为止还无法使用理论方法去描述和解决，因此进行理论研究时通常必须再借助实验才能寻求流动过程的规律。虽然实验具有可靠性与真实性，可以检验理论解析法与数值计算法的结果，并且还提供大量信息有助于定量或定性发现流体流动现象与规律，使流体力学的研究理论得到进一步发展。但是实验研究的成本过高，往往需要消耗大量的人力、物力和财力，还存在着一定程度的风险和仪表调校的误差。所以工程实践中，使用相似理论与因次分析法来降低实验成本、减少实验的复杂性以及科学性地组织和整理结果，并将这些结果应用于实体的运动情形，从而找出流体流动现象以及规律。相似理论与因次分析法在流体力学中由此视为指导实验研究以及建立实验观测数据与理论分析和数值计算结果相互检验的基础，也是发展理论和简化实验设计以及解决工程流体流动问题的有力工具。相似理论与因次分析法在工程上的应用范围甚广，不仅对获得流体流动规律的研究有所帮助，同时也用于处理传热、传质和燃烧等复杂的热力工程问题以及航空与车辆工程的飞行器和车辆外形设计中。熟练掌握和运用相似理论与因次分析法对于流力工程、热力工程、航空工程与车辆工程等设计就显得非常重要。

9.1　产品设计流程

如图 9-1 所示，从系统工程、生产管理以及产品设计与研发的观点来看，在产品设计初期，首先必须确定产品设计概念，并经理论设计与分析确认研究方案是否可行或方向与概念是否正确，然后再设计模型测试理论和实验的差异，最后设法使产品标准化，达到量产目的。

图 9-1　产品设计与研发流程的示意图

在工程实际中，不可能未经理论设计与模型实验就贸然去做实体测试与量产，例如在设计飞机的初期阶段，基于成本与安全性的考虑，不可能刚设计好就马上制造实体飞机去飞行。万一失败，庞大的金钱与人员损失，由谁负担？正确做法首先使用相似理论去建立想要设计飞机的模型，模拟实际飞机飞行时的状况，再将模型实验结果换算到实物上去，进而预测实物可能发生的物理现象。一般在初步确定模型模拟情况满足原先设计的要求之后，才会考虑制造实物做实体飞行。所以在流体力学或空气动力学的研究中，相似理论在飞机设计的过程中，是一种可以不必在设计未经完善就耗巨资，且可避免测试时发生意外的重要理论。

9.2 相似理论

相似理论是指导模型实验设计，获得与实物原型相同运动规律的重要理论。在流体力学的研究中，所谓原型是指在流体流场内实际运动的实物，而实验模型则是指在实验中根据原型（实物）按照一定比例关系缩小（或放大）做出的代表物。由于流体流动的现象非常复杂，工程实践与科学研究的过程经常需要依靠实验寻求物理现象的规律或者验证理论解析和数值计算的结果。对于尺寸较大的实物（例如车辆、船舶与飞机等），由于结构复杂与造价昂贵，通常先在缩小的模型上进行实验，得到所需的实验结果后，再换算到实物上去。然而想得到模型实验与实物运动同样的规律，就必须使实验模型与实物原型符合相似理论，因此相似理论被认为指导模型实验研究的理论基础，在流体力学的研究中占有非常重要的地位。

9.2.1 相似理论的目的

相似理论的主要目的是建立实验模型与实物（实体原型）的关联性，人们在经过长期的科学实验，终于探索和总结出一个结论，就是如果实验模型（Model）与实体原型（Protype）之间的关系符合相似法则（Similarity rule），也就是实验模型与要设计或研究的实物（实体原型）之间满足几何相似、运动相似以及动力相似等条件，利用实验模型观察到的流体物理特性就会与实物运动具有同样的流动规律。这一经验理论即称为相似理论（Similitude theory）。由其定义可知，研究实验模型与实物运动彼此之间流动相似现象的理论即称为相似理论，它将实验结果换算到实物运动并找出其流体流动规律性。相似理论的发现，使得大量的研发时间、人力与金钱得以节省，并避免了许多研发时的危险与风险，因此视为指导模型实验研究时的主要基础理论。

9.2.2 几何相似的意义

几何相似关心的是长度因次{L}，在任何敏感的模型测试实验中，实验模型与实体原型（实物）之间的几何相似都是首先必须满足的条件。其定义描述为"如果实验模型和实体原型（实物）两者在三个坐标轴上所有的对应尺寸都呈现相同线性比例，则称此两者之间满足几何相似的关系"，当然从严格意义来说，实验模型和实体原型（实物）之间要满足几何相似的条件，不仅两者之间对应的长度比例必须保持不变，而且两者对应的角度与流体流经两者的流动方向也必须完全一致对应。甚至从更严格的角度来看，实验模型与实体原型（实物）两者之间的表面粗糙度也应该具有相同的线性比例。但是实际上，这是不可能完全做到的，在模型实验设计中只能尽可能地近似，实验的结果会和实际的情况有误差，只要其误差在容许范围内即可接受。

9.2.3　运动相似的意义

所谓运动相似（Kinematic similarity）是指实验模型和实体原型（实物）两者之间具有相同的对应长度比例与对应时间比例，也就是两者之间具备相同的对应速度比例。要让模型实验设计满足运动相似条件，除了必须让实验模型和实体原型（实物）之间满足几何相似，还必须使模型和原型两者之间对应的速度方向完全相同以及速度大小呈现一定比例关系。

9.2.4　动力相似的意义

所谓动力相似（Dynamic similarity）是指实验模型和实体原型（实物）两者之间具有相同的对应比例。在从事模型实验设计时，如果要使实验模型和实体原型（实物）两者之间满足动力相似条件，几何相似是首先必须满足的条件。除此之外，还必须具备相同的力量比例及压力系数 C_p，从严格意义来看，要使模型实验设计满足动力相似条件，实验模型和实体原型（实物）两者之间的所有无因次参数都必须对应相同，但是由于实际流动非常复杂，所有类型的力量都满足相同的对应比例是不可能的。长期的科学实验发现，在观察流体的流动特性时，通常只有一到两种类型的作用力起着主要作用，因此，在进行流体流动的实验研究时，通常是在满足几何相似条件前提下，要求实验模型和实物原型两者之间只需满足主要作用力的动力相似即可，对流动现象不起主要作用的其他力则忽略不计。

9.2.5　流动相似的意义

在模型实验设计中，几何相似是必须满足的首要条件，如果不满足实验模型和实体原型（实物）等比例缩小的原则，模型实验也就失去了实质意义。要使得流体在实验模型上的流动能够表现出在实体原型（实物）上流动时的主要现象和特性，并从流体在实验模型上的流动情形预测出在实体原型（实物）上流动的结果，就必须使流经模型流动与原型流动保持几何相似、运动相似以及动力相似的关系。在流体力学中，当模型流动与原型流动两者之间满足几何相似、运动相似以及动力相似条件，则称两者为流动相似（Flow similarity）。工程的实践经验发现，当模型流动与原型流动两者之间为流动相似，模型实验中观测到的物理现象会与实物运动具有同样的规律，这也就是相似理论所要表达的主要物理意义。简单地说，当模型流动和原型流动两者之间呈现流动相似的关系时，模型实验观察到的流动现象与规律与实物运动的情形相同，因此可以从流体在实验模型上的流动情形预测出流体在实物原型上流动时的结果，这也就是流体力学中模型实验的原理。

9.2.6　风洞测试

风洞（Wind tunnel）是一种飞机设计过程中以相似理论为基础建立的一种使用实验模型来仿真实体运动，从而找出实物运动规律的研究装置，它可以节省时间、人力与成本，并且避免直接进行实体测试时可能遭遇到的意外与风险，在飞机及车辆的设计和研发过程中广泛应用。

1．功用与构造

如图 9-2 所示，风洞测量利用模型仿真飞机在运动时的空气动力特性，目的在于节省飞机在设计过程中的人力、物力和财力的浪费。

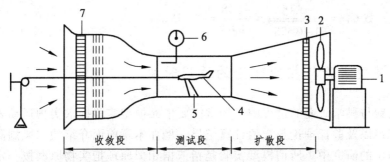

1—电动机；2—风扇；3—防护网；4—飞机模型；5—支架；6—空速表；7—整流格。

图 9-2　低速风洞实验的示意图

2．吹试条件

要利用风洞来研究实体飞机飞行的空气动力特性，飞机模型和真实飞机实体之间必须满足几何相似以及马赫数相同和雷诺数相同等条件。

3．Prandtl-Glauert 规则

高速风洞较低速风洞价格昂贵且在实验时易发生危险，往往按照 Prandtl-Glauert 规则将低速风洞测量的空气动力数据模拟高速飞机飞行的空气动力特性。

（1）目的。Prandtl-Glauert 规则的目的是建立可压缩流与不可压缩流中相同翼型的气动力参数的关系，进而得到可压缩性对同一翼型的影响。

（2）公式为 $C_{P,可压} = \dfrac{C_{P,不可压}}{\sqrt{1-M_a^2}}$，式中，$C_{P,可压}$ 为可压缩流中机翼翼型表面的压力系数，$C_{P,不可压}$ 为不可压缩流中机翼翼型表面的压力系数，Ma 为飞行马赫数。

【例 9-1】

在亚声速风洞实验中，当风速 $U_0 = 30$ m/s 时（经计算 $Ma_\infty = 0.088$），在模型翼型上某个测试点的压力系数 $C_{Pi} = -1.18$，当风速增加到 $U_0 = 204$ m/s，相应条件相同情况下，问其马赫数增加到多少？并利用 Prandtl-Glauert 规则求出该点压力系数 C_{Pi}。

【解答】

（1）当 $Ma_\infty = 0.088$ 时，因为马赫数非常小，能够确定在模型翼型上的空气流动都为不可压。

（2）根据马赫数的计算公式 $M_a = \dfrac{V}{a}$，由题干可知声速值 $a = \dfrac{30}{0.088} = 340.9$(m/s)。当风速增到 $U_0 = 204$ m/s 时，$M_{a\infty} = \dfrac{V}{a} = \dfrac{240}{340.9} = 0.598$。

（3）当 $Ma_\infty = 0.598$ 时，因为马赫数远大于 0.3，可以确定在模型翼型上的空气流场都是可压缩流场，根据 Prandtl-Glauert 规则，$C_{P,可压} = \dfrac{C_{P,\,不可压}}{\sqrt{1 - M_a^2}}$，可以求得当风速增到 204 m/s 时，测试点的压力系数 $C_{Pi} = \dfrac{-1.18}{\sqrt{1 - 0.598^2}} = \dfrac{-1.18}{0.8} = -1.475$。

9.2.7 模型实验与相似理论的适用时机

在工程实践与科学研究的过程中，经常需要依靠模型实验探求实物运动表现出的物理现象、运动规律以及验证理论与数值计算结果，例如本章前面介绍的"风洞测试"即属一例。在流体力学的研究中，所谓模型实验是指依据相似原理把实物原型按一定比例缩小制成模型，并且利用简化的控制方法找出或重现实际发生的物理现象的一种方法，在工程实践上，许多科学研究和生产设计的研发过程都必须做模型实验。相似理论虽然可以指导模型实验设计并建构起模型实验与实物运动之间研究数据相互转换的桥梁，但在工程实际执行上，模型实验不可能都满足所有的动力相似条件，必须掌握研究的方向与重点，才能找出实际流动现象的物理本质。如果不能够确认研究的重点，也不能保证实验模型和实物原型中流动现象之间的物理本质相同，进行模型实验是没有价值的。并不是所有的流动现象都能做到进行模型实验，只有对其流动现象有足够的认知并了解支配其现象的主要物理法则，在不适合对其做理论分析或数值模拟的原型时才适合利用相似理论建构模型实验来研究相关流动现象。进行模型实验研究流体流动规律时，必须以满足几何相似条件为前提，再根据实际要求实验模型和实体原型（实物）两者之间满足运动相似以及影响问题研究主要作用力的动力相似，才能在最佳能效的情况下找到研究的流体流动或者实际物体运动的物理现象与规律。

9.2.8 常见的相似准则

虽然相似理论可以建构模型实验与实物运动之间研究数据相互转换的桥梁，但是进行模型实验时不可能都满足所有的动力相似条件，如何让模型实验有效地掌握研究的重点一直是流体力学研究讨论的课题。经过长期科学实验与研究后发现使用相似准则的概念可以有效地改善或解决此难题。

1．相似准则的概念

所谓相似准则（Similarity criterion）是用来判断两个流动现象之间相似性使用的无因次参数。工程实践中发现，彼此相似的流动现象必定具有数值相同的相似准则，而如果相似准则的数值相同，其对应的流动现象必定相似。在流体力学的研究中，相似准则的概念一直是模型实验、理论计算与分析以及实体运动之间研究数据彼此验证的基础。一般而言，如果模型实验、理论计算与分析以及实体运动在彼此之间满足相似准则，其彼此对应的流动现象和流动规律必定相似。在流体力学工程中，常使用的相似准则包括雷诺数相似准则、马赫数相似准则、弗鲁德数相似准则、韦伯数相似准则和欧拉数相似准则等。

2．雷诺数相似准则

雷诺数相似准则以其用来判定的准则为雷诺数（Reynolds number）Re 而命名，从物理观点来看，流体的雷诺数 Re 可视为流体流场惯性力与黏滞力的比值，而从数学的定义来看流体的雷诺数可以用 $Re = \dfrac{\rho VL}{\mu}$ 表示，式中，ρ 为流体的密度，V 为流体流动的速度，L 为特征（参考）长度，μ 为流体的动力黏度。雷诺数相似准则主要用于以流体黏性力为主要作用力的两个流动现象是否满足动力相似的判定依据，所以又称为黏性力相似准则，它是流体力学研究中最重要的相似准则。当两个流动现象之间满足黏性力相似条件时，此两者的雷诺数 Re 必定相等，反之亦然，这就是雷诺数相似准则的主要意义。

3．马赫数相似准则

马赫数相似准则以其用来判定的准则为马赫数（Mach number）Ma 而命名，从物理观点看来，流体的马赫数 Ma 可以视为流体的流速 V 对声速 a 的比值，其数学定义为 $M_a = \dfrac{V}{a}$。马赫数相似准则主要用于以流体弹性力为主要作用力的两个流动现象是否满足动力相似的判定依据，所以又称为弹性力相似准则。气体的体积弹性系数与气体的压缩性有关，所以如果两个流动现象之间满足压缩性相似条件，此两者的马赫数 Ma 必定相等，反之亦然，这就是马赫数相似准则的主要意义。

4．弗鲁德数相似准则

弗鲁德数相似准则以其用来判定的准则为弗鲁德数（Froude number）Fr 而命名，从物理观点看来，流体的弗鲁德数 Fr 可以视为流体的惯性力对重力的比值，从数学定义来看，流体的弗鲁德数 Fr 可以用公式 $F_r = \dfrac{V^2}{\sqrt{gL}}$ 计算得到，式中，V、g 与 L 分别为流体的流速、重力加速度以及特征（参考）长度。弗鲁德数相似准则主要用于以流体的重力为主要作用力的两个流动现象是否满足动力相似的判定依据，所以又称为重力相似准则。当两个流动现象之间满足重力相似条件时，此两者的弗鲁德数 Fr 必定相等，反之亦然，这就是弗鲁德数相似准则的主要意义。

5．韦伯数相似准则

韦伯数相似准则以其用来判定的准则为韦伯数（Weber number）We 而命名，从物理观点看来，流体的韦伯数 We 可以视为惯性力对表面张力的比值。从数学定义来看，流体的韦伯数 We 可以用公式 $W_e = \dfrac{\rho V^2 L}{\sigma}$ 来计算，式中，ρ、V、L 与 σ 分别为流体的密度、流速、特征（参考）长度以及表面张力系数。韦伯数 We 主要用于以流体的表面张力为主要作用力的两个流动现象是否满足动力相似的判定依据，所以又称为表面张力相似准则。当两个流动现象之间满足表面张力相似条件时，此两者的韦伯数 We 必定相等，反之亦然，这就是韦伯数相似准则的主要意义。

6. 欧拉数相似准则

欧拉数相似准则以其用来判定的准则为欧拉数（Euler number）Eu 而命名，从物理观点看来，流体的欧拉数 Eu 可以视为压力对惯性力的比值。从数学定义来看，流体的欧拉数 Eu 可以用公式 $E_u = \dfrac{\Delta P}{\rho V^2}$ 计算，式中，P、ρ 与 V 分别为流体的压力、密度和流速。欧拉数相似准则主要用于以流体的压力为主要作用力的两个流动现象是否满足动力相似的判定依据，所以又称为压力相似准则。当两个流动现象的雷诺数相等，欧拉数也通常会相等；而弗鲁德数相等，欧拉数也通常会相等。所以只有液体出现负压或存在空蚀现象，欧拉数相似准则（两个流动现象的欧拉数相等）才可用来保证液体在流动时满足动力相似。

7. 综合讨论

理论上，模型实验应同时满足上述各项相似准则，也就是要求流体流经实验模型与实物原型的雷诺数 Re、马赫数 Ma、弗鲁德数 Fr、韦伯数 We 以及欧拉数 Eu 都必须对应相等，但是在工程实践中很难做到所有的相似准则条件都完全满足。因此，在进行模型实验研究流体的流动规律时，满足几何相似条件为前提，然后根据实际的研究要求实验模型和实物原型满足影响问题研究主要作用力的相似准则条件。

（1）可压缩流体流动的模型实验。一般而言，对于可压缩流体流动的模型实验，模型和原型的雷诺数 Re 以及马赫数 Ma 必须对应相等，也就是必须满足雷诺数相似准则以及马赫数相似准则这两个相似准则条件。

（2）有自由液面的不可压缩流模型实验。对于自由液面并且允许液面上下自由变动的各种液体流动，例如堰坝溢流、孔口出流、明槽流动以及隧洞流动等重力起主要作用的液体流动，模型和原型的雷诺数 Re、弗鲁德数 Fr 以及韦伯数 We 必须对应相等，也就是必须满足雷诺数相似准则、弗鲁德数相似准则以及韦伯数相似准则这三个相似准则条件，如有必要，欧拉数 Eu 也必须对应相等。

（3）无自由液面的不可压缩流模型实验。对于深水下的潜体运动以及管道中的流动通常遵循雷诺数相似准则，也就是以模型和原型的雷诺数 Re 对应相等来保证液体在流动时满足动力相似。

通常依此标准去设计模型实验，所得的结果应该是可接受的，也就是可以在最有能效的情况下找到研究的流动或者实际物体运动的物理现象与规律。

9.3 因次分析法

从事工程设计和科学研究的过程中，常常会遇到根据经验分析判断研究的问题是否与某些物理量有关，运用既有理论方法一般无法准确地描述这些物理参数对研究问题的影响，此时，必须使用实验的方式寻求物理现象的规律。但是对情况复杂的工程问题，如果单个与逐次改变每一个物理参数去做实验，不仅耗费时间，也无法完整地找出这些物理参数的关联性、规律性与通用性。长期的科学实验研究发现可以利用因次分析法（Dimensional analysis method）解决此一难题。

9.3.1　因次的概念

在工程研究中，所谓单位是用来描述物理量大小的计量尺度，而因次则是用来表示物理量单位的属性，因次的概念是研究因次分析法的基础。

1．因次的定义

工程设计和科学研究的过程会涉及各种物理量，例如质量、时间、力、速度、长度等都是研究问题时常遇到的物理量。这些物理量都是具有单位（Unit）的，物理量单位属性的表示即称为因次或量纲（Dimension）。同一物理量可以用不同的单位来度量，但只有唯一的因次，例如，时间可以用 h、min、s 等不同单位来度量，但是作为物理量的属性，都属于时间因次，用符号 T 来表示。长度可以用 m、cm、ft、in 等不同单位来度量，但作为物理量的属性，都属于长度因次，用符号 L 来表示，质量可以用 kg、g、slug 等不同单位来度量，但作为物理量的属性，都属于质量因次，用符号 M 来表示。工程上物理量的因次用符号 dim 表示，例如密度的因次表示为 $\dim \rho = ML^{-3}$。

2．因次的类型与表示

如果能够适当地规定某些固定物理量当作基本的物理量，并使用其因次符号表示，而将其他物理量表示成由这些基本物理量的因次符号组成的乘幂形式，就可以统一研究各个物理量之间的关系，这就是因次表示法的概念。在因次表示法中，这些被指定基本物理量的因次，称为基本因次（Primary dimension），而由基本因次衍生的因次就称为导出因次（Secondary dimension）或衍生因次（Derivative dimension）。

3．基本因次的定义

单位可以分成公制单位与英制单位，因次的划分也是如此。公制单位制常用的基本因次符号是 M、L、T 与 Θ，对于英制单位制常用的基本因次符号是 F、L、T 与 Θ，其中 M 为质量的因次代表符号，L 为长度的因次代表符号，T 为时间的因次代表符号，Θ 为温度的因次代表符号以及 F 为力量的因次代表符号。也就是说，在研究流体流动问题的过程中，公制单位制与英制单位制选用的基本因次不完全相同。对于公制单位选用为基本因次的物理量是质量、长度、时间与温度，而对于英制单位制选用为基本因次的物理量是力量、长度、时间与温度。由于公制单位制与英制单位制选用的基本因次不同，虽然两种单位制在求取导出因次与无因次参数时的观念与方法相同，但是两者求得的导出因次与无因次参数的形式有所不同。本书主要选用的单位是公制（标准制）单位，选用的基本因次为质量 M、长度 L、时间 T 与温度 Θ 四个基本因次。一般而言，除了研究有关燃烧或化学的问题，通常都不考虑温度 Θ 这个基本因次。

4．导出因次的定义

当选定了基本因次的项目，所有的物理量都可以用基本因次的乘幂形式来表现，这些由基本因次衍生的因次就称为导出因次，例如对于公制单位制，选用的基本因次是质量、长度、时间与温度，因为速度是长度/时间，所以其因次（导出因次）为 LT^{-1}。

5．常用的物理量因次表

要学好因次分析法，不仅需要掌握基本因次与导出因次的概念，还必须熟记常用物理量的因次，如表 9-1 所示。

表 9-1　常用物理量的公制单位制因次表

项　　次	物理量	因　　次
1	质　　量	M
2	长　　度	L
3	时　　间	T
4	面　　积	L^2
5	体　　积	L^3
6	速　　度	LT^{-1}
7	加速度	LT^{-2}
8	力	MLT^{-2}
9	功或能	ML^2T^{-2}
10	功　　率	ML^2T^{-3}
11	压　　力	$ML^{-1}T^{-2}$
12	应　　力	$ML^{-1}T^{-2}$
13	密　　度	ML^{-3}
14	质量流率	MT^{-1}
15	体积流率	L^3T^{-1}
16	绝对黏度系数	$ML^{-1}T^{-1}$
17	运动黏度系数	L^2T^{-1}
18	表面张力系数	MT^{-2}

9.3.2　因次齐次性定理

所谓因次齐次性定理（Dimensional homogeneity theorem）是指凡是能够描述物理现象的方程式，其在方程式中的各项之因次都必须是齐次的，也就是说方程式中的每一项的因次都必须相同，例如伯努利方程式 $P+\dfrac{1}{2}\rho V^2=P_t$，式中 P 项的因次为 $ML^{-1}T^{-2}$，$\dfrac{1}{2}\rho V^2$ 项的因次为 $ML^{-3}\times LT^{-1}\times LT^{-1}=ML^{-1}T^{-2}$，而 P_t 项的因次也是 $ML^{-1}T^{-2}$。研究证明凡是能够描述某一个物理现象的方程式都必须满足因次的齐次性，所以因次的齐次性被当作初步判定物理方程式是否正确的准则。

9.3.3　因次分析法的目的与研究方法

因次分析法是从因次齐次性定理为出发点，针对与研究问题有关的物理量做因次乘幂分析，并进一步将它们转换成无因次参数的组合，从而统一研究各个物理量在因次上的内在联系。此研究方法可以在降低问题研究影响变量数量的情况下，完整地找出这些物理参数的关联性、规律性与通用性。在流体力学的研究中，因次分析法是与相似理论关系密切的另一种通过实验探索流体流动规律的重要方法，它和相似理论在流体力学中并称为指导实验研究的两大基础理论。

1．因次分析法的使用目的

因次分析法是将影响问题研究的物理参数转换成无因次参数的组合，在降低问题研究难度与研究参数数量的情况下，找出影响物理参数的关联性与流动现象的通用性。因次分析法具有许多好处，描述如下。

（1）节省研究成本。因次分析法可以将问题研究的物理参数转换成无因次参数的组合，使得研究参数的数量减少，在问题研究时可以节省大量的时间、人力和财力，达到节省研究成本的目的。

（2）有利实验与理论的结合。使用因次分析法整理获得的研究结果可以直接用于模型实验或理论分析上，有利于实验与理论的结合。

（3）有助于工业应用与科学研究的发展。使用因次分析法可以针对每个无因次参数加以讨论，从而找出无因次参数相对应的流体流动或空气动力特性，获得通用性的运动规律。使用因次分析法获得的研究结果可以应用于原型及其他相似的流动，不需再针对相同类型的流体流动进行研究，有助于工业应用与科学研究的发展。

2．常用的无因次参数

因次分析法的第一步将问题研究的物理参数转换成无因次参数的组合，所以在研究流体力学时，如果熟悉常用的无因次参数及其代表的物理意义，将有助于因次分析法的学习，常用无因次参数及其代表的物理意义如表 9-2 所示。

表 9-2　常用的无因次参数表

项　次	名　称	公　式	物理意义
1	雷诺数（Re）	$Re = \dfrac{\rho VL}{\mu} = \dfrac{VL}{\upsilon}$	惯性力对黏滞力的比值
2	马赫数（Ma）	$Ma = \dfrac{V}{a}$	空速对声速的比值
3	升力系数（C_L）	$C_L = \dfrac{L}{\frac{1}{2}\rho V^2 S}$	升力对惯性力的比值
4	阻力系数（C_D）	$C_D = \dfrac{D}{\frac{1}{2}\rho V^2 S}$	阻力对惯性力的比值
5	压力系数（C_p）	$C_p = \dfrac{P}{\frac{1}{2}\rho V^2}$	压力对动压的比值
6	弗鲁德数（F_r）	$F_r = \dfrac{V}{\sqrt{gr}}$	惯性力对重力的比值
7	韦伯数（W_e）	$W_e = \dfrac{\rho V^2 L}{\sigma}$	惯性力对表面张力的比值

3．因次分析法的研究方法与步骤

一般使用 π 定理，又称白金汉（E Buckingham）定理，它是指如果一个流动现象涉及 n 个物理量与 j 个基本因次，则这个现象可以用 $n-j$ 个无因次参数来描述，而且这些无因次参数之间的函数关系为 $\pi_i = f(\pi_1, \pi_2, \cdots, \pi_{n-j})$，例如使用 π 定理得到的无因次参数为 π_1、π_2 与 π_3，则 π_1、π_2 与 π_3 之间的函数关系可以表示为 $\pi_1 = f(\pi_1, \pi_3)$。通常使用 π 定理研究流动现象可以将其分解成六个步骤进行，就能获得影响现象的无因次参数与这些参数之间的关联性，从而找出流体流动的特性。

（1）找出影响变量（物理量）的个数 n。使用因次分析法（π 定理）的第一个步骤是找出所有与流体流动现象有关的物理量，这是非常重要的步骤，因为只要缺少任何一个，就会得到不全面的，甚至是错误的结果。

（2）列出每个物理量的因次。在找出与流体流动现象有关的全部物理量后，必须将物理量表示成以基本因次为基础的乘幂形式，也就是如果为基本因次的物理量，以基本因次表示，如果物理量不选定为基本因次，以导出因次来表示。例如在公制单位选用的基本因次物理量是质量、长度、时间与温度，于是质量的因次是基本因次 M，而压力为导出因次 $ML^{-1}T^{-2}$。

（3）找出无法形成"无因次参数 π"的个数 j。通常 j 值为所列物理量中所有不同基本因次的数目，标准单位在探讨流体力学问题的过程中选用的基本因次为 M、L、T 与 Θ，一般除了研究有关燃烧或化学的问题多不讨论 Θ 这个基本因次。所以在研究流体力学时，j 值多为 3 或更少，也就是 $j \leqslant 3$。

（4）找出"无因次参数 π"的个数 k。从前面的内容可知 n、j 与 k 之间的关系必定满足 $n-j=k$ 的关系式。

（5）利用乘幂法找出无因次参数 π。将 $j+1$ 个物理量的因次指数相乘并设法让乘积中基本因次的乘幂指数都等于 0，即求得无因次参数。

（6）将无因次参数表示为与其他无因次参数的函数。也就是将这些无因次参数之间的函数关系表示为 $\pi_i = f(\pi_1, \pi_2, \cdots, \pi_{n-j})$ 的关系式。

4．数据的创新及使用

一般而言，使用的无因次参数配合相似准则的概念有效地将理论与实验研究结合，并且能够作为两者研究得到的数据与实体运动数据相互转换的桥梁，但是有时常使用无因次参数，例如雷诺数 Re、马赫数 Ma、弗鲁德数 Fr、升力系数 C_L 与阻力系数 C_D 等并不能明确地指出需研究探讨物理现象，此时就必须再次地利用因次分析法去重组无因次参数，直到能够明确地表示所需研究探讨的物理现象为止。

【例 9-2】

已知密度为 ρ 不可压缩流体，以均匀流速 U_0 及迎角 α 流经弦长为 C 与弦宽为 b 的薄平板（假设为二维流场），用因次分析法求出该平板的升力 L 与上述 ρ、U_0、α、b 与 C 等参数间的无因次关系式。

【解答】

使用 π 定理研究流体流动现象的六个步骤进行求解。

（1）找出影响变量（物理量）的个数 n 。由题干可知问题的影响参数为升力 L 、密度 ρ 、速度 U_0 、迎角 α 及面积 S （此 S 为平板的上视面积，也就是 $S = bc$ ），所以 $n = 5$ 。

（2）列出每个物理量的因次。参考如表 9-1 所示常用物理量的公制单位因次表，每个物理量的因次详列如下。

① 升力 L 的因次为 MLT^{-2} 。

② 密度 ρ 的因次为 ML^{-3} 。

③ 速度 U_0 的因次为 LT^{-1} 。

④ 面积 S 的因次为 L^2 。

⑤ 迎角 α 则为无因次参数。

（3）找出无法形成"无因次参数 π "的个数 j ：从步骤（2）可知，问题中的基本因次为质量 M 、长度 L 以及时间 T 三个基本因次，所以 $j = 3$ 。

（4）找出"无因次参数 π "的个数 k ：因为 $n = 5$ 与 $j = 3$ ，所以无因次参数 π 的个数 $k = n - j = 5 - 3 = 2$ ，迎角 α 为无因次参数，只需要再用乘幂法找出另一个无因次参数即可。

（5）利用乘幂法找出无因次参数 π ：如同步骤（4）说明的，因为迎角 α 为无因次参数，所以可以将其余四个物理量（ $j + 1 = 4$ ）利用乘幂法找出另一个无因次参数。所以
$$\pi = L \times \rho^a \times U_0^b \times S^c = MLT^{-2} \times (ML^{-3})^a \times (LT^{-1})^b \times (L^2)^c = M^{(1+a)}L^{(1-3a+b+2c)}T^{(-2-b)} \text{。}$$

① 因为基本因次 M 的乘幂指数必须为 0 ，所以 $1 + a = 0$ ，可求得 $a = -1$ 。

② 因为基本因次 L 的乘幂指数必须为 0 ，所以 $1 - 3a + b + 2c = 0$ 。

③ 因为基本因次 T 的乘幂指数必须为 0 ，所以 $-2 - b = 0$ ，求得 $b = -2$ 。

④ 将 $a = -1$ 与 $b = -2$ 代入 $1 - 3a + b + 2c = 0$ ，可求得 $c = -1$ 。

⑤ 因为 $a = -1$, $b = -2$, $c = -1$ ，所以可以求得无因次参数 $\pi = L\rho^{-1}U_0^{-2}S^{-1} = \dfrac{L}{\rho U_0^2 S}$ ，这里根据流体力学（或空气动力学）的惯例将无因次参数 π 修正为 $\pi = C_L = \dfrac{L}{\dfrac{1}{2}\rho U_0^2 S}$ 。

（6）将无因次参数表示为与其他无因次参数的函数。从计算结果得知，此问题的影响流动现象的无因次参数只有升力系数 C_L 与 α ，所以可将两者的关系表示为 $C_L = f(\alpha)$ ，可以得到 $C_L = \dfrac{L}{\dfrac{1}{2}\rho U_0^2 S} = \dfrac{L}{\dfrac{1}{2}\rho U_0^2 bC} = f(\alpha)$ 。

课后练习

（1）如何安排模型实验才能够将模型实验中测定的数据换算到原型流动中？

（2）几何相似的定义是什么？

（3）运动相似的定义是什么？

（4）动力相似的定义是什么？

（5）如何使流体流经实验模型与实体原型的流动满足流动相似的关系？

（6）在流体力学中模型实验的原理是什么？

（7）风洞模型实验的吹试条件是什么？

（8）简要说明使用 Prandtl-Glauert 规则的目的是什么？

（9）Prandtl-Glauert 规则的公式是什么？

（10）相似准则的使用目的与定义是什么？

（11）列举出三个在流体力学的模型实验中常使用的相似准则条件。

（12）雷诺数相似准则的定义是什么？

（13）马赫数相似准则的定义是什么？

（14）弗鲁德数相似准则的定义是什么？

（15）韦伯数相似准则的定义是什么？

（16）欧拉数相似准则的定义是什么？

（17）雷诺数 Re 表示的物理意义以及计算公式是什么？

（18）弗鲁德数 Fr 表示的物理意义以及计算公式是什么？

（19）韦伯数 We 表示的物理意义以及计算公式是什么？

（20）雷诺数 Re、马赫数 Ma、升力系数 C_L 与压力系数 C_P 四个无因次参数形式及其表示的物理意义是什么？

（21）基本因次的定义是什么？

（22）导出因次的定义是什么？

（23）因次齐次性定理的定义是什么？

（24）用因次的齐次性定理说明方程 $P + \dfrac{1}{2}\rho V = P_t$ 是否正确？理由是什么？

（25）简要说明 π 定理（白金汉定理）的概念。

第 10 章　黏性流体在圆管内的运动

在工程上，流体流经管道的情况很多，例如石油输送管道、化工管道、液压传动、机械润滑、机床静压轴承等。在流体力学问题理论研究发展的早期，研究流体在管道流动的问题多忽略不计流体的黏性。然后利用伯努利方程求得流体在管道速度和压力的变化情形，从而获得流体在管道内的流动规律，但是实际流体都具有黏性，在流动的过程中不可避免地存在阻力、衰减和扩散现象，流动时也总是伴随着内摩擦和传热过程，从而产生能量的损失，所以使用无黏性流体计算的结果会与实际有差异，流体在管道流动时，流动的阻力与流体的流动形态有密切关系，本章先行简单介绍层流与湍流特性，然后分析能量损失的规律及计算方法，最后在此基础上简单介绍管路的水力计算，以期让学生学习如何修正流体黏性造成误差的方法，并对流体在管道中的流动规律有更深入的了解。

10.1　黏性流的基本特性

10.1.1　流体黏性的概念

任何流动的流体实际上都具有黏性，它使流体在流动或者物体在流体中运动时产生一个阻滞流体流动或物体在流体中运动的力量，此特有属性称为流体的黏性，而其对流体或物体在运动时产生的阻滞效应则称为流体的黏滞效应。流体流动问题研究中，流体的黏性的主要用流体的动力黏滞系数 μ 或者运动黏性系数 ν 表示，两者之间的关系为 $\nu = \mu / \rho$，式中，密度 ρ 为流体的密度。

10.1.2　无滑流现象

因为流体具有黏性，在其流经物体表面时，流体分子与物体接触表面会因为彼此之间的相互作用，使流体分子和所接触的物体表面达到动量的平衡，因此和物体表面接触的流体速度会和接触物体表面的速度相同，此现象称为无滑流现象，它通常当成流体在流场中运动的边界条件之一。

10.1.3 非黏性流体与实际流动之间的差异

在研究低速流体流动的问题时往往假设流体的运动为不可压缩及非黏性，也就是假定理想流体的运动来简化问题研究过程的难度，这里以低速流体流经平板的速度分布情形为例说明非黏性流体与实际流体流动两者之间的差异，其速度分布如图 10-1 所示。

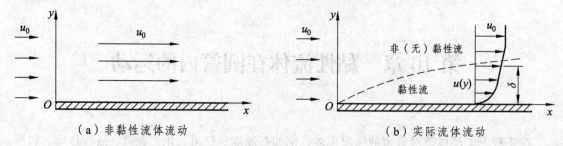

（a）非黏性流体流动　　　　　　　　　（b）实际流体流动

图 10-1　非黏性流体流动与实际流体流动之间的速度差异

从图中可以看出，非黏性流体低速流经平板，流体流动的速度为均匀分布，但是在实际流动时，流体会形成边界层而且边界层随着空气流经平板的距离而逐渐增厚，只有在边界层厚度外的流体速度才呈现均匀分布的情况，由此可见非黏性流体与实际流动之间实质上的差异。虽然对于有些问题，使用非黏性流体的假设大大简化研究过程，也不会影响问题的基本结论，但是在许多实际应用中，这一假设计算与分析的结果往往影响问题的精确度，甚至所得的结果发生与实际现象不同的情况，例如管流问题的研究中，理想流体的假设最常见的是影响问题计算的精确度。而在外部流场的研究中，最有名的例子如达朗贝尔悖论，也就是流体流过圆柱体造成的阻力为 0。由此可知，对于工程精度要求较高的管流计算问题以及航空器飞行与物体运动时的阻力问题，流体黏性产生的影响必须纳入考虑，而且是不可以忽略的因素之一。

【例 10-1】

黏性流与非黏性流的定义以及非黏性流的使用条件是什么？

【解答】

（1）所谓黏性流是指计算和分析流体力学问题时，流体黏性不可以忽略不计，必须考虑流体黏性 μ 造成的影响。而非黏性流则是假设流体黏性造成影响非常小，可以将其忽略不计，也就是将流体的黏度 μ 视为 0。

（2）非黏性流的假设通常应用在流体静力学（流体流速为 0）、流体速度梯度非常小、流体黏性产生的黏滞力远小于其他的作用力以及工程计算精度要求较低且不影响计算和分析的结果等时候。

10.2　黏性流体运动的两种形态

英国物理学家雷诺在 1883 年发表了他的实验结果。他通过大量的实验研究发现，实际流体在管路中存在两种不同的状态,并且确定了层流和湍流这两种流动状态转换的必要条件,其实验装置如图 10-2 所示。

雷诺实验发现,流体的流动状态主要是由雷诺数 Re 的大小决定。在流体的流动速度很慢的情况下,流体的雷诺数很小,有色液体成一条直线平稳地流过整根玻璃管而与管内的水不相混合,此时玻璃管流体的流动形态称为层流,其流动状态如图 10-3(a)所示。随着调整控制阀逐渐增大,水流速度加快,从而雷诺数增加,当流体的雷诺数增大到一定数值时,有色液体流经玻璃管的流线会出现不规则的波浪形,此时流体的流动称为转换流或过渡流(Transition flow),其流动状态如图 10-3(b)所示。此时如果继续增大流速使流体雷诺数增加,

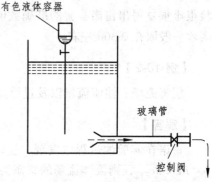

图 10-2　雷诺实验装置

当流体的雷诺数达到某临界值时,整个玻璃管内的水呈现均匀的颜色,这说明流体质点除了沿管道向前运动外,还存在不规则的径向运动,质点间相互碰撞相互混杂,此时流体的流动称为湍流或紊流,其流动状态如图 10-3(c)所示。

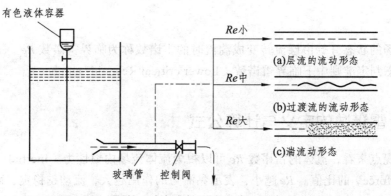

有色液体容器

Re 小

(a)层流的流动形态

Re 中

(b)过渡流的流动形态

Re 大

(c)湍流动形态

玻璃管　控制阀

图 10-3　层流、过渡流与湍流的流动形态示意图

雷诺发现,对于一般的管流,如果流体的雷诺数低于 2 300,流体的流动形态为层流。此临界的雷诺数 Re 称为下临界雷诺数(Lower critical Reynolds number),用符号 $Re_{c下}$ 表示。如果流体的雷诺数 Re 高于 13 800,流体的流动形态为湍流,此临界的雷诺数 Re 称为上临界雷诺数(Upper critical Reynolds number),用符号 $Re_{c上}$ 表示。如果流体的雷诺数在 2 300 ~ 13 800,此时流体的流动称为转换流或过渡流,其流体的流动形态可能是层流也可能是湍流。过渡流的状态极不稳定,只要外界稍有扰动,就有可能会转变为湍流,因此一般将过渡流归属为湍流问题处理。而以 $Re_{c下} \approx 2\ 300$ 作为判别层流与湍流的标准,因此工程业界常说的临界雷诺数指的是下临界雷诺数,而对于圆形管流而言,如果流体的雷诺数低于 2 300 则可以直接将管内流体的流动形态判定为层流。必须注意的是临界雷诺数并不是一个准确的固定常数,它随管壁的表面粗糙度、圆形管入口处水流的扰动大小等实验条件不同而有所变化。如果入口处水流的扰动大,则临界雷诺数就低;如果入口处水流的扰动小,则临界雷诺数就高。利用这一现象可以用人为的方式产生一些扰动以促使湍流的发生,产生这类扰动的装置称为激流装置。雷诺实验得出的圆管流动下临界雷诺数为 2 300,但有些教科书采用的临界雷诺数

是 2 000 或 2 320。这也是临界雷诺数与干扰有关的缘故，雷诺的实验环境受到的干扰极小，实验前水箱中的水体经长时间的稳定作用，经反复多次细心测量才得出的，而后人的大量实验很难重复得出雷诺实验的准确数值，通常为 2 000 ~ 2 300。从工程实际出发，圆管临界雷诺数一般取在 2 300 左右。

【例 10-2】

层流流场、湍流流场以及过渡流的判定准则是什么？

【解答】

雷诺在实验的过程中发现，流体流场的流动状态主要是由雷诺数 Re 的大小决定，如果 $0 < Re < Re_{c下}$，则流体流场的状态为层流流场；如果 $Re_{c下} < Re < Re_{c上}$，则流体流场的状态为过渡流场；如果 $Re > Re_{c上}$，则流体流场的状态为湍流流场。在此 $Re_{c下}$ 和 $Re_{c上}$ 分别表示流体的下临界雷诺数和上临界雷诺数。

【例 10-3】

临界雷诺数（Critical Reynolds number）的定义是什么？

【解答】

流体流场的状态开始由层流转变成湍流时的雷诺数称为临界雷诺数 Re_c，也就是一般常用的流场状态判定准则中下临界雷诺数（Lower critical Reynolds number）。

10.3 雷诺数的定义与计算公式

从物理观点来看，流体的雷诺数 Re 可以视为流体流场内惯性力（Inertial force）与黏滞力（Viscous force）的比值。Re 越小，表示黏滞力的作用越大，流动越稳定；而 Re 越大，表示惯性力的作用越大，流动越紊乱。其计算公式为 $Re = \dfrac{\rho VL}{\mu} = \dfrac{VL}{\nu}$，式中 ρ、V、L、μ 和 ν 分别是流体的密度、流速，特征（参考）长度、动力黏度和运动黏度。对于圆形管流，流体雷诺数 Re 的计算公式可以用 $Re = \dfrac{\rho V d}{\mu}$ 表示，式中 d 为圆形截面的管道直径。对于非圆形截面管道，则流体雷诺数 Re 的计算公式可以用水力半径 R 或当量直径 d_H 来表示。假设非圆截面管道的过流截面面积为 A 与液体接触的过流截面润湿周界长度为 l，则其水力半径为 $R = \dfrac{A}{l}$。

对于圆形管流，$R = \dfrac{A}{l} = \dfrac{\pi \dfrac{d^2}{4}}{\pi d} = \dfrac{d}{4}$，说明圆形截面的管道直径是水力半径的 4 倍。从圆形管流的例子可以推知非圆形截面管道的当量直径与水力半径的关系可以用 $d_H = 4R = 4\dfrac{A}{l}$ 的关系式表示，所以对于非圆形截面管道而言，流体雷诺数 Re 的计算公式可以用 $Re = \dfrac{\rho V d_H}{\mu} = \dfrac{4\rho VR}{\mu}$ 表示，式中 d_H 和 R 分别是圆形截面的当量直径和水力半径。

【例 10-4】

如果某低速送风管道的管径 $d = 200 \text{ mm}$，风速 $V = 3 \text{ m/s}$，空气的温度为 40 °C 时的运动黏度为 $17.6 \times 10^{-6} \text{ m}^2/\text{s}$ 和临界雷诺数 $Re_c = 2\,320$。问（1）风道内气体的流动状态是什么？（2）该风道内空气保持层流的最大速度是什么？

【解答】

（1）圆形管流雷诺数 $Re = \dfrac{\rho V d}{\mu} = \dfrac{V d}{\nu} = \dfrac{3 \times 0.2}{17.6 \times 10^{-6}} = 3.41 \times 10^4 > 2\,320$，所以在风道内气体的流动状态为湍流状态。

（2）风道内气体的临界雷诺数 $Re_c = \dfrac{V d}{\nu} = 2\,320$，所以风道内空气保持层流的最大速度

$$V_{\max} = \frac{Re_c \nu}{d} = \frac{2\,320 \times 17.6 \times 10^{-6}}{0.2} = 0.2 (\text{m/s})。$$

【例 10-5】

对于圆形管流，已知管道的管径为 $d = 150 \text{ mm}$，液体的温度为 10 °C、流量 $Q = 0.015 \text{ m}^3/\text{s}$ 以及运动黏度 $\nu = 0.415 \text{ cm}^2/\text{s}$ 和临界雷诺数 $Re_c = 2\,320$。试确定

（1）此温度下液体的流动状态是什么？

（2）此温度下液体的临界速度是什么？

（3）如果将圆形管道改为过流面积相等的正方形管道，则液体的流动状态是什么？

【解答】

（1）因为流量 $Q = AV = \dfrac{\pi d^2}{4} V$，所以流体的流速 $V = \dfrac{Q}{A} = \dfrac{4Q}{\pi d^2} = \dfrac{4 \times 15 \times 10^{-3}}{\pi \times 0.15^2} = 0.85 \ (\text{m/s})$。又因为圆形管流的雷诺数 $Re = \dfrac{\rho V d}{\mu} = \dfrac{V d}{\nu} = \dfrac{0.85 \times 0.15}{0.415 \times 10^{-4}} = 3\,072 > 2\,320$，所以液体在圆形管道内的流动状态为湍流。

（2）圆形管流的临界雷诺数 $Re_c = \dfrac{V d}{\nu} = 2\,320$，所以液体的临界速度，也就是液体保持层流的最大速度为 $V_{\max} = \dfrac{Re_c \nu}{d} = \dfrac{2320 \times 0.145}{0.15} = 0.64 \ (\text{m/s})$。

（3）假设正方形的边长为 a，根据题目所设 $A = a^2 = \dfrac{\pi d^2}{4} \Rightarrow a = \dfrac{d}{2}\sqrt{\pi} = 0.133 \text{ m}$，因为当量直径为 $d_H = 4\dfrac{A}{l} = \dfrac{4a^2}{4a} = a = 0.133 \ (\text{m})$，且正方形管流的雷诺数 $Re = \dfrac{\rho V d_H}{\mu} = \dfrac{V d_H}{\nu} = \dfrac{0.85 \times 0.133}{0.415 \times 10^{-4}} = 2\,724 > 2\,320$，所以液体在正方形管道内的流动状态仍为湍流。

10.4 黏性流体的伯努利方程修正

伯努利方程在工程实践中应用得非常多，常用于研究、设计与计算低速流体流动的问题，计算的结果和实际测量压力与速度值之间的误差通常不大，但是对于某些时刻或精确度要求较高的工程问题研究，理想流体的伯努利方程 $z_1 + \dfrac{P_1}{\rho g} + \dfrac{V_1^2}{2g} = z_2 + \dfrac{P_2}{\rho g} + \dfrac{V_2^2}{2g}$ 必须修正为 $z_1 + \dfrac{P_1}{\rho g} + \dfrac{\alpha_1 V_1^2}{2g} =$ $z_2 + \dfrac{P_2}{\rho g} + \dfrac{\alpha_2 V_2^2}{2g} + \sum h_f + \sum h_\zeta$，式中，$\alpha_1$ 与 α_2 分别代表动能修正系数，h_f 代表沿程水头损失，h_ζ 代表局部水头损失，因此可以推知，伯努利方程的修正主要考虑动能修正系数、沿程阻力损失以及局部阻力损失三个重点，流体黏性损失和局部阻力损失的和即为管流能量损失。

10.4.1 动能修正系数

所谓动能修正系数（Kinetic correction factor）是为了修正伯努利方程中以平均流速取代替实际流速计算动能产生的误差，其表达式为 $\alpha = \dfrac{\iint_A \left(\dfrac{V}{\overline{V}}\right)^3 dA}{A}$。对于圆形管流，层流的动能修正系数 $\alpha = 2$，而湍流的动能修正系数 $\alpha \approx 1.0$。在工业管道流动的条件下，动量修正系数 $\alpha = 1.01 \sim 1.10$。流体流动的紊乱程度越大或流速分布越均匀，α 越接近 1.0。设计工业管道时为简化起见，非常近似地取 $\alpha = 1$ 来计算。

10.4.2 管流能量损失

实际流体在管道内的流动过程中因为流体的黏滞效应或流经障碍造成机械能的损失称为管流能量损失，其形成的机理和计算方法各有不同，为了便于分析，常将能量损失分为沿程阻力损失和局部阻力损失两类。

1. 沿程阻力损失

所谓沿程阻力损失（Drag loss along the way）是指流体在管道中流动因为流体在管壁之间有黏附作用以及流体质点与流体质点之间存在内摩擦力等因素造成的机械能损失，又称为流体黏性损失（Fluid viscosity loss）或沿程损失（Loss along the way）。而单位重力流体的沿程能量损失则称为沿程水头损失（Head loss along the way）或摩擦损耗落差（Friction loss drop）。理论分析和实验都已证明，沿程水头损失 h_f 与管道长度 L 和速度的平方 V^2 成正比，而与管径 D 成反比，其计算公式为 $h_f = f \dfrac{L}{D} \dfrac{V^2}{2g}$，称为达西（Darcy）公式。式中，$f$ 为沿程阻力系数（Drag coefficient along the way）或者是摩擦损耗落差系数（Friction loss drop factor），g 为重力加速度。研究发现，摩擦损耗落差系数 f 与流动状态和管壁的表面粗糙度等因素有关，在圆管内流动的问题中，对于层流流动 $f = \dfrac{64}{R_e}$，至于湍流流动则必须使用半经验公式配合实验来确定。

2. 局部阻力损失

所谓局部阻力损失（Local drag loss）是指流体在管道中流动，管道截面面积发生变化或者流经变径管、弯管、三通管与阀门等各种局部障碍装置时，由于管路本身弯曲、变形或者不同形状配件或管路引起的局部机械能损失，流体的局部阻力损失又称为形状阻力损失（Shape drag loss）。而单位重力流体的局部阻力损失则称为局部水头损失（Head loss along the way）或形状损耗落差（Shape loss drop），其计算公式为 $h_\zeta = \zeta \dfrac{V^2}{2g}$。式中，$h_\zeta$ 为局部水头损失（Local head loss）或形状损耗落差（Shape loss drop）；ζ 为局部阻力系数（Local drag coefficient）或形状损耗落差系数（Shape loss drop factor），它的大小与流体的雷诺数 Re 和局部障碍的结构形式有关；V 为流体流经管道截面的平均流速，通常是指流体流经局部障碍之后的流速；g 为重力加速度，其值为 $9.81\ \mathrm{m/s^2}$。

虽然沿程阻力损失和局部阻力损失这两种阻力损失的外因有所差别，但是内因却是相同的，也就是实际流体本身有黏滞性，流体质点之间产生相对运动，一定会产生黏滞切应力，流动阻力引起水头损失，边界的影响只是区分沿程损失和局部损失的依据。通过以上分析可以推知，流体在流动过程中产生阻力损失的两个必要条件为① 流体流动具有黏滞性；② 由于固体边界的影响。

【例 10-6】

对于低速流体在管道的流动可能导致流动能量损失的因素是什么？

【解答】

低速流体在管道流动时产生的能量损失，大致可以分成沿程阻力损失和局部阻力损失两类，造成流动能量损失的因素大抵包括流体的黏滞效应以及管道截面面积发生变化或流体流经局部障碍装置产生的机械能损失等几种因素。

【例 10-7】

在某制冷系统中，使用管路内径为 $d = 10\ \mathrm{mm}$，管路长度为 $l = 3\ \mathrm{m}$ 的输油管输送润滑油，已知该润滑油的运动黏度为 $\nu = 1.802 \times 10^{-4}\ \mathrm{m^2/s}$，求体流量 $Q = 75\ \mathrm{cm^3/s}$ 时，输油管的流速、流动状态与沿程水头损失是多少？

【解答】

（1）由于体流量计算公式 $Q = AV = \dfrac{\pi d^2}{4} V$，可以推得 $V = \dfrac{Q}{A} = \dfrac{4Q}{\pi d^2}$，所以输油管内润滑油的流速 $V = \dfrac{4Q}{\pi d^2} = \dfrac{4 \times 75 \times 10^{-6}}{\pi (0.01)^2} = 0.96\ \mathrm{(m/s)}$。

（2）输油管内雷诺数 $Re = \dfrac{\rho V d}{\mu} = \dfrac{V d}{\nu} = \dfrac{0.96 \times 0.01}{1.802 \times 10^{-4}} = 53.3 < 2\,320$，所以输油管内的润滑油流动状态为层流。

（3）流体在层流运动中，沿程阻力系数 f 与雷诺数 Re 的关系式为 $f = \dfrac{64}{Re}$，所以 $f = \dfrac{64}{Re} = 1.2$。又因为沿程水头损失 h_f 的计算公式为 $h_f = f \dfrac{l}{d} \dfrac{V^2}{2g}$，所以输油管的沿程水头损失为

$$h_f = f \frac{l}{d} \frac{V^2}{2g} = 1.2 \times \frac{3}{0.01} \times \frac{0.96^2}{2 \times 9.81} = 1.96 (\text{m})。$$

【例 10-8】

如图 10-4 所示，用长度 $l = 15 \text{ m}$、直径 $d = 12 \text{ mm}$ 的低碳钢圆管排出油箱中的油。已知油面比管道出口高 $h = 2 \text{ m}$、油的密度 $\rho = 815.8 \text{ kg/m}^3$、黏度 $\mu = 0.01 \text{ Pa·s}$ 以及管道出口的流动状态为层流（动能修正系数 $\alpha = 2.0$），试求油在管道出口处的流速 V 与流量 Q 是多少？

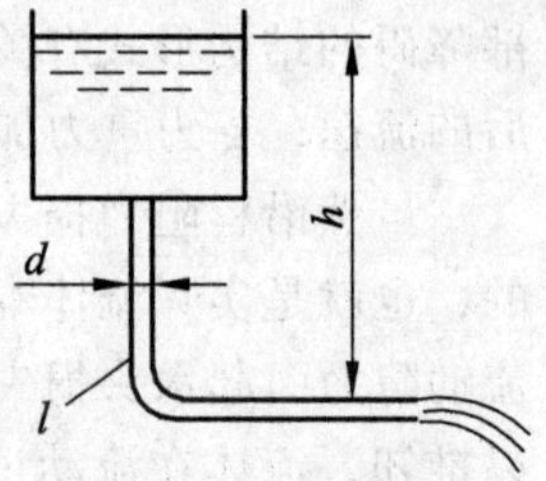

图 10-4　圆管排油流动

【解答】

（1）令输油管出口处的 $z_2 = 0$ 及 $V_2 = V$，油箱油面 $z_1 = h$ 及 $V_1 = 0$ 的高度为 0，且输油管出口处的压力 P_2 等于油箱油面处的压力 P_1，输油管出口对油面的伯努利方程的修正公式为 $z_1 + \dfrac{P_1}{\rho g} + \dfrac{\alpha V_1^2}{2g} = z_2 +$

$\dfrac{P_2}{\rho g} + \dfrac{\alpha V_2^2}{2g} + h_f \Rightarrow h = \dfrac{\alpha V^2}{2g} + h_f$。因为沿程水头损失 h_f 计算公式为 $h_f = f \dfrac{l}{d} \dfrac{V^2}{2g}$ 以及管流的流动状态为层流运动时的沿程阻力系数 $f = \dfrac{64}{Re}$，可以得到油箱油面与管道出口之间的高度差与管道出口处流速的关系式为 $h = \dfrac{\alpha V^2}{2g} + h_f = \dfrac{\alpha V^2}{2g} + f \dfrac{l}{d} \dfrac{V^2}{2g} = \dfrac{\alpha V^2}{2g} + \dfrac{64}{Re} \dfrac{l}{d} \dfrac{V^2}{2g} = \dfrac{\alpha V^2}{2g} + \dfrac{64}{\dfrac{\rho V d}{\mu}} \dfrac{l}{d} \dfrac{V^2}{2g} \approx$

$\dfrac{64}{\dfrac{\rho V d}{\mu}} \dfrac{l}{d} \dfrac{V^2}{2g}$，所以得 $h \approx \dfrac{64}{\dfrac{\rho V d}{\mu}} \dfrac{l}{d} \dfrac{V^2}{2g} \Rightarrow 2 \approx \dfrac{V}{2g} \dfrac{64}{815.8 \times 0.012} \dfrac{15}{0.012}$，进而得到油在管道出口处的流

速 $V = 0.479 \, 6 (\text{m/s})$。

（2）流量的计算公式为 $Q = AV = \dfrac{\pi d^2}{4} V$，可以得到油在管道出口处的流量 $Q = \dfrac{\pi d^2}{4} V =$

$0.479 \, 6 \times \pi \left(\dfrac{0.012}{2} \right)^2 = 0.000 \, 054 \, 2 (\text{m}^3/\text{s})$。

10.5　流体在圆管内的层流运动

虽然实际工程中大多数流体都是处于湍流状态，但是在黏性较大的润滑油系统和抽油管路中，也会出现层流状态，例如石油输送管道、化工管道、液压传动、机械润滑、机床静压轴承等管流均属于层流状态，这里主要讨论黏性不可压缩流体在等径圆管内的等速层流流动。

由于管壁的阻滞作用和流体的黏性影响，管道内紧贴管壁处的流速为零且越往管子中心，流体流速越大。此时管道过流截面上的速度分布、切应力分布和沿程阻力损失可以通过数学分析的方法得到，相关内容描述如下。

10.5.1 流体流场的控制方程式

如图 10-5 所示，一个不可压缩流体在管径 d 的水平直线圆管内做稳态均匀层流运动，作用在圆管内流束两截面 A_1 和 A_2 的平均压力分别为 P_1 和 P_2，圆管内流速表面的剪应力为 τ。均匀流动是指流速大小和方向均沿程不变的流动且为等速运动，在稳态流动中，作用在圆管内流束上的外力在 x 方向上的合力为 0，因此可以推得，流体流场的控制方程为 $(P_1 - P_2)\pi r^2 - 2\pi r \times \tau = 0$，又根据牛顿黏滞定律公式 $\tau = -\mu\left(\dfrac{\mathrm{d}u}{\mathrm{d}r}\right)$，式中 u 和 μ 分别是流体在 x 方向的速度分量以及动力黏度，流体流场的控制方程 $(P_1 - P_2)\pi r^2 - 2\pi r \times \tau = 0$ 可以进一步地转换为 $\dfrac{\mathrm{d}u}{\mathrm{d}r} = \dfrac{P_1 - P_2}{2\mu l}r = -\dfrac{\Delta P}{2\mu l}r$。式中，$\mu$、$l$、$\Delta P$ 和 R 分别是流体的动力黏度、两个管道截面之间的距离、两个管道截面之间的压力差以及圆形管道的内径。

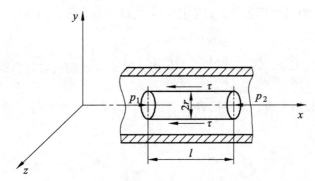

图 10-5　不可压缩流体在圆管内做均匀层流运动

10.5.2 流体流场的速度分布情形

将流体流场的控制方程 $\dfrac{\mathrm{d}u}{\mathrm{d}r} = -\dfrac{\Delta P}{2\mu l}r$ 积分后可以得到 $u = -\dfrac{\Delta P}{4\mu l}r^2 + C$，又因为流体的无滑流现象，由圆管的边界条件可以得知，在管壁上的速度为零，从而求得积分常数 $C = \dfrac{\Delta P}{4\mu l}R^2$，所以圆管层流的速度公式为 $u(r) = \dfrac{\Delta P}{4\mu l}(R^2 - r^2)$，式中，$\mu$、$l$、$\Delta P$ 和 R 分别是流体的动力黏度、两个管道截面之间的距离、两个管道截面之间的压力差以及圆形管道的内径。从式中可以看出圆管的截面速度 u 沿着半径呈旋转抛物面分布，其速度分布情形如图 10-6 所示。

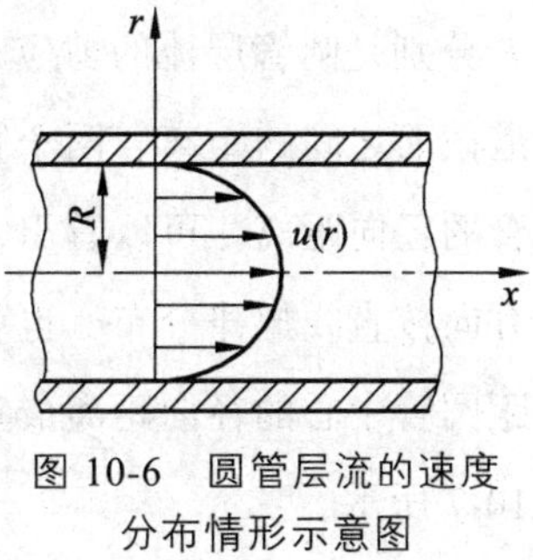

图 10-6　圆管层流的速度
分布情形示意图

圆管层流的最大速度 u_{max} 为于 $r=0$ 处，其计算公式为 $u_{max}=\dfrac{\Delta P}{4\mu l}R^2$。

10.5.3 管流的流量

管流的流量（Rate of flow）又称为体积流率（Volume flow rate），它是指流体在单位时间内流经管道截面积的体积。在圆管层流内，流体的流量 Q 为 $Q=\displaystyle\int_0^R 2\pi r u dr=$ $\displaystyle\int_0^R\left[2\pi r\times\dfrac{\Delta P}{4\mu l}(R^2-r^2)\right]dr=\dfrac{\pi\Delta PR^4}{8\mu l}$，管流流量与管径的四次方成正比，可见管径对管流流量具有非常重要的影响。对于不可压缩流体，流体的密度变化可以忽略不计，流体在管道内的质量流率与体积流率之间可以用 $\dot{m}=\rho AV=\rho Q$ 的关系式来表示，也就是质量流率 $\dot{m}$ 等于流体密度 ρ 与体积流率 Q 两者的乘积。

10.5.4 管流的平均速度

在工程应用中，为了计算方便，经常使用平均流速的概念，其数学定义为 $\overline{V}\equiv\dfrac{Q}{A}$，因此可以得到平均速度 $\overline{V}\equiv\dfrac{Q}{A}=\dfrac{Q}{\pi R^2}=\dfrac{\dfrac{\pi\Delta PR^4}{8\mu l}}{\pi R^2}=\dfrac{\Delta P}{8\mu l}R^2$。从本章前面内容导出圆管层流的最大速度为 $u_{max}=\dfrac{\Delta P}{4\mu l}R^2$，比较后发现，对于圆管层流，管流的平均速度 $\overline{V}$ 等于最大速度 u_{max} 的 $1/2$，也就是 $\overline{V}=\dfrac{u_{max}}{2}$。

10.5.5 圆管层流的剪应力分布情形

本章前面内容导出圆管层流的速度计算公式为 $u(r)=\dfrac{\Delta P}{4\mu l}(R^2-r^2)$，根据牛顿黏滞定律公式 $\tau=-\mu\left(\dfrac{du}{dr}\right)$ 可以得出圆管层流剪应力计算公式为 $\tau=-\mu\left(\dfrac{du}{dr}\right)=\dfrac{\Delta Pr}{2l}$，式中，$\tau$、$\mu$、$l$、$\Delta P$ 和 R 分别是圆管层流的剪应力、流体的动力黏度、两个管道截面之间的距离、两个管道截面之间的压力差以及圆管的径向距离。可以看出，圆管层流的剪应力是沿半径方向按直线规律分布，也就是圆管层流的剪应力与流体距圆管中心的径向距离成正比，其剪应力分布情形如图 10-7 所示。

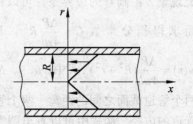

图 10-7 圆管层流的剪应力分布情形

10.5.6 圆管层流的动能修正系数和动量修正系数的计算

已经导出圆管层流的速度和平均速度分别为 $u(r) = \dfrac{\Delta P}{4\mu l}(R^2 - r^2)$ 和 $\bar{V} = \dfrac{\Delta P}{8\mu l}R^2$，所以可以求出圆管层流的动能修正系数和动量修正系数分别为 $\alpha = \dfrac{\int_A u^3 \mathrm{d}A}{\bar{V}^3 A} = 2$ 以及 $\beta = \dfrac{\int_A u^2 \mathrm{d}A}{\bar{V}^2 A} = \dfrac{4}{3}$。

10.5.7 沿程水头损失的计算

根据伯努利修正方程 $z_1 + \dfrac{P_1}{\rho g} + \dfrac{\alpha_1 V_1^2}{2g} = z_2 + \dfrac{P_2}{\rho g} + \dfrac{\alpha_2 V_2^2}{2g} + h_f$，式中，$z_1$ 和 z_2、P_1 和 P_2、V_1 和 V_2 以及 α_1 和 α_2 分别是圆管层流在截面 1 与 2 的位置高度、静压、平均流速以及动能修正系数，ρ 和 h_f 分别为流体密度和沿程水头损失，g 为重力加速度，流体在等直径水平的圆形管道内满足 $z_1 = z_2$、$V_1 = V_2$ 以及 $\alpha_1 = \alpha_2$，沿程水头损失就是管路两端面压力水头差，也就是 $h_f = \dfrac{(P_1 - P_2)}{\rho g} = \dfrac{\Delta P}{\rho g}$。又从平均速度计算公式 $\bar{V} = \dfrac{Q}{A} = \dfrac{Q}{\pi R^2} = \dfrac{\frac{\pi \Delta P R^4}{8\mu l}}{\pi R^2} = \dfrac{\Delta P}{8\mu l}R^2$ 中可以得到 $\Delta P = \dfrac{8\mu l}{R^2}\bar{V}$，将其代入 $h_f = \dfrac{\Delta P}{\rho g} = f\dfrac{l}{d}\dfrac{V^2}{2g}$ 的公式中即可得 $h_f = \dfrac{\Delta P}{\rho g} = \dfrac{8\mu l \bar{V}}{\rho g R^2} = \dfrac{64}{\frac{\rho V d}{\mu}}\dfrac{l}{d}\dfrac{V^2}{2g} = \dfrac{64}{Re}\dfrac{l}{d}\dfrac{V^2}{2g} = f\dfrac{l}{d}\dfrac{V^2}{2g}$。从而得出圆管层流的沿程阻力系数 $f = \dfrac{64}{Re}$。从沿程水头损失的计算公式中可以看出，对于圆管层流，流动的沿程损失与平均速度的一次方成正比，沿程阻力损失系数 f 仅与雷诺数 Re 有关而与管壁表面粗糙度无关，这一结论已被实验证实。

【例 10-9】

对于管径为 d 的圆管稳态等速层流，如果圆管半径为 r，管长为 l、流体密度为 ρ 以及水力坡度 $J = \dfrac{h_f}{l}$，问剪应力 τ 和水力坡度 J 的关系式是什么？［管流之水力坡度（Hydraulic gradient）是指单位长度的沿程水头损失，它是表征沿程损失强度的指标。］

【解答】

因为 $\tau = -\mu\left(\dfrac{\mathrm{d}u}{\mathrm{d}r}\right) = \dfrac{\Delta P r}{2l}$ 以及 $h_f = \dfrac{\Delta P}{\rho g} = \dfrac{8\mu l V}{\rho g R^2}$，所以 $\tau = \dfrac{\rho g r h_f}{2l} = \dfrac{\rho g r}{2}\dfrac{h_f}{l} = \dfrac{\rho g r}{2}J$，在此 $\tau = \dfrac{\rho g r h_f}{2l} = \dfrac{\rho g r}{2}\dfrac{h_f}{l} = \dfrac{\rho g r}{2}J$，水力坡度 $J = \dfrac{8\mu V}{\rho g R^2}$。

10.6 完全发展长度

流体在管道内的流动并非在管道入口就完全受到流体黏性的影响，它必须经过一段距离才形成。此时流体距离管道入口的距离即称为完全发展流长度或充分发展长度，而圆管道内的流体在完全发展长度后的流场即称为完全发展流区或充分发展长度区。完全发展长度是决定管流是否完全受到流体黏滞效应或流场内的速度分布是否完全发展的一个决定性指标，相关内容描述如下。

10.6.1 完全发展流区的形成过程

如图 10-8 所示为流体管道流动时速度发展过程，从图中可以看出，流体管道入口处为几无黏性的流动，流体从管道入口流入，流往下游，边界层逐渐增厚，阻滞轴流并加速中心部分的核心流，以满足质量守恒定律。在管道下游一段距离 Le 时，管道两边的边界层合并，此时无黏性核心流消失，整个管道流场充满了流体黏滞效应，从距离 Le 后的流场就称为完全发展流区或充分发展长度区（Fully developed flow region），而 Le 即称为完全发展流长度或充分发展长度（Fully developed length），从完全发展流区的概念可知，完全发展长度是判定流体管道内的流动是否完全受到流体黏滞效应影响的指标。

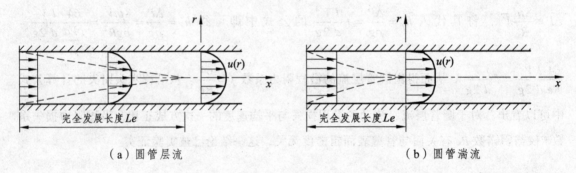

（a）圆管层流 　　　　　　　　　　　　　　　（b）圆管湍流

图 10-8 流体在圆管内的速度发展过程

10.6.2 完全开展流区的判定

实验与研究得出，对于圆管层流，完全发展长度计算公式为 $\dfrac{Le}{d} \equiv 0.06Re_d$，如果管路长度 $l \gg Le$，通常不必考虑管道起始段也就是完全发展流区造成的影响。但是如果管路长度 $l \ll Le$，管道起始段造成的影响则不得不考虑。对于圆管湍流而言，由于湍流质点互相混杂，很快在整个管道流场充满了流体黏滞效应，所以完全发展流长度较短，其值 $\dfrac{Le}{d} \equiv 4.4Re_d^{\frac{1}{6}}$。无论管流是层流还是湍流，如果流体流经出口处的距离 L 大于完全发展流长度 Le，管内流体即完全受流体黏滞效应的影响，此时流体流场的流动状态即称为充分发展的圆管层流或充分发展的湍流运动。

10.7 流体在圆管内的湍流运动

在实际工程上常见的流动多为湍流状态，例如一般管道内的流速 $V = 3 \sim 5$ m/s，水的运动黏度 $\nu = 10 \times 10^{-6}$ m^2/s，管径 $d = 0.1$ m，则流体的雷诺数 $Re = 3 \times 10^5 \sim 5 \times 10^5$ m/s，此时水在圆管内的流动状态很显然是湍流运动，因此湍流的特征和运动规律在解决工程实际问题中具有非常重要作用。

10.7.1 雷诺时间平均概念

流体在圆管道内做湍流运动时，由于湍流质点相互碰撞与混杂，使得流体质点的速度随着时间不断变化，造成流体流场各空间位置点的速度和压力等流动参数也随着时间作无规则变化，研究湍流管流问题有着极大的难度。然而实践证明，在空间中某一位置点的流速和压力等流动参数，虽然时刻都会发生变化，但在一个较长的时间内，这种变化并不漫无边际，而是围绕某一平均值做上下波动，如图 10-9 所示。这种现象称为湍流的脉动现象（Pulsation phenomenon），平均值即为时间平均值（Time average value 或 time mean value），简称时均值。

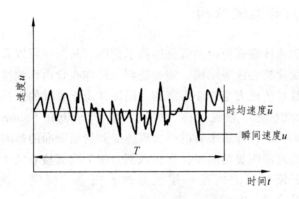

图 10-9 流体在管道内做湍流运动时的瞬时速度变化曲线

湍流具有脉动现象的特性，再加上工程计算中关心的是流体流动参数对时间的平均变化情形，所以雷诺在 1845 年提出了雷诺时间平均的概念，并为湍流的平均速度和平均压力做了如下的定义。

1. 时间平均速度的定义

和截面平均流速的定义类似，湍流速度的时间平均值（时均流速）即是流速对时间段 T 的平均值，其数学表达式为 $\bar{u} = \dfrac{1}{T}\int_0^T u \mathrm{d}t$，而从图 10-9 中可以看出湍流的瞬时速度 u 等于时均速度 $\bar{u}$ 与脉动速度 u' 之和 $u = \bar{u} + u'$。按照时均流速的数学定义 $\bar{u} = \dfrac{1}{T}\int_0^T (\bar{u} + u')\mathrm{d}t = \bar{u} + \bar{u'}$，可以推得，脉动速度 u' 的时均值 $\bar{u'} = \dfrac{1}{T}\int_0^T u' \mathrm{d}t = 0$。

2．时间平均压力的定义

和时间平均速度的定义类似，湍流在某点压力的时均值（时均压力）为 $\bar{p} = \frac{1}{T}\int_0^T p\mathrm{d}t$，且湍流的瞬时压力 p 等于时均压力 $\bar{p}$ 与脉动压力 p' 之和 $p = \bar{p} + p'$，脉动压力 p' 的时均值则为 $\bar{p}' = \frac{1}{T}\int_0^T p'\mathrm{d}t = \frac{1}{T}\int_0^T (p - \bar{p})\mathrm{d}t = \bar{p} - \bar{p} = 0$。

基于时均值的概念，可以将湍流简化成时均流动和脉动流动的迭加，这样对时均流动和脉动流动分别进行研究。工程实践上，关注的多为流体运动参数的时间值变化，所以只需研究各运动参数的时均值变化，也就是使用运动参数的时均值来描述湍流运动，此时描述的湍流就称为时均湍流。但是如果研究湍流具备的物理现象，例如湍流阻力的形成机制，就必须考虑湍流脉动造成的影响，也就是不可以使用运动参数的时均值来描述湍流的运动。除此之外，虽然湍流运动总是非稳态的流动，但是工程上常将运动参数的时均值作为湍流的运动参数，如果当湍流运动参数的时均值不随着时间变化而改变时，则湍流可以认为是稳态流动，此时湍流的运动状态称为时均稳态湍流。在工程业界讨论湍流时稳态流动指的就是时均稳态湍流。对于研究这种湍流，前述内容使用的连续性方程式、伯努利的修正方程均可适用，而本书在其后内容讨论的湍流均为时均湍流，且为稳定流动。

10.7.2　圆管内的湍流结构

如图 10-10 所示为流体在管道内的湍流结构示意图，从图中可以看出，湍流结构分成黏性底层、过渡层以及湍流核心区等结构。实验证明，流体在管内作湍流运动时，并非整个管流都是湍流。在贴近管壁的地方会有非常薄的一层流体由于管壁的阻碍作用，速度很小，流体的运动处于层流运动状态，该流层称为层流底层（Laminar bottom layer）或黏性底层（Viscidity bottom layer）。在管道中心的部分流体受到管道壁面的影响较小，流体质点的碰撞频繁，流体的运动表现出明显的湍流特征，该部分称为湍流核心区（Turbulent core area）。而在湍流核心区与层流底层之间是一层很薄的不完全湍流区，该区域又称为过渡层（Transition layer）或缓冲层（Buffer layer）。

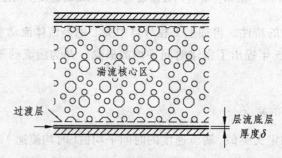

图 10-10　流体在管道内流动时的湍流结构

层流底层厚度（δ）随雷诺数的增大而减小，也就是湍流越强烈，雷诺数越大，层流底层越薄。层流底层厚度一般只有几十分之一到几分之一毫米，但它的存在对管壁粗糙的扰动和传热性能有重大影响，因此不可忽视。对于直径为 d 的圆形管道，层流底层的厚度 δ 可以

用半经验公式 $\delta = \dfrac{32.8d}{Re\sqrt{f}}$ 计算，式中，Re 与 f 分别为管流的雷诺数与沿程阻力系数。

10.7.3 水力光滑管和水力粗糙管的判定

由于材料性质、加工条件、使用条件和年限等因素的影响，任何管道的内壁都不可能绝对光滑，总会有凹凸不平现象，在工程上，管壁表面上凹凸不平的平均尺寸称为管壁的绝对粗糙度（Absolute roughness），用符号 △ 表示。绝对粗糙度 △ 与管径 d 之比值 △$/d$ 称为管壁的相对粗糙度。根据层流底层厚度 δ 与相对粗糙度 △$/d$ 的相互关系，将管道分为水力光滑管和水力粗糙管两种管道，如图 10-11 所示。

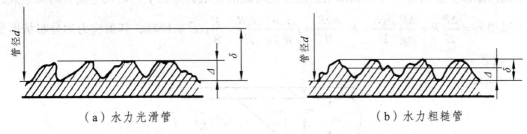

（a）水力光滑管　　　　　　　　　（b）水力粗糙管

图 10-11　水力光滑管和水力粗糙管的外形

实验与理论研究均已证明，如果层流底层厚度 δ 远大于相对粗糙度 △$/d$，管道内壁凹凸不平处会完全被层流底层掩盖，所以管壁的粗糙度几乎对管道内流体的流动无影响，就相当于流体在光滑管内流动，可认为沿程阻力损失和管壁粗糙度无关。此时的管道就称为水力光滑管（Hydraulically smooth pipe）。如果层流底层厚度 δ 远小于相对粗糙度 △$/d$，管道内壁凹凸不平处会全暴露于湍流核心区中，此时湍流核心区的流体能够直接和粗糙壁面接触并冲击管道内壁的凹凸不平处形成涡旋，从而使得能量损失急剧增加。此时管壁的粗糙度成为沿程阻力损失的主要影响因素，因此该种管道就称为水力粗糙管（Hydraulically rough pipe）。据此，工程定义如果 $\delta \ll \dfrac{\Delta}{d}$，则该管道称为水力光滑管；如果 $\delta \gg \dfrac{\Delta}{d}$，则该管道称为水力粗糙管；如果 $\delta \approx \dfrac{\Delta}{d}$，此时管道内流体虽然开始受管壁粗糙度的影响，但还未对湍流核心区的流体产生决定性的作用，流体在该管道的流动状态称为水力光滑管到水力粗糙管之间的过渡状态。

10.7.4 湍流剪应力组成及分布情形

层流剪应力是由于层流体间内摩擦力造成的，此应力称为黏滞剪应力（Viscous shear stress），用符号 τ_μ 表示。湍流剪应力除了黏滞剪应力外还存在由于湍流特有之脉动现象使流体质点之间发生动量交换从而产生的惯性剪应力（Inertia shear stress），用符号 τ_i 表示，根据普朗特的混合长度理论，可表示为 $\tau_i = \rho L^2 \left(\dfrac{\mathrm{d}\bar{u}}{\mathrm{d}y} \right)^2$，式中，$\rho$ 是流体的密度；L 为在湍流流场中因为流动脉动使流体质点由一层移动到另一层的径向距离，也称为混合长度（Mixing length），其值与质点到管壁之间的距离成正比。因此，在湍流中的总剪应力 τ 等于黏滞剪应力 τ_μ 和惯性剪应力 τ_i 之和，也就是 $\tau = \tau_\mu + \tau_i = \mu\dfrac{\mathrm{d}\overline{u}}{\mathrm{d}y} + \rho L^2\left(\dfrac{\mathrm{d}\overline{u}}{\mathrm{d}y}\right)^2$；如果流体雷诺数很大，黏性剪应力对流体造成的作用很小，则可以将黏滞剪应力 τ_μ 忽略不计，这时 $\tau = \tau_i = \rho L^2\left(\dfrac{\mathrm{d}\overline{u}}{\mathrm{d}y}\right)^2$。

对时均化的湍流，流体只有轴向的时均速度，由流体流场的动量方程式可得圆管湍流的剪应力 τ 与壁面剪应力 τ_0 的关系式为 $\tau = \tau_0\left(1 - \dfrac{y}{R}\right)$，式中，$R$ 是圆管内部的半径以及 y 为流体质点到壁面的距离。壁面剪应力 τ_0 如果用达西公式写成沿程阻力系数 f 与时均速度 $\overline{u}$ 的关系式，则可以用 $\tau_0 = \dfrac{\Delta P}{2l}R = \dfrac{\Delta P}{\rho g}\dfrac{\rho g R}{2l} = h_f\dfrac{\rho g R}{2l} = f\dfrac{l}{d}\dfrac{\overline{u}^2}{2g}\dfrac{\rho g R}{2l} = \dfrac{f}{8}\rho\overline{u}^2$ 来计算，其剪应力的分布情形如图 10-12 所示。

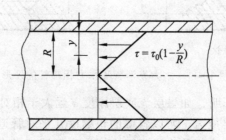

图 10-12　圆管湍流剪应力分布情形的

10.7.5　湍流的速度分布情形

如图 10-13 所示为圆管中不同雷诺数 Re 时的速度分布情形，湍流的速度分布与层流的速度分布有很大的区别。层流（$Re < 2\,320$）的速度剖面是一个旋转抛物面，随着 Re 的增大，壁面附近的速度梯度逐渐增大，在轴线附近一个较大的范围内，速度变化很平缓，湍流剪应力集中分布于壁面附近。湍流速度结构分成黏性底层、过渡层以及湍流核心区三个部分。在黏性底层，流体为层流状态，剪应力主要为黏性剪应力，惯性剪应力可以忽略不计；在湍流核心区内，惯性剪应力占据着主导的地位；在过渡区，黏性剪应力和惯性剪应力具有同一个数量级，但过渡区很小，一般将其并入湍流核心区来处理。

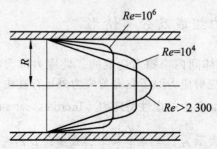

图 10-13　圆形管流在不同雷诺数时的速度分布情形

1．黏性底层的速度分布情形

在黏性底层内，流体受到的剪应力为黏性剪应力，而惯性剪应力等于 0。由于黏性底层很薄，可近似用壁面上的剪应力 τ_0 表示，且 $\tau_0 \approx \mu \dfrac{\overline{u}}{y}$ 以及黏性底层内的速度 u 等于时均速度 $\overline{u}$。

如果令 $u^* \approx \sqrt{\dfrac{\tau_0}{\rho}}$，则可以进一步地得到 $\overline{u} = \dfrac{\tau_0}{\mu} y = u^{*2}\dfrac{\rho y}{\mu}$ 或 $\dfrac{\overline{u}}{u^*} = \dfrac{\rho u^* y}{\mu} = \dfrac{u^* y}{\nu}$，式中 $\overline{u}$、τ_0、μ、y、ν 和 u^* 分别是湍流在管路中黏性底层内的时均速度、壁面上的剪应力、流体的动力黏度、流体质点到管壁的垂直距离、流体的运动黏度和切向应力速度。可以看出，湍流在管路中黏性底层内时均速度 $\overline{u}$ 和与 y 成正比，即速度的分布为线性分布。

2．湍流核心区的速度分布

湍流在管路中湍流核心区的惯性剪应力远大于黏性剪应力，所以流体的剪应力主要是惯性剪应力，也就是 $\tau = \tau_\mu + \tau_i \approx \tau_i = \rho L^2 \left(\dfrac{\mathrm{d}\overline{u}}{\mathrm{d}y} \right)^2$，式中，$\tau$、$\tau_\mu$、$\tau_i$ 和 ρ 分别是湍流总剪应力、黏滞剪应力、惯性剪应力以及流体的密度，L 为湍流流场中因为流动脉动使流体质点由一层移动到另一层的径向距离，也称为混合长度，其值与质点到管壁之间的距离成正比。根据卡门实验以及某些假设可以求得湍流核心区的速度计算公式为 $\dfrac{u_{max} - \overline{u}}{u^*} = \dfrac{1}{k}\ln\dfrac{R}{y} + C$，式中 u_{max}、$\overline{u}$、R 和 y 分别是在湍流中的最大速度、时均速度、圆管的内部半径以及流体质点到管壁的垂直距离。$u^* = \sqrt{\dfrac{\tau_0}{\rho}}$，称为切向应力速度或剪切速度，它是一个具有速度因次的值，其本身并不具备物理。k 及 C 则必须由边界条件确定。根据湍流在湍流核心区的速度计算公式 $\dfrac{u_{max} - \overline{u}}{u^*} = \dfrac{1}{k}\ln\dfrac{R}{y} + C$ 可以看出湍流核心区的速度按对数规律分布，如图 10-14 所示。

从图 10-14 中可以看出圆管湍流在湍流核心区的速度梯度较小且分布较均匀，这是由于湍流核心区中流体质点脉动混掺发生强烈动量交换造成的。将速度分布公式代入动能修正系数与动量修正系数的计算式中，可求出圆管湍流的动能修正系数 $\alpha \approx 1.0$ 以及动量修正系数 $\beta \approx 1.0$。

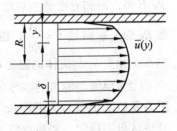

图 10-14　圆管湍流在管内的速度分布情形

10.8　圆管内沿程阻力系数的确定

圆管内层流的沿程阻力系数可以用 $f = \dfrac{64}{Re}$ 的计算式求出，但是由于湍流的复杂性，至今还不能完全通过理论推导的方法确定湍流沿程阻力系数，只能借助实验研究总结一些计算 f 的经验公式和半经验公式或使用莫迪图查表确定。这里仅介绍湍流的雷诺数区域划分与区域特性，使用莫迪图的方式和降低沿程阻力的方法。

10.8.1　尼古拉兹实验

尼古拉兹在 1933 年进行了一系列的管道流动的阻力实验，发现圆形管流的运动中，沿程阻力系数 f 是雷诺数 Re 和相对粗糙度 $\triangle/d$ 的函数，即 $f=f\left(Re,\dfrac{\triangle}{d}\right)$。此外，尼古拉兹将实验结果绘制成尼古拉兹实验曲线以获得圆形管流的运动运动规律，相关内容描述如下。

1．圆形管流的雷诺数区域划分

尼古拉兹沿程阻力系数 f 和雷诺数 Re 的对数坐标上，得到了实验曲线，如图 10-15 所示。

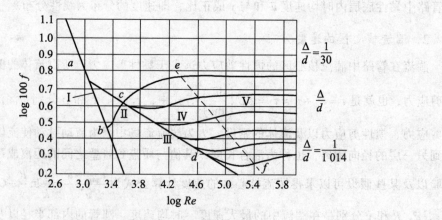

图 10-15　尼古拉兹实验曲线

尼古拉兹发现，圆形管流的运动中沿程阻力系数 f 依据流体流动的雷诺数 Re 划分成层流区、层流与湍流的临界区、湍流水力光滑区、湍流过渡区以及湍流粗糙区五个区域。

（1）层流区。尼古拉兹从实验中发现，当流体的雷诺数 $Re\geqslant 2\,320$ 时，所有的实验点都落在同一条直线上，也就是在如图 10-15 所示直线 I 上。这说明沿程阻力系数 f 仅与雷诺数 Re 有关，而和管壁的相对粗糙度 $\triangle/d$ 无关，也就是 $f=f(Re)$，而且沿程阻力系数 f 与雷诺数 Re 的关系满足 $f=\dfrac{64}{Re}$，也证实了理论分析得出的层流计算公式是正确的。此时管路中沿程水头损失 h_f 与流体的流速 u 成正比。

（2）层流与湍流的临界区。$2\,320\leqslant Re\leqslant 4\,000$，也就是如图 10-15 所示曲线 II 上，沿程阻力系数 f 仍仅与雷诺数 Re 有关，而和管壁的相对粗糙度 $\triangle/d$ 无关，也就是 $f=f(Re)$，但是该区极不稳定，实验点较为分散，对于工程实用上的意义不大，所以此区的研究很少。如果碰到特殊情况需要计算时，通常按湍流水力光滑区对应的经验公式处理。

（3）湍流水力光滑区。Re 在 $4\,000$ 与 $26.98(d/\triangle)^{8/7}$ 之间范围，所有的实验点都落在同一条曲线上，也就是如图 10-15 所示中的曲线 III 上，沿程阻力系数 f 仍仅与雷诺数 Re 有关，而和管壁的相对粗糙度 $\triangle/d$ 无关，也就是 $f=f(Re)$。这是因为层流底层厚度 δ 远大于相对粗糙度 $\triangle/d$，管道内壁凹凸不平处完全被层流底层掩盖，管壁的粗糙度几乎对管道内流体的流动无影响。

（4）湍流过渡区。当流体雷诺数在 $26.98(d/\triangle)^{8/7\,7}$ 至 $4\,610(0.5d/\triangle)^{0.85}$ 之间范围，流体处

于水力光滑管到水力粗糙管的过渡区，又称为第二过渡区。此区域内，具有不同相对粗糙度的实验点各自分开，形成一条条曲线，这表明，沿程阻力系数 f 不仅与雷诺数 Re 有关，还与管壁的相对粗糙度 $\triangle/d$ 有关，也就是 $f = f(Re, \triangle/d)$）。随着雷诺数 Re 的增大，层流底层厚度 δ 变小，使得管壁的绝对粗糙度 $\triangle$ 开始影响到核心区内流动。

（5）湍流粗糙区。当 $Re \geqslant 4\,610(0.5d/\triangle)^{0.85}$ 时，沿程阻力系数 f 仅与管壁的相对粗糙度 $\triangle/d$ 有关，而与雷诺数 Re 无关，也就是 $f = f(\triangle/d)$。这是因为在此区域，层流底层厚度 δ 远小于绝对粗糙度 $\triangle$，管道内壁凹凸不平处完全暴露于湍流核心区中，管壁的粗糙度成为影响沿程阻力损失的主要因素。

2．实验意义

尼古拉兹实验在流体力学研究中代表的意义在于它概括反映了各种情况下，沿程阻力系数 f 与雷诺数 Re 及管壁的相对粗糙度 $\triangle/d$ 的变化关系。但是尼古拉兹用人工粗糙管道进行实验，其实验结果并不完全与实际情况相同。

10.8.2　莫迪图

莫迪于 1944 年总结了工业管道的实验资料，绘制了工业管道的沿程阻力系数 f 与雷诺数 Re 和管壁的相对粗糙度 $\triangle/d$ 的变化关系曲线，即工程常用的莫迪图（Moody figure），如图 10-16 所示。只要根据求出的雷诺数 Re 和管壁的相对粗糙度 $\triangle/d$，即可在莫迪图中直接查出沿程阻力系数 f，从而求出沿程水头损失。

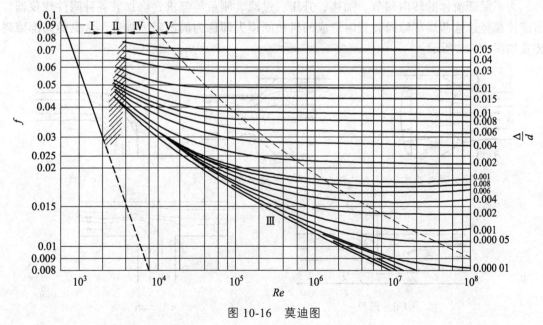

图 10-16　莫迪图

10.8.3　降低沿程阻力损失的方法

在降低沿程阻力损失的方法中，最容易想到的减阻（损）措施是减小管壁的粗糙度。如在实际工程中对钢管、铸铁管等进行内部涂塑，或者采用塑料管道、玻璃钢管道代替金属管道。使用柔性管壁代替刚性管壁也可以减少沿程阻力，实验证明，安放在管道中的弹性软管比同样条件的刚性管道的沿程阻力小35%，而且管中液体的黏性越大，软管的管壁越薄，减阻效果越好。除此之外，及时清除管道中的杂物、尽量减少管壁的腐蚀或锈蚀、合理选择流体流动的速度以及简化管路从而减少管道长度或选用经济合理的管径均有助于降低管内流动产生的沿程阻力损失。

10.9 圆管内局部损失系数的确定

在工业管道中，如果管道截面面积发生变化或者流体流经各种局部障碍装置造成的机械能损失称为局部阻力损失，而单位重力流体的局部阻力损失则称为局部水头损失，其计算公式为 $h_\zeta = \zeta \dfrac{V^2}{2g}$。式中，$h_\zeta$ 为局部水头损失，ζ 为局部阻力系数。本章强调的重点为局部阻力损失的形成原因以及改善措施。由于局部阻力系数到目前为止只有少数理论公式计算，大多数都是通过实验测定，所以这里只介绍数种常见局部损失系数的计算公式和实测数据综合列表。

10.9.1 局部损失的形成原因

为了保证流体的转向调节、加速、升压、过滤、测量等需求，会加装各种附件或仪器，当流体在经过这些局部障碍装置时造成的机械能损失即称为局部阻力损失。常见的局部障碍装置如图 10-17 所示。

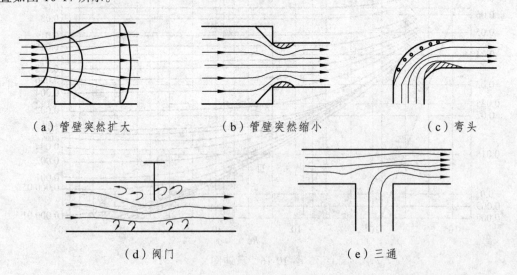

（a）管壁突然扩大   （b）管壁突然缩小   （c）弯头

（d）阀门   （e）三通

图 10-17 常见的局部障碍装置

可以看出，流体局部阻力损失的原因大抵可以分成流体的速度重新分布和流体流动分离形成旋涡两个原因。

1．流体速度重新分布

流体在管道内流动时，如果管壁发生变化，则使流体受到压缩或扩张，从而引起流体的速度重新分布，导致流体质点的碰撞及摩擦加剧。在流速重新分布的过程中，流体质点间必然发生更多的摩擦和碰撞，从而消耗一定的能量，导致能量的损失，而这种损失就称为碰撞损失。

2．流体流动分离形成漩涡

流体在管道内流动时，如果管壁急剧发生变化，流体在惯性力的作用下就会与壁面发生脱离，形成旋涡区。在旋涡区内流体的旋转运动和主流方向不一致，引起主流能量的损失，这种损失就称为旋涡损失。

由此可知，流体局部阻力损失的产生原因主要在于流体的速度重新分布和流体流动分离形成旋涡，所以局部阻力损失是由碰撞损失以及旋涡损失两种类型的损失组成。

10.9.2　影响局部损失的主要因素

实际发现，流体在管流内层流运动时，流体经过局部阻碍后的局部损失很小，一般忽略不计，而且流体经过局部阻碍后在雷诺数很小的情况下才有可能保持层流状态。因此，在工程上只研究湍流状态下的局部损失。大量的实验研究表明，局部阻力系数 ζ 决定于局部阻碍的形状、雷诺数和壁面的相对粗糙度 Re 等因素，也就是 $\zeta = f$（局部阻碍形状，Re，$\triangle/d$）。不同的情况下，各因素起的作用不同，但局部边界的形状始终是一个主要因素。

10.9.3　常见局部损失系数

由于局部阻力系数到目前为止只有少数理论公式计算，大多数都通过实验测定，所以这里只介绍数种较为常见局部损失系数的计算公式和实测数据，如图 10-18 所示。

项　次	名　称	示意图	局部阻力系数 ζ 值及说明
1	管道突然扩大		用小管段计算流速 $$\zeta_1 = \left(1 - \frac{A_1}{A_2}\right)^2 \; ; \quad h_\zeta = \zeta_1 \frac{V^2}{2g}$$
2	管道突然扩大		用大管段计算流速 $$\zeta_2 = \left(\frac{A_1}{A_2} - 1\right)^2 \; ; \quad h_\zeta = \zeta_2 \frac{V_2^2}{2g}$$
3	管道突然缩小		$$\zeta = 0.5\left(1 - \frac{A_1}{A_2}\right)$$
4	管道逐渐扩大		$$\zeta = \frac{f}{8\sin\frac{\theta}{2}}\left[1 - \left(\frac{A_1}{A_2}\right)^2\right] + k\left(\tan\left(\frac{\theta}{2}\right)\right)^{1.25}\left(1 - \frac{A_1}{A_2}\right)^2$$ f 为沿程阻力系数；k 为 θ 函数

5	管道逐渐缩小	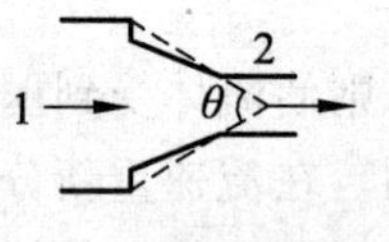	$\theta < 30°$ $\zeta = \dfrac{f}{8\sin\dfrac{\theta}{2}}\left[1-\left(\dfrac{A_1}{A_2}\right)^2\right]$；$f$ 为沿程阻力系数。	
6	管道进口	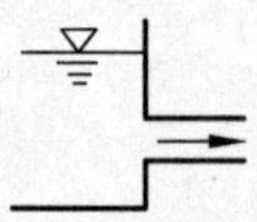	修　圆	$0.05 \sim 0.10$
			稍修圆	$0.20 \sim 0.25$
			锐　缘	0.5
7	管道出口 （流入大容器）			1.0

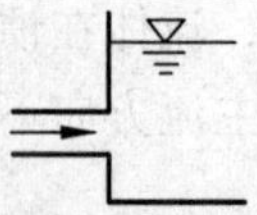

图 10-18　常见局部损失系数 ζ 值的参考数值图

10.9.4　减少局部阻力损失的主要措施

局部阻力损失主要受到局部阻碍的形状与流场的流动状态影响，减少管流的局部阻力损失可通过两种不同途径来实现。一种是通过改善边界对流动的影响，另一种是向流体内部投入添加剂，使流体流动状态改变。投入添加剂目前尚属于新兴的研究课题，这里仅介绍如何改善边界层减少局部阻力损失的方法。改变流体外部的边界条件的原理着眼点在于防止或推迟主流与壁面的分离，避免旋涡区的产生或减小旋涡区的大小和强度，所以其方法大抵可以分为平顺的管道进口、使用渐扩管或二次突扩管、加大弯管的曲率半径或在其内加装导流叶片、尽可能地减小支管与合流管之间的夹角等方法。

1．平顺管道进口

实验证明，圆形进口比锐缘进口的阻力系数约小 50%，而流线型的圆形进口会比锐缘进口的阻力系数约小 90%，所以平顺管道进口可有效减小管道进口处的局部阻力损失。

2．使用渐扩管或二次突扩管

实验证明，渐扩管的阻力系数比突扩管小得多，而且扩散角大的渐扩管阻力系数较大。此外，二次突扩的阻力系数小于一次突扩的阻力系数，由此可知使用渐扩管或二次突扩管可以减小管道的局部阻力损失，其外观示意图如图 10-19 所示。

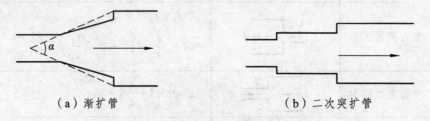

（a）渐扩管　　　　　　　　　　　（b）二次突扩管

图 10-19　渐扩管或二次突扩管的外观

3．加大弯管的曲率半径或在其内加装导流叶片

弯管的阻力系数在一定范围内随曲率半径 R 与管径 d 的比值，也就是 R/d 的增大而减

小，对于截面大的弯管，往往只能采用较小的 R/d 值，如果要减少局部阻力损失，可通过在弯管内部安装导流叶片的方法达到减阻目的，其外观示意图如图 10-20 所示。

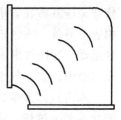

图 10-20 装有导流叶片的弯管

4．尽可能地减小支管与合流管之间的夹角

在流体转向的地方将折角转缓，如图 10-21（a）所示，可以使局部损失系数减小；在总管上安装合流板或分流板，也可以让三通管的局部阻力系数减小，如图 10-21（b）所示。

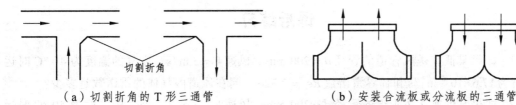

（a）切割折角的 T 形三通管　　　　　（b）安装合流板或分流板的三通管

图 10-21　三通管减小局部阻力系数措施的示意图

10.10　压力管路中的水击现象与处理

在工业管道中，常会出现某种现象，例如有压管道中的阀门或水泵突然开启或关闭以及水轮机和液压缸负荷突然发生变化，从而让管路内流速与压力急剧产生变化，作用在流体上的管内局部压力突然升高或者降低，也就是压力突变使管壁产生振动并伴有捶击声，这种水力现象就称为水击或水锤现象（Water hammer phenomenon）。开泵、停泵、开关闸阀过于快速，使水的速度发生急剧变化，特别是突然停泵引起水锤，可能造成管道、水泵或阀门破坏，并引起水泵反转，管网的水压降低，所以预防水锤发生极为重要。一般而言预防水锤发生的措施大抵可以分成延长阀门关闭时间、改变管道设计以及设置缓冲装置等方法，相关内容描述如下。

10.10.1　延长阀门关闭时间

根据管道特性调整各类电动阀门开闭时间，采用正确的阀门操作方法，在管道操作的开停过程中严格控制阀门的开关顺序及速度，尽量避免直接水击，在间接水击中，关闭时间越长，则间接水击造成的损害就越低。

10.10.2　改变管道设计

在保证流量的条件下，尽量采用大口径的管道，以减小管内流速，尽量缩短发生水击的管道长度，从而降低水击造成的损害。此外，采用弹性较好的管壁材料，也可以避免水击造成的损害。

10.10.3　设置缓冲装置

由于水工建筑物布置的条件限制，压力管道的长度不能改变时，可以在靠近阀门的地方修建调压井或在管道中设置安全阀等缓冲装置，缩小水击压力影响的范围，减小水击造成的损害。另外，水锤产生的另一个原因是水管中有空气，空气柱会在突然降压时膨胀，推动水柱运动，这样气推水，水推气，形成水锤，造成大的破坏力。特别是第一次试水，必须排气，在管道中设置空气蓄能器有助于减小水击造成的损害。

水击现象发生时引起压力数值升高，可能为正常压力的几十倍甚至几百倍，而且增降压和交替频率过快，反复的冲击会使金属表面损伤，轻者增大流动阻力，重者损坏管道及设备。水击现象对生产和生活影响甚大，所以在管道设计、液压传动及水力工程中不容忽视。

课后练习

（1）如果某低速送风管道的管径 $d = 200$ mm，风速 $V = 3$ m/s，空气的温度为 40 ℃ 时运动黏度为 17.6×10^{-6} m^2/s 和临界雷诺数 $Re_c = 2\,320$。问在风道内气体的雷诺数是多少？

（2）如果某低速送风管道的管径 $d = 200$ mm，风速 $V = 3$ m/s，空气的温度为 40 ℃ 时运动黏度为 17.6×10^{-6} m^2/s。问在风道内气体流动的状态是什么？

（3）如果某低速送风管道的管径 $d = 200$ mm，空气的运动黏度为 17.6×10^{-6} m^2/s 和临界雷诺数 $Re_c = 2\,320$，问该风道内的空气保持层流最大速度是多少？

（4）造成沿程水头损失 h_f 的原因是什么？其计算公式又是什么？

（5）造成局部水头损失 h_ζ 的原因是什么？其计算公式又是什么？

（6）完全发展流长度代表的物理意义是什么？

（7）圆管湍流的完全发展流长度比圆管层流的完全发展流长度来得小的原因是什么？

（8）时均稳态湍流的定义是什么？

（9）流体在管道内做湍流运动时的湍流结构分成哪三个部分？

（10）层流底层厚度 δ 与雷诺数的关系是什么？

（11）水力光滑管和水力粗糙管的判定依据是什么？

（12）水力光滑管的定义是什么？

（13）水力粗糙管的定义是什么？

（14）影响沿程损失的主要因素是什么？

（15）产生局部损失的原因主要有哪两个？

（16）影响局部损失的主要因素是什么？

（17）局部阻力损失是由碰撞损失以及旋涡损失这两种类型的损失组成的吗？

（18）改善流体管道内流动时造成机械能损失的方式有哪些？

（19）改善流体管道内沿程水头损失的方式有哪些？

（20）改善流体管道内局部水头损失的方式有哪些？

（21）水击现象的定义是什么？

（22）水击现象的形成原因是什么？

（23）列举三种水击现象可能造成的危害。

（24）列举三种水击现象的预防措施。

第 11 章　黏性流体的外部流动

第 10 章已经探讨了黏性流体的内部流动，也就是管流问题。本章将讨论黏性流体流经物体外部表面的问题，也就是黏性流体的外部流动。自然界和工程实际存在着许多流体外部流动问题，例如，飞机在空中飞行，船舶在海洋中航行，汽车在路面上的行驶以及流体在汽轮机、泵和压缩机叶片上的流动，河水流过桥墩等均属于流体的外部流动。对于有些问题的研究，使用非黏性流体假设可以简化研究过程，又不会影响问题的基本结论，但是在许多实际应用中，流体与接触物体表面不可能不产生黏性作用，使用非黏性流体的假设不仅影响工程计算的精度，甚至获得的结果还会和物体实际运动产生的物理现象相互矛盾，例如达朗贝尔悖论就是一个例子。而且在流体力学、空气动力学以及航空工程研究中发现，对物体运动分析以及汽车、船舶与航空器的外形和性能设计时，流体的黏性造成的影响往往是不能忽略的因素之一。与流体在管道内的流动问题一样，流体外部流动状态也可以分成层流和湍流两种。对于流体外部层流问题多使用理论解析法和数值算法等分析方法计算求解。但是对于流体的外部湍流问题，由于湍流的复杂性，至今还不能完全通过理论推导方法求解流体问题，多使用理论分析方法配合实验研究来验证求解。黏性流体在外部流场流动问题的研究对飞机、船舶与汽车的外形设计以及汽轮机、泵和压缩机等动力装备的性能设计都非常重要，这里对外部流动问题的相关概念和近似求法以及实验研究获得的物理现象做简单的介绍，内容包括边界层的基本概念、边界层的转捩现象、层流边界层的微分方程式、平板边界层的近似计算和实验外流阻力等。

11.1　边界层的基本概念

实际流体都有黏性，在运动中必然会出现一些与理想流体不同的规律，这种差异性一般限于紧贴物体表面，且在黏性作用不可忽略的流体薄层内，此薄层即称为边界层（Boundary layer）。从第 4 章的内容来讲，边界层理论概念于 1904 年由普朗特提出。对于雷诺数 Re 较大的黏性流体流动可以看成由两种不同形态的流动组成：一种是边界层内流体的流动，流体的黏滞作用不可以忽略不计，也就是必须把流体当作黏性流体来做考虑；另一种形态的流动则是指边界层以外的流体流动，流体黏滞效应的效应可以忽略不计，也就是可以将边界层外的流动流体视为非黏性流体。这种处理黏性流体流动的方法为近代流体力学的发展开辟了新的途径，大大地简化问题研究的复杂度和计算的难度。研究流体流动问题时可以根据观察流体流场的位置将流场分成内部与外部流场两种类型问题，内部流场问题通常是指流体在管道内的流动问题，例如流体在发动机内的流动或者流体在管路中的流动，外部流场则是指流体流经物体表面的外部流动，例如飞机在大气中飞行，气体在飞机外部的气流性质变化。和内黏滞流场不同的是，内黏滞流场内，黏滞边界层越往下游越厚，不久就弥漫于整个流场，黏性效应会主导整个流场内的流动状况，而外黏滞流场中边界层在理论上可以无限地延伸，只有在边界层外的流动才视为非黏性流动。内黏滞流场与外黏滞流场两者边界层的差异如图 11-1 所示。

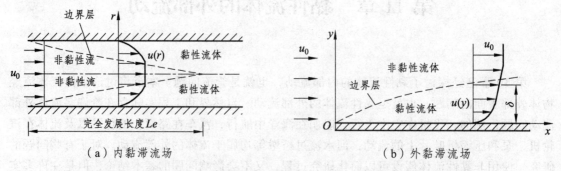

（a）内黏滞流场 　　　　　　　　（b）外黏滞流场

图 11-1　内黏滞流场与外黏滞流场之间边界层差异

边界层理论是理论求解黏性流体外部流动的主要方法之一，尽管前面第 4 章的内容已有说明，但是为了本章内容的连贯性以及加速对本章内容的理解，这里对其特性再做重点的描述，强调重点在于边界层厚度的概念、镶合理念处理模式以及吹除厚度和动量厚度的定义等。

11.1.1　概念说明

如图 11-2 所示，以流体流经平板为例说明边界层代表的物理现象。虚线是代表边界层，在边界层的内部必须考虑流体流场的黏性，在边界层的外部可以将流体流场的黏性效应忽略不计。此外，流体与平板间形成的边界层随着流体流经平板的距离逐渐增厚，这是由于流体流经平板的距离（x 轴方向的距离）越长，流体所受到黏性影响越大的缘故。

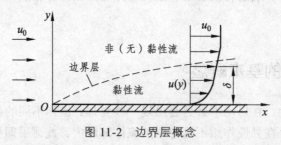

图 11-2　边界层概念

11.1.2　边界层厚度的定义

为了区分黏性流区域与非黏性流区，必须对边界层的厚度进行定义，以流体流经平板的外部流动来说明，如图 11-3 所示表示均匀流体以等速度 u_0 流经平板的速度变化。流体在边界层内的流体流速为 $u(y)$，y 为流体质点与固定表面的垂直距离。当边界层内流体的流速达到 $99\% u_0$ 时，在 y 轴的位置 δ，则可以假设 δ 以外的区域为非黏性流区，而 δ 即为边界层的厚度。流体不受到流体黏性影响的速度为自由流速度 u_0，所以边界层厚度的定义可以表示为 $u(\delta) = 0.99 u_0$。一般而言，在流体流场与固定表面的垂直距离 y 大于或等于边界层厚度 δ 时，都假设流体的流速不会受到流体黏性影响，也就是假设$u(\delta)=u_0$。边界层厚度的定义和前面提及的无滑流现象，也就是$u(0)=0$一样，在流体力学与空气动力学的问题研究中，主要当成黏性流体流速的边界条件之一。

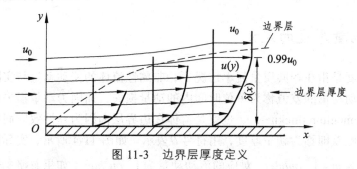

图 11-3　边界层厚度定义

11.1.3　镶合理念处理模式

边界层理论的概念提出为近代流体力学的发展开辟了新的途径，研究中，可以先求出边界层内部黏滞区域内流场运动参数，例如流体流速和流体性质等物理量的变化，然后再将其和边界层外部非黏滞区域内流体流场运动参数的变化情形镶合起来，即可求出整个外部流场运动参数的变化，这种处理模式称为镶合理念处理模式（Combination concept processing mode）。相关研究指出，这种处理模式在流体雷诺数 Re 越大时，镶合所得的结果就越精确。但是对于雷诺数 Re 很小的流场，由于黏性流区域与非黏性流区之间的相互作用相当强烈，而且其间变化趋势为非线性，流体流场的运动参数稍有变化，就会造成边界层内部的流场，也就是流体流场黏滞区域内压力分布大幅地变化。因此如果流体流场的雷诺数非常小，镶合理念处理模式可能并不适用。此外，气体发生流体分离现象时，产生气体回流，边界层理论也不适用。

11.1.4　吹除厚度的定义

从图 11-3 中可以发现，流体流动因为边界层效应的影响而造成外围流线的微小位移称为吹除厚度（Displace thickness）。如图 11-4 所示，在边界层中，实际流体流动的质量流率为
$\dot{m}=\int_0^\delta \rho ub\,\mathrm{d}y$，而对于相同质量流率的非黏性流体的质量
流率$\dot{m}=\int_0^h \rho u_0 b\,\mathrm{d}y$，在实际流体流动与非黏性流体在流动
质量流率相同的情况下，两者在固定表面的垂直距离之间
的差值即称为吹除厚度，用符号 δ^* 表示，其数学定义为，
当 $\dot{m}=\int_0^\delta \rho ub\,\mathrm{d}y=\int_0^h \rho u_0 b\,\mathrm{d}y$ 时，$\delta^*=\delta-h$。式中，$\dot{m}$、ρ、
u_0、u、b、δ^* 和 δ 分别为流体的质量流率、流体密度、均
匀流的流速、流体质点的流速、边界层宽度、吹除厚度与
边界层厚度。

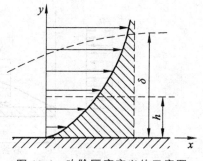

图 11-4　吹除厚度定义的示意图

由于边界层非常细薄，也就是边界层的厚度非常小，流体流动会因为边界层效应产生流

线位移，也就是吹除厚度对外围无黏流场造成的影响一般可以忽略不计，因此在边界层理论处理黏性边界层内部流场问题时，边界层外围的压力场推动边界层流动，其作用就有如动量方程的外力函数。

11.1.5 动量厚度的定义

所谓动量厚度是指在相同质量流率情况下，非黏性流体的流动动量与实际流体在边界层中每单位时间流动动量的差值称为单位时间内的动量损失，而因为动量损失产生的厚度即称为动量厚度（Momentum thickness），也就是流体在边界层内因为黏性效应而造成单位时间动量损失引起的厚度差即称为动量厚度，用符号 θ 表示。如图 11-4 所示，实际流体在边界层中流动的质量流率为 $\dot{m} = \int_0^{\delta} \rho u b \mathrm{d}y$，对应的流动动量为 $\int_0^{\delta} \rho u^2 b \mathrm{d}y$。如果忽略黏性效应，则质量流率为 $\dot{m} = \int_0^{\delta} \rho u b \mathrm{d}y$ 的非黏性流体的动量为 $\int_0^{\delta} \rho u_0 u b \mathrm{d}y$，所以黏性流体在外部流场的动量损失为 $\theta = \int_0^{\delta} \rho u_0 u b \mathrm{d}y - \int_0^{\delta} \rho u^2 b \mathrm{d}y = \int_0^{\delta} \rho u(u_0 - u) b \mathrm{d}y$。式中，$\dot{m}$、$\rho$、$u_0$、$u$、$b$ 和 δ 分别为流体的质量流率、流体密度、均匀流的流速、流体质点的流速、边界层宽度和边界层厚度。如果流体是不可压缩流体，则流体的动量厚度 θ 即可用数学计算公式 $\theta = \int_0^{\delta} \dfrac{u}{u_0} \left(1 - \dfrac{u}{u_0}\right) b \mathrm{d}y$ 定义。

11.2 边界层转捩现象

根据边界层的相关研究，对于一定流速流体的外部流动，流体边界层内的流动也会产生层流和湍流两种流动状态，其对应的边界层分别称为层流边界层和湍流边界层。流体从层流边界层转换成湍流边界层的运动现象称为边界层转捩现象（Boundary layer transition phenomenon），从层流边界层开始转换成湍流边界层的位置称为边界层转折点（Boundary layer transition point），流体在外部流动发生转捩现象的主要原因和第 10 章讨论完全发展流区形成过程的原因类似，都是因为流体流经平板时，影响并未完全受到黏性效应的影响，而随着流往下游，流体边界层逐渐增厚的缘故。这里仍以流体流经平板为例说明，其流动状态如图 11-5 所示。

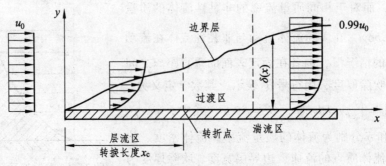

图 11-5　边界层转捩现象的示意图

从图中可以看出，流经平板时，流体受到黏性效应的影响，开始于平板的最前端形成边界层且边界层的厚度往下游逐渐增大，即黏性的影响范围会随着流体向下游逐渐向外扩张。在边界层的前部厚度较小，流体的速度梯度较大，流体受到黏性剪应力的作用较大，流场流速的扰动会因为剪应力而衰减，此时边界层内的流动属于层流状态，其边界层称为层流边界层。随着边界层厚度的逐渐增大，流体的速度梯度逐渐减小，流体的黏性剪应力的作用也随之减小，流体惯性力对流场的影响比黏性剪应力来得大，边界层内流体质点的运动将呈现不规则性的扰动，也就是流体的运动状态开始从层流经过渡区转变成湍流，湍流区的边界层称为湍流边界层（Turbulent boundary layer）。流体在外部流动时，因为流体的黏性作用层流边界层转换成湍流边界层的现象称为边界层转捩现象，而从层流边界层开始转换成湍流边界层的位置即称为边界层转折点。在边界层转捩现象的发展过程中，边界层转折点和平板最前端之间的距离称为转捩长度（Transition length），用符号 x_c 表示。在边界层转折点对应的雷诺数称为边界层临界雷诺数（Critical Reynolds number of boundary layer），用符号 Re_c 表示。根据边界层相关实验中能够得到边界层临界雷诺数 Re_c 和边界层转折点至前缘的距离 x_c 之间的关系式为 $Re_c = \dfrac{u_0 x_c}{\nu}$。式中，$u_0$ 和 ν 分别是均匀流的流速以及流体的运动黏度。在外部流动问题中，临界雷诺数并非常数，而与来流的脉动程度有关。如果流体开始接触平板时就已经受到干扰，也就是来流的脉动程度强，流动状态的改变发生在较低的雷诺数；反之则发生在雷诺数较高值。光滑平板边界的临界雷诺数为 $5\times10^5 \sim 3\times10^6$，即 $Re_c = \dfrac{u_0 x_C}{\nu} = (0.5\sim3)\times10^6$。

流体在过渡区的流动状态极不稳定，只要外界稍有扰动，就有可能转变为湍流，一般会把流体在过渡区的流动问题归属于湍流问题。也就是如果流体发生边界层转捩现象，在转折点 x_c 之前或雷诺数小于临界雷诺数 Re_c 的流体流动形态仍为层流，而在转折点 x_c 之后或雷诺数大于临界雷诺数 Re_c 的流体流动形态视为湍流。

11.3　层流边界层的微分方程式

如同第 1 章内容提及，研究流体力学的主要目的之一是研究流体流场内部的运动参数变化以求得流体运动的基本规律，而在研究的过程主要讨论的是流体流速和压力的变化，所以在使用微分方程研究流体流动问题时，最常使用的控制微分方程为质量守恒微分方程和动量守恒微分方程，而在描述边界层内黏性流体运动的方程为 Navier-Stokes 微分方程（简称为 N-S 方程）。如果将这些控制微分方程根据边界层的特点进行简化，则经过简化的微分方程称为边界层微分方程。这里以稳态二维不可压缩流体流经平板时在边界层内的流动问题为例，说明其简化原则、简化过程以及简化后的微分方程式。

11.3.1　简化原则

如图 11-6 所示，均匀流体以 u_0 流经平板，因为流体黏性效应，形成的边界层厚度越往下游越会增大。

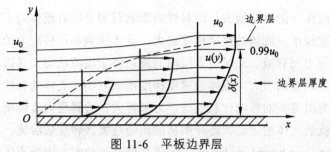

图 11-6 平板边界层

相关研究证明，边界层的厚度非常细薄，可以得到边界层微分方程的简化原则，可以推知，边界层内流动的流体于 x 轴方向的速度 u 远大于 y 轴方向速度 v，即 $u \gg v$ 以及边界层内流动的流体于 y 轴方向速度梯度变化远小于在 x 轴方向的梯度变化，也就是 $\frac{\partial}{\partial y} \gg \frac{\partial}{\partial x}$。

11.3.2 简化过程

边界层微分方程的简化过程是将控制微分方程中的各项依据边界层微分方程的简化原则（$u \gg v$ 与 $\frac{\partial}{\partial y} \gg \frac{\partial}{\partial x}$）对原有的控制微分方程进行数量级大小的比较，保留主要项，忽略次要项，进行简化后得到边界层微分方程。

1．原有的控制微分方程式

如同第 7 章所述，连续微分方程为 $\frac{\partial \rho}{\partial t} + \nabla \rho \vec{V} = 0$，动量微分方程为 $\rho \frac{\mathrm{d}\vec{V}}{\mathrm{d}t} = \rho \vec{g} - \nabla P + \mu \nabla^2 \vec{V}$，式中，$\rho$、$\vec{V}$、$P$ 和 μ 分别为流体的密度、流体的流速、流场压力以及流体的绝对黏度，而 g 为重力加速度。在稳态二维不可压缩流体流经平板问题中，流动状态为稳态，忽略重力对流体流场影响，则连续微分方程可以简化为 $\nabla \cdot \vec{V} = \frac{\partial u}{\partial x} + \frac{\partial v}{\partial y} = 0$，而动量方程可以简化并分解成 x 轴方向和 y 轴方向方程：$u \frac{\partial u}{\partial x} + v \frac{\partial u}{\partial y} = -\frac{1}{\rho} \frac{\partial P}{\partial x} + \nu \left(\frac{\partial^2 u}{\partial x^2} + \frac{\partial^2 u}{\partial y^2} \right)$ 和 $u \frac{\partial v}{\partial x} + v \frac{\partial v}{\partial y} = -\frac{1}{\rho} \frac{\partial P}{\partial y} + \nu \left(\frac{\partial^2 v}{\partial x^2} + \frac{\partial^2 v}{\partial y^2} \right)$。

2．连续微分方程的边界层理论简化

稳态二维不可压缩流体流经平板流动问题中的连续微分方程为 $\frac{\partial u}{\partial x} + \frac{\partial v}{\partial y} = 0$ 且 $u \gg v$ 与 $\frac{\partial}{\partial y} \gg \frac{\partial}{\partial x}$。可以知道，在连续微分方程 $\frac{\partial u}{\partial x} + \frac{\partial v}{\partial y} = 0$ 中的 $\frac{\partial u}{\partial x}$ 项和 $\frac{\partial v}{\partial y}$ 项为同一数量级，两者均不可忽略。

3．y 轴方向动量微分方程的边界层理论简化

稳态二维不可压缩流体流经平板流动的问题中的 y 轴方向和 x 轴方向动量微分方程分别

为 $u\dfrac{\partial v}{\partial x}+v\dfrac{\partial v}{\partial y}=-\dfrac{1}{\rho}\dfrac{\partial P}{\partial y}+\nu\left(\dfrac{\partial^2 v}{\partial x^2}+\dfrac{\partial^2 v}{\partial y^2}\right)$ 和 $u\dfrac{\partial u}{\partial x}+v\dfrac{\partial u}{\partial y}=-\dfrac{1}{\rho}\dfrac{\partial P}{\partial x}+\nu\left(\dfrac{\partial^2 u}{\partial x^2}+\dfrac{\partial^2 u}{\partial y^2}\right)$，且 $u\gg v$ 与 $\dfrac{\partial}{\partial y}\gg$

$\dfrac{\partial}{\partial x}$，发现 y 轴方向动量微分方程中 $u\dfrac{\partial v}{\partial x}$、$v\dfrac{\partial v}{\partial y}$ 和 $\nu\left(\dfrac{\partial^2 v}{\partial x^2}+\dfrac{\partial^2 v}{\partial y^2}\right)$ 等各项的数量级均小于 x 轴方

向的 $u\dfrac{\partial u}{\partial x}$、$v\dfrac{\partial u}{\partial y}$ 和 $\nu\left(\dfrac{\partial^2 u}{\partial x^2}+\dfrac{\partial^2 u}{\partial y^2}\right)$ 等数量级。又 $\dfrac{\partial P}{\partial y}\gg\dfrac{\partial P}{\partial x}$，由此可以推知，流体在 y 轴方向的

压力梯度变化可以忽略不计，所以得边界层内的流场压力是 x 轴方向位置的函数，即 $P=P(x)$。整个流动过程中，压力在整个边界层厚度的方向几乎不会变化，它都等于边界层外均匀流的压力，边界层外围的压力场推动边界层流动，其作用就如动量方程的外力函数。

4．x 轴方向动量微分方程的边界层理论简化

稳态二维不可压缩流体流经平板流动问题的 x 轴方向动量微分方程为 $u\dfrac{\partial u}{\partial x}+v\dfrac{\partial u}{\partial y}=$

$-\dfrac{1}{\rho}\dfrac{\partial P}{\partial x}+\nu\left(\dfrac{\partial^2 u}{\partial x^2}+\dfrac{\partial^2 u}{\partial y^2}\right)$ 且 $u\gg v$ 与 $\dfrac{\partial}{\partial y}\gg\dfrac{\partial}{\partial x}$。经过数量级的比较后发现，$\dfrac{\partial^2 u}{\partial x^2}$ 项远小于 $\dfrac{\partial^2 u}{\partial y^2}$ 项，

因此可以忽略不计。

11.3.3　简化结果

经过对流体在边界层内的连续微分方程和动量微分方程进行数量级大小的比较后得到

边界层的微分方程式为 $\dfrac{\partial u}{\partial x}+\dfrac{\partial v}{\partial y}=0$、$P=P(x)$ 和 $u\dfrac{\partial u}{\partial x}+v\dfrac{\partial u}{\partial y}=-\dfrac{1}{\rho}\dfrac{\partial P}{\partial x}+\nu\dfrac{\partial^2 u}{\partial y^2}$。在理论分析的过

程中，通常将无滑流现象即 $y=0$ 处，$u(y)=v(y)=0$ 和边界层厚度的数学定义公式 $u(\delta)=u_0$ 当作边界条件。

11.4　平板边界层的近似计算

尽管边界层微分方程在原来方程基础上做了极大的简化，以致于可以利用理论解析的方

法求解平板边界层的层流运动问题，但是化简后的边界层动量微分方程 $u\dfrac{\partial u}{\partial x}+v\dfrac{\partial u}{\partial y}=-$

$\dfrac{1}{\rho}\dfrac{\partial P}{\partial x}+\nu\dfrac{\partial^2 u}{\partial y^2}=0$ 仍然是一个二阶方程式，非线性项 $\nu\dfrac{\partial^2 u}{\partial y^2}$ 仍然存在，其数学求解的困难度实际

上并未消除，所以只能在少数情形下，例如平板、楔形物体等层流运动的问题才能无须借助计算机就能求出精确解。另外湍流运动具有复杂性，到目前为止，大多数的外部流动问题都是通过实验测定获得半经验计算公式来求解。在流体力学的问题研究中，平板边界层流动问题是外部流动问题中最为简单，也是最典型的求解例子，因此这里将平板边界层流动问题在层流边界层、湍流边界层以及混合边界层的计算公式列出。

11.4.1 平板层流边界层的计算公式

对于流体流速较低的平板流动问题，平板边界层内的流体流动状态均为层流，在工程计算中，平板层流边界层常见的计算包括边界层内部的速度分布、边界层厚度、壁面剪应力以及流动阻力等。相关公式如表 11-1 所示。

表 11-1　常用外部流动的层流公式

项 次	名 称	公 式	备 注
1	边界层内部的速度分布 $u(y)$	$u(y) = u_0 \left[\frac{3}{2}\left(\frac{y}{\delta}\right) - \frac{1}{2}\left(\frac{y}{\delta}\right)^3 \right]$	u_0——均匀流速度； y——流体质点与平板的垂直距离； δ——流体雷诺数
2	边界层厚度 δ	$\delta = 4.64x Re_x^{-0.5}$	x——流体质点与平板最前端在 x 轴方向的距离； Re——流体雷诺数
3	壁面剪应力 τ_w	$\tau_w(x) = 0.323\rho u_0^2 Re_x^{-0.5}$	x——流体质点与平板最前端在 x 轴方向的距离； ρ、u_0、Re——流体密度、均匀流速度、雷诺数
4	流动阻力 $D(x)$	$D(x) = b\int_0^x \tau_w(x)\mathrm{d}x$ $= 0.646bl\rho u_0^2 Re_x^{-0.5}$	x——流体质点与平板最前端在 x 轴方向的距离； b、l——平板的宽度和长度； ρ、u_0、Re——流体密度、均匀流速度、雷诺数
5	阻力系数 $C_D(x)$	$C_D(x) = \dfrac{D(x)}{\frac{1}{2}\rho u_0^2 bl} = 2.584 Re_x^{-0.5}$	x——流体质点与平板最前端在 x 轴方向的距离； b、l——平板的宽度和长度； ρ、u_0、Re——流体密度、均匀流速度、雷诺数
6	摩擦系数 $C_f(x)$	$C_f(x) = 1/2 C_D(x) = 1.292 Re_x^{-0.5}$	C_D——阻力系数； Re——雷诺数

11.4.2 平板湍流边界层的计算公式

对于在临界雷诺数以下的流体流动状态为层流，超过临界雷诺数的流动状态视为湍流边界层。流体在平板湍流区的纵向运动是湍流边界层中最简单也是最重要的情况。根据实验发现，只要不发生显著的分离现象，曲面情形的摩擦阻力和平板情形差不多，所以平板湍流边界层的研究结果可用于近似计算船体、机翼、机身、叶轮机械叶片的摩擦阻力。实验证明，普朗特在假定平板边界层内的速度分布规律与圆管（湍流水力光滑区）相同的情况下，推导的摩擦系数 C_f 近似计算公式得到的结果与实验获得的数据非常吻合，相关公式如表 11-2 所示。

表 11-2　常用的外部流动的湍流公式

项　次	名　称	公　式	备　注
1	边界层内部的速度分布 $u(y)$	$u(y) = u_0 \left[\left(\dfrac{y}{d} \right)^{1/7} \right]$	u_0——均匀流的流度； y——流体质点与平板的垂直距离； δ——边界层厚度
2	边界层厚度 δ	$\delta = 0.37 x Re_x^{-0.2}$	x——流体质点与平板最前端在 x 轴方向的距离； Re——流体雷诺数
3	壁面剪应力 τ_w	$\tau_w(x) = 0.023\,2 \rho u_0^2 Re_x^{-0.25}$	x——流体质点与平板最前端在 x 轴方向的距离； ρ、u_0、Re——流体密度、均匀流速度、雷诺数
4	流动阻力 $D(x)$	$D(x) = b \displaystyle\int_0^x \tau_w(x) \mathrm{d}x$ $= 0.036 bl \rho u_0^2 Re_x^{-0.2}$	x——流体质点与平板最前端在 x 轴方向的距离； b、l——平板的宽度和长度； ρ、u_0、Re——流体密度、均匀流速度、雷诺数
5	阻力系数 $C_D(x)$	$C_D(x) = \dfrac{D(x)}{\frac{1}{2}\rho u_0^2 bl} = 0.144 Re_x^{-0.2}$	x——流体质点与平板最前端在 x 轴方向的距离； b、l——平板的宽度和长度； ρ、u_0、Re——流体密度、均匀流速度、雷诺数
6	摩擦系数 $C_f(x)$	$C_f(x) = 1/2\, C_D(x) = 0.072 Re_x^{-0.2}$	C_D——阻力系数； Re——雷诺数

　　通过实验、如表 11-2 所示湍流计算公式与如表 11-1 所示的层流计算公式比较后发现，流体在湍流流动时的阻力远比其在层流流动时的来得大，其原因在于湍流边界层底部的法向速度梯度远比层流边界层底部的法向速度梯度来得大，而且流体在湍流内还会因为气流扰动造成的横向运动产生附加的剪应力。这也是为什么高亚声速飞机多采用层流翼型（Laminar airfoil）来减少翼型的摩擦阻力的缘故，其外形如图 11-7 所示。

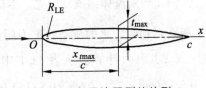

图 11-7　层流翼型的外形

11.4.3　平板混合边界层

　　对于一定流速流体在平板流动的过程，边界层内的流动状态并非一开始就直接成为湍流，它必须由层流边界层经过渡区转变成湍流边界层，也就是边界层内的流动区域包含了层流区、过渡区和湍流区三种类型，而过渡区对应的边界层即称为混合边界层，如图 11-8 所示。

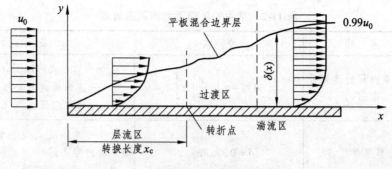

图 11-8 平板混合边界层的示意图

混合边界层内的流动十分复杂，再加上过渡区的流动状态极不稳定，只要外界稍有扰动，就有可能转变为湍流，所以混合边界层内流动在工程上归属于湍流问题。混合边界层摩擦系数 C_f 值以湍流边界层的摩擦系数计算近似公式为基础配合实验数据加以修正后计算。研究指出，临界雷诺数为 $3\times10^5 < Re_{xc} < 10^7$，平板混合边界层的摩擦系数值近似公式为 $C_f = 0.072Re_x^{-0.2} - ARe_x^{-1}$，$A = (C_{ft} - C_{fn})$，$Re_x$、$C_{ft}$ 与 C_{fn} 分别为雷诺数、湍流边界层的摩擦系数和层流边界层的摩擦系数，常用的 A 值与 Re_x 的对应关系如表 11-3 所示。

表 11-3 常用的 A 值与雷诺数 Re_x 的对应关系表

Re_x	3×10^5	5×10^5	1×10^6	3×10^6
A	1 050	1 700	3 300	8 700

【例 11-1】

有一块长 $l = 1$ m，宽 $b = 0.5$ m 的平板在水中沿长度方向以 $u_0 = 0.45$ m/s 的速度运动，水的运动黏度 $v = 10^{-6}$ m^2/s，密度 $\rho = 1\ 000$ kg/m^3，临界雷诺数 $Re_c = 5\times10^5$，问平板在运动时流体的流动状态是什么以及平板受到的阻力是多少？

【解答】

（1）判别流体的流动状态。雷诺数的计算公式为 $Re = \dfrac{u_0 l}{v} = \dfrac{0.45\times11}{10^{-6}} = 4.5\times10^5 < Re_c$，所以平板在运动时，水的流动状态为层流。

（2）阻力计算。从表 11-1 中可知，平板在运动时受到的阻力为 $D(x) = b\int_0^x \tau_w(x)\mathrm{d}x = 0.686bl\rho u_0^2 Re_x^{-0.5} = 0.646\times0.5\times1\times1\ 000\times(0.45)^2\times(4.5\times10^5)^{-0.5} = 0.2$ (N)。

【例 11-2】

有一块长 $l = 5$ m，宽 $b = 2$ m 的平板在空气中沿长度方向以 $u_0 = 2.42$ m/s 的速度运动，空气的运动黏度 $v = 10^{-5}$ m^2/s，密度 $\rho = 1.2$ kg/m^3，临界雷诺数 $Re_c = 5\times10^5$，问平板在运动时流体的流动状态是什么，边界层转换长度 x_c、平板摩擦阻力系数以及受到的阻力是多少？

【解答】

（1）判别流体的流动状态。雷诺数的计算公式为 $Re = \dfrac{u_0 l}{\nu} = \dfrac{0.42 \times 5}{10^{-6}} = 1.21 \times 10^6 > Re_c$。所以平板在运动时，水的流动状态为湍流。

（2）确定边界层转捩长度 x_c。临界雷诺数的计算公式为 $Re_c = \dfrac{u_0 x}{\nu}$，由此可得，边界层转捩长度 x_c 的计算公式为 $x_c = \dfrac{\nu Re_c}{u_0}$，得 $x_C = \dfrac{\nu Re_c}{u_0} = \dfrac{10^{-5} \times 5 \times 10^5}{2.42} = 2.07$ (m)。

（3）摩擦系数计算。平板的长度 $l = 5$ m 大于边界层转捩长度 x_c，由此可知，平板的边界层为混合边界层，摩擦阻力系数的公式为 $C_f = 0.072 Re_x^{-0.2} - A Re_x^{-1}$。从表 11-3 中可得当临界雷诺数 $Re_{xc} = 5 \times 10^5$ 时，$A = 1\,700$，因此可求得摩擦阻力系数 $C_f = 0.072 Re_x^{-0.2} - 1\,700 Re_x^{-1} = 0.072 \times (1.21 \times 10^5)^{-0.2} - 1\,700 \times (1.21 \times 10^5)^{-0.1} = 0.003$。

（4）阻力计算。流体流经平板上下表面，阻力系数 C_D 为摩擦系数的两倍，即 $C_D = 2C_f$，因为 $D = \dfrac{1}{2} \rho u_0 b l C_D \Rightarrow D = \rho u_0 b l C_f$，所以平板在运动时受到的阻力为 $D = \rho u_0 b l C_f = 1.2 \times 2.42^2 \times 5 \times 1 \times 0.003 = 0.210\,8$ (N)。

11.5 流体分离的概念

结合第 4 章与本章前面叙述的内容可知，当流体在物体表面边界层内流动时会因为黏性的作用消耗了动能，在压力沿着流动方向增高的区域中，流体的黏性效应导致流体无法继续沿着物体表面流动，从而产生流体倒（回）流的现象，从而流体离开物体表面，此种现象为流体分离（Flow separation），如图 11-9 所示。弯曲壁面的 D 点即称为分离点（Separation point），而在 D 点上对应的压力梯度称为临界正压力梯度（Critical positive pressure gradient）。边界层内的流体发生分离时，本章前面内容导出的边界层计算公式不再适用。

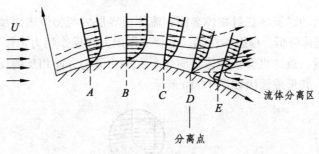

图 11-9 流体分离

实验证明，流体流动时的正压力梯度和流体的黏性效应是产生流体分离的根本原因，且必须在流体正压力梯度大到一定程度时才有可能发生流体分离的现象，流体流经平板时不大可能有流体分离现象发生，只有在气体流经弯曲壁面时才可能发生流体分离，这是研究流体外部流动必须具备的基本认知。此外，实验又发现，物体运动时受到的阻力不仅和物体表面的粗糙度有关，也与分离点的位置有关，飞机在亚声速飞行时，气流产生流体分离的现象会引起飞行升力急速下降，因而产生失速，造成飞机安全事故，甚至导致机毁人亡的事情发生。因此流体分离的现象一直是飞机、船舶与车辆在外形设计时必须考虑的非常重要的课题。

11.6　物体运动时形成的阻力

实际物体在流体运动时，都会受到一个阻滞物体运动的力量，此种作用力称为阻力（Drag force）。如果不考虑飞机飞行时特有的诱导阻力、流体流经物体各部件引发的干扰阻力以及流经物体的局部气流超过声速引发的激波阻力，一般物体在流体中运动时会受到摩擦阻力和压差阻力作用，这里对其做重点介绍。至于其他类型的阻力，例如诱导阻力、干扰阻力以及激波阻力，感兴趣者请另行查寻其他流体力学书籍或空气动力学和飞行原理等相关书籍。

11.6.1　相对运动原理的概念

在流体力学与空气动力学研究中，探讨物体运动受到的阻力时，通常使用相对运动原理对物体的运动速度进行转换，然后再做计算和分析等工作。也就是将物体在静止流体中的运动形式转换成与物体运动速度大小相等、方向相反的相对流体流速流过静止物体的外部流动的问题，然后才去探讨阻力的形成原因及其对物体造成的影响。

11.6.2　摩擦阻力

物体在流体中运动形成的摩擦阻力是因为流体具有黏性，流体与物体接触表面发生摩擦形成的阻力，它是由于边界层存在而产生的一种阻力。

1．形成原因

物体在流体中运动，流体流过物体表面，流体边界层内与物体表面接触的流体受到阻滞和吸附，使流体的流速降低。根据牛顿第三定律（作用力和反作用力定律），物体表面给流体一个阻滞流动的力量，流体也会给物体表面一个大小相等与方向相反的反作用力，这个反作用力就是摩擦阻力，其形成原因如图 11-10 所示。

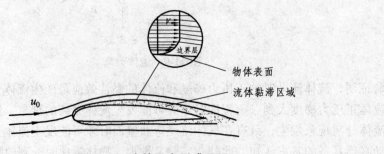

图 11-10　摩擦阻力形成原因

2．影响因素

根据第 4 章内容提及的牛顿黏滞定律可以推知，物体在流体中运动形成的摩擦阻力计算公式为 $F_s = \tau \times A = \mu \times \dfrac{du}{dy} \times A$，式中，$F_s$ 为摩擦阻力，τ 为单位面积的黏滞力（剪应力），A 为接触表面的表面面积，而 μ 和 $\dfrac{du}{dy}$ 分别为流体的动力黏度和流体在接触表面上的法向速度梯度。可以知道物体在流体中运动时形成的摩擦阻力与流体的黏性、流体的流动状态、物体的表面状况以及流体接触物体表面面积等因素有关。

（1）流体的黏性系数。根据摩擦阻力计算公式 $F_s = \tau \times A = \mu \times \dfrac{du}{dy} \times A$，可以看出流体的黏性系数越大，物体在流体中运动形成的摩擦阻力也就越大。

（2）流体的流动状态。从摩擦阻力公式中，可以看出物体接触表面上的法向速度梯度越大，飞机飞行形成的摩擦阻力就越大。在湍流边界层底部的法向速度梯度远比层流边界层底部的法向速度梯度来得大，其速度分布如图 11-11 所示，所以物体在湍流中运动形成的摩擦阻力会比在层流中物体形成的摩擦阻力来得大。

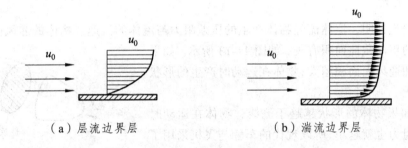

（a）层流边界层　　　　　　　（b）湍流边界层

图 11-11　层流边界层与湍流边界层的速度分布

（3）物体表面状况。实验与研究证明，物体的表面越粗糙，流体流经物体表面的黏性系数就越大，所以物体表面越粗糙，物体在流体中运动时形成的摩擦阻力也就越大。此外，物体的表面越粗糙，流经机体表面的流体越容易从层流转变为湍流，由此可知物体的表面状况与物体在流体运动时形成的摩擦阻力有极为密切关系。

（4）流体接触物体表面的面积。根据摩擦阻力 F_s 的计算公式可以看出流体接触物体的表面面积越大，物体在流体中运动时形成的摩擦阻力也就越大。

3．改善措施

针对影响物体在流体中运动时形成的摩擦阻力诸多因素，目前在工程应用上经常采用避免摩擦阻力增大的措施主要有保持物体表面的光滑清洁与尽量减小物体与气流的接触面积两种方法。对车辆和飞机进行维护、保养与修理的过程中，保持车体或机体表面不受损伤与维持其光洁度，对防止摩擦阻力增大具有重要的意义。此外，在车辆和飞机改装时，应注意不要过多地增加车体或机体的外露面积，否则反而会增大车辆运动或飞机飞行时的摩擦阻力。

11.6.3　压差阻力

物体在流体中运动时因为物体前后压力差引起的阻力称为压差阻力（Pressure drag），其形成原因与物体的形状有关，所以压差阻力又称为形状阻力，这里针对其形成原因、影响因素和改善措施描述如下。

1．形成原因

压差阻力也是由于边界层的存在而产生的阻力，它是因为流体黏性间接造成的阻力。当流体流过物体时会因为流体在物体的前半部受到阻挡，流速减慢，压力增大，形成高压区。当流体沿着物体的弯曲壁面流动，在物体表面后部分边界层的黏滞区会产生正压力梯度，而当这部分正压力梯度过大时，则在边界层内的流体会产生流体分离并形成涡流区，从而导致压差阻力，其形成原因如图 11-12 所示。日常生活中，高速行驶汽车的后面之所以扬起尘土，就是因为车后涡流区的空气压力小，吸起灰尘的缘故。

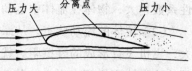

图 11-12　压差阻力形成原因

2．影响因素

实验与研究证明，流体流经物体产生的压差阻力与流体的流速、物体的迎风面面积，即垂直于来流的正向截面面积有关，如图 11-13 所示。如果物体的风速和迎风面面积越大，物体在运动时产生的形状阻力也就越大。

此外，如果物体的形状越趋于流线，物体在运动时产生的形状阻力也就越小，所以现代的车辆与飞机采用了很多措施来保持车体与机体各部分的流线型。而且气体流

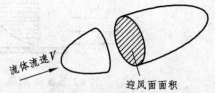

图 11-13　迎面面积的示意图

经物体产生的压差阻力也与气流分离的分离点位置有关，如果分离点越靠前的话，分离处和涡流区的气流压力就越低，压差阻力也越大。风洞实验指出，气流流经球体在层流的尾流区域比湍流大，压差阻力也就较大，这是因为湍流的惯性力大，发生离滞现象会比层流延后，如图 11-14 所示，这就是为什么要将高尔夫球的表面设计成用凹凸不平表面的主要原因。

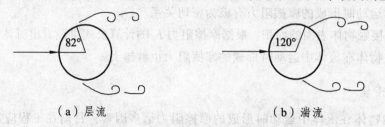

（a）层流　　　　　　　　　　　　　　　（b）湍流

图 11-14　层流与湍流分离点位置的差异

3．改善措施

针对前面内容提及影响物体运动时产生压差阻力的因素，目前能够采取减小压差阻力的改善措施一般有尽量减小运动物体的迎风面面积以及尽量采用流线型方法。

（1）尽量减小运动物体的迎风面面积。物体在运动时的迎风面面积越小，其产生的压差阻力也就越小，所以在飞机、船舶与汽车设计时满足其性能要求条件下应尽量减小机体、船体和车体的迎风面面积，例如民用运输机在保证装载需要容积的情况下，为了减小机身的迎风面面积，机身横截面的形状都采取圆形或近似圆形的形状，以达到节省燃油的目的，如图11-15所示。

（2）尽量采用流线型。运动物体越趋近于流线型，其运动时形成的压差阻力也就越小，所以在飞机、船舶与汽车设计时应尽量使外形保持流线形状。例如汽车的扰流板（又称汽车尾翼，见图11-16），除了让汽车在高速行驶时增加它的抓地力和稳定性外，也能够使流经汽车的气流保持流线，以此减少汽车行驶时的空气阻力，达到节省燃油的目的。

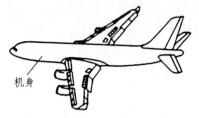

图 11-15　运输机机身设计原则

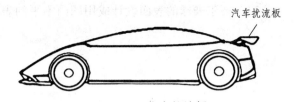

图 11-16　汽车扰流板

课后练习

（1）叙述边界层厚度的定义。

（2）镶合理念处理模式在计算流体外部流场运动参数变化情形的精确度与流体流动的雷诺数是否有关，试论述之。

（3）镶合理念处理模式的定义是什么？

（4）镶合理念处理模式不适用的情况有哪些？

（5）吹除厚度的发生原因。

（6）叙述吹除厚度的物理定义与数学定义。

（7）叙述动量厚度的物理定义与数学定义。

（8）边界层转捩现象的定义是什么？

（9）边界层转捩现象的发生原因是什么？

（10）有一块长 $l=1\,\mathrm{m}$，宽 $b=0.5\,\mathrm{m}$ 的平板在水中沿长度方向以 $u_0=0.45\,\mathrm{m/s}$ 的速度运动，水的运动黏度 $\nu=10^{-6}\,\mathrm{m^2/s}$，密度 $\rho=1\,000\,\mathrm{kg/m^3}$，临界雷诺数 $Re_c=5\times10^5$，问平板在运动时的流动状态是什么？

（11）有一块长 $l=1\,\mathrm{m}$，宽 $b=0.5\,\mathrm{m}$ 的平板在水中沿长度方向以 $u_0=0.45\,\mathrm{m/s}$ 的速度运动，水的运动黏度 $\nu=10^{-6}\,\mathrm{m^2/s}$，密度 $\rho=1\,000\,\mathrm{kg/m^3}$，临界雷诺数 $Re_c=5\times10^5$，问平板在运动时的阻力系数是什么？

（12）有一块长 $l=5\,\mathrm{m}$，宽 $b=2\,\mathrm{m}$ 的平板在空气中沿长度方向以 $u_0=2.42\,\mathrm{m/s}$ 的速度运动，空气的运动黏度 $\nu=10^{-5}\,\mathrm{m^2/s}$，密度 $\rho=1.2\,\mathrm{kg/m^3}$，临界雷诺数 $Re_c=5\times10^5$，问平板在运动时，边界层的形态是什么？

（13）流体分离的定义是什么？

（14）产生流体分离的主要原因是什么？

（15）流体流经平板时是否会发生流体分离的现象？试论述之。

（16）试说明低亚声速飞机的阻力组成有哪些？

（17）试说明摩擦阻力的形成原因有哪些？

（18）试说明摩擦阻力的影响因素有哪些？

（19）试说明改善飞机摩擦阻力的措施有哪些？

（20）试说明压差阻力的形成原因有哪些？

（21）试说明压差阻力的影响因素有哪些？

（22）试说明改善压差阻力的措施有哪些？

（23）高尔夫球的表面设计成用凹凸不平的表面的原因是什么？

参考文献

[1] I G CURRIE. Fundamental mechanics of fluids[M]. 3rd Edition. New York: Marcel Dekker Inc. 2003.

[2] CLEMENT KLEINSTREUER. Engineering fluid dynamics[M]. New York: Cambridge University Press, 1997.

[3] J K VENNARD and R L STREET. Elementary fluid mechanics[M]. 6th Edition. New York: Wiley, 1982.

[4] R L DAUGHERTY. Fluid mechanics with engineering applications[M]. 8th Edition. New York: McGraw-Hill Bk. Co., 1985.

[5] FRANK M WHITE. 流体力学[M]. 陈建宏，译. 中国台湾：晓园出版社，1986.

[6] 周光炯，等. 流体力学[M]. 2 版. 北京：高等教育出版社，2000.

[7] 董曾南，章梓雄. 非粘性流体力学[M]. 北京：清华大学出版社，2003.

[8] 章梓雄，董曾南. 粘性流体力学[M]. 北京：清华大学出版社，1998.

[9] 王保国，刘淑艳，黄伟光. 气体动力学[M]. 北京：北京理工大学出版社，2005.

[10] 吴望一. 流体力学[M]. 北京：北京大学出版社，2003.

[11] 孔珑. 可压缩流体动力学[M]. 北京：水利电力出版社，1991.

[12] 陈大达. 空气动力学概论[M]. 中国台湾：秀威资讯科技出版社，2013.

[13] 侯国样. 流体力学[M]. 北京：机械工业出版社，2015.

[14] 闻建龙，等. 工程流体力学[M]. 北京：机械工业出版社，2011.

[15] 原渭兰，等. 气体动力学[M]. 北京：科学出版社，2013.

参考文献

[1] J.C CURREI. *Fundamental mechanics of fluids*[M]. 3rd Edition. New york: Marcel Dekker Inc, 2000.

[2] CLAYTON T. HINSTE, ET C. Engineering fluid dynamics[M]. New York: Cambridge University Press, 199.

[3] J.K FENNARD and J.F STREET[J]. *Elementary fluid mechanics*[M]. 6th edition. New York: Wiley 1982.

[4] R.L DAUGHERTY. *Fluid mechanics with engineering applications*[M]. 6th Edition. New york: McGraw-HILL Inc, 1965.

[5] FRANK M WHITE. 流体力学[M]. 北京: 清华大学出版社, 1998.

[6] 张也影. 流体力学[M]. 北京: 高等教育出版社, 2000.

[7] 莫乃榕. 工程流体力学[M]. 武汉: 华中科技大学出版社, 2000.

[8] 景思睿. 流体力学[M]. 西安: 西安交通大学出版社, 1999.

[9] 丁祖荣. 流体力学[M]. 北京: 高等教育出版社, 2005.

[10] 孔珑. 工程流体力学[M]. 北京: 中国电力出版社, 2007.

[11] 刘鹤年. 流体力学[M]. 北京: 中国建筑工业出版社, 1999.

[12] 张兆顺. 流体力学[M]. 北京: 清华大学出版社, 2015.

[13] 闻德荪. 工程流体力学[M]. 北京: 高等教育出版社, 2015.

[14] 吴持恭. 水力学[M]. 北京: 高等教育出版社, 2007.

[15] 张也影. 流体力学[M]. 北京: 高等教育出版社, 2015.